Jürgen Kahmann

**Numerische Mathematik**
**Programme**
**für den TI 59**

AF173858

Dieses Buch stimmt in der Gliederung des Stoffes
und in der Bezeichnungsweise überein mit dem uni-text

Wolfgang Böhm und Günther Gose
**Einführung in die Methoden der
Numerischen Mathematik**
1977. VIII, 152 Seiten

„In dem Buch werden die Grundideen numerischer Lösungsmethoden
dargestellt. Es ist für Studenten der Mathematik und der Informatik
und für Interessenten naturwissenschaftlicher Disziplinen geschrieben.
Nach einer Einführung von Grundbegriffen (Algorithmen, Matrizen)
werden im zweiten Teil numerische Fragen der linearen Algebra behandelt, darunter der Gaußsche Algorithmus mit Pivotsuche, der
konzentrierte Gauß-Algorithmus, die Methode von Cholesky zur
Erhaltung der Symmetrie, die Relaxationsmethode, die angenäherte
Lösung über- oder unterbestimmter linearer Gleichungssysteme und
das Simplexverfahren der linearen Optimierung. Iterative Verfahren
wie die klassische Vektoriteration, der Rutishauser-Algorithmus,
Methoden zur Konvergenzbeschleunigung und Nullstellenbestimmung
bilden den dritten Teil. Es folgen die Interpolation durch Polynome
und Splinefunktionen.

Im abschließenden fünften Teil werden die numerische Differentiation
und Integration einschließlich Fehlerabschätzungen, die Grenzwert-
bestimmung durch Extrapolation sowie Ein- und einfache Mehrschrittverfahren mit Schrittweitensteuerung zur Lösung von Differential-
gleichungen behandelt, dabei wird auf das Runge-Kutta-Verfahren
besonders eingegangen und ein Vergleich der Vorteile von Ein- und
Mehrschrittverfahren durchgeführt.

Die Darstellung strebt mehr nach Klarheit der Grundideen als nach
Vollständigkeit oder weitestgehender Allgemeinheit. Die einzelnen
Verfahren werden durch Algorithmen ergänzt, die die Formulierung
in der Programmiersprache ALGOL vorbereiten. Das ausgezeichnete
Lehrbuch ist besonders auch zum Selbststudium geeignet."

ZAMM November 1979

**Anwendung programmierbarer Taschenrechner**

Band 5

Jürgen Kahmann

# Numerische Mathematik
# Programme
# für den TI 59

Springer Fachmedien Wiesbaden GmbH

CIP-Kurztitelaufnahme der Deutschen Bibliothek

**Kahmann, Jürgen:**
Numerische Mathematik: Programme für d. TI 59 /
Jürgen Kahmann. — Braunschweig, Wiesbaden:
Vieweg, 1980.
    (Anwendung programmierbarer Taschenrechner;
    Bd. 5)
    ISBN 978-3-528-04171-7      ISBN 978-3-322-96313-0 (eBook)
    DOI 10.1007/978-3-322-96313-0

Satz: Friedr. Vieweg & Sohn, Braunschweig

ISBN 978-3-528-04171-7

# Vorwort

In den letzten Jahren war in der Herstellung immer leistungsfähigerer programmierbarer Taschenrechner eine rasante Entwicklung zu beobachten. Um ihre Möglichkeiten und Kapazitäten optimal auszuschöpfen, sollten auch für diese Kleinrechner Programmbibliotheken zur Verfügung stehen.

Der vorliegende Band enthält eine Sammlung nützlicher Programme der numerischen Mathematik für den programmierbaren Taschenrechner TEXAS INSTRUMENTS TI 59. Zugrundegelegt wurde das im gleichen Verlag erschienene Buch

„Einführung in die Methoden der Numerischen Mathematik''

von Wolfgang Böhm und Günther Gose (Vieweg, Braunschweig 1977), aus dem Gliederung und Bezeichnungsweise übernommen wurden, um die Anwendung und das Arbeiten mit den Programmen zu erleichtern. Hier findet der interessierte Leser neben der theoretischen Herleitung auch die flußdiagrammähnlichen Algorithmen, nach denen die Programme erstellt wurden.

Einen kurzen Überblick über die Handhabung des Rechners liefert das Kapitel 0 „Einführung''. Dem im Umgang mit dem TI 59 ungeübten Leser sei zunächst ein intensives Studium der zum Rechner gehörenden Bedienungsanleitung „Individuelles Programmieren'', insbesondere der Abschnitte I, II und VII empfohlen.

Mein ganz besonderer Dank gilt Herrn Prof. Dr. Wolfgang Böhm, dessen Vorlesungen ich die Freude an der numerischen Mathematik verdanke. Ohne seine Anregungen und aufmunternden Ratschläge wäre dieses Buch nicht entstanden.

Nicht zuletzt danke ich der Firma TEXAS INSTRUMENTS für die freundliche Unterstützung und dem Vieweg Verlag für die problemlose Zusammenarbeit.

*Jürgen Kahmann*

Wolfenbüttel, im Frühjahr 1980

# Inhaltsverzeichnis

# 0 Einführung

Dieses Buch enthält 44 Programme der numerischen Mathematik für den programmierbaren Taschenrechner TEXAS INSTRUMENTS TI 59. Die ausführlichen Programmbeschreibungen umfassen jeweils

- eine kurze Erläuterung des programmierten Verfahrens
- eine Tabelle der bei der Benutzung des Programms durchzuführenden Tastenfolgen
- eine Übersicht über die Registerinhalte
- ein vom TI 59 durchgerechnetes Beispiel und
- einen vollständigen Programmausdruck (sowie bei den Programmen 4.3 und 4.4 eine Liste der einzugebenden Konstanten).

Bei den Programmbeschreibungen wurde davon ausgegangen, daß die Programme auf Magnetkarten gespeichert sind.

Die Programmlisten haben folgende Form:

```
000   43   RCL
001   01   01
002   42   STO
003   02   02
        :
        :
```

Dabei bedeuten die ersten drei Ziffern die Nummer der Programmspeicherstelle, die beiden Ziffern in der Mitte den Tastencode, rechts steht das Tastensymbol.

## 0.1 Der Rechner TI 59

Der TI 59 ist ein programmierbarer Taschenrechner, der in drei Operationsarten betrieben werden kann:

- Verwendung des Moduls
- Durchführung von selbst eingegebenen Programmen
- Benutzung als über die Tastatur zu bedienender Rechner

Wichtig für den Leser ist die zweitgenannte Betriebsart.

Folgende Zeichnung zeigt die Speicherkapazität und -verteilung des Rechners

| Bl. 1 | Bl. 2 | Bl. 3 | Bl. 4 |
|-------|-------|-------|-------|

| | | |
|---|---|---|
| 960 | | |
| 880 | | 10 |
| 800 | | 20 |
| 720 | | 30 |
| 640 | | 40 |
| 560 | | 50 |
| 480 | | 60 |
| 400 | | 70 |
| 320 | | 80 |
| 240 | | 90 |
| 160 | | 100 |

Programmspeicher                          Datenspeicher

Wird der Rechner eingeschaltet, stehen 60 Datenspeicher und 480 Programmspeicherstellen zur Verfügung. Mittels der Tastenfolge n 2nd Op 17 läßt sich die Speicherbereichsverteilung — etwa bei Programmen mit hohem Datenspeicherbedarf — auf $10 \cdot n$ Datenspeicher ändern. Die zugehörige Anzahl von Programmspeicherstellen entnehme man jeweils der Skizze. Bei den einzelnen Programmen ist angegeben, ob und in welcher Weise die Speicherbereichsverteilung geändert werden kann oder muß.

## 0.2  Eingabe von Programmen

Vor Eingabe eines Programmes empfiehlt es sich stets, den Rechner kurz auszuschalten, um sicherzustellen, daß alle Register gelöscht sind. Will man ein Programm in den TI 59 eingeben, geht man wie folgt vor:

1. Einschalten des Rechners
2. Taste LRN drücken. Es erscheint die Anzeige 000 00.
3. Eingabe der in den Programmlisten abgedruckten Programmbefehle
4. Taste LRN drücken

Jetzt hat der Rechner das Programm gespeichert.

## 0.3 Magnetkarten

In den Programmbeschreibungen wurde davon ausgegangen, daß die Programme von Magnetkarten in den Rechner eingelesen werden. Aus diesem Grunde und aus Bequemlichkeit ist es
sinnvoll, ein in den Rechner eingetastetes Programm auf eine Magnetkarte zu übertragen.
Eine Magnetkarte kann den Inhalt zweier Blöcke speichern; die Nummer der gespeicherten
Blöcke sollte man beim Beschriften der Karte in den dafür vorgesehenen Kästchen links bzw.
rechts oben auf der Karte vermerken. Das Beschreiben der Magnetkarte mit Block m durch
den Rechner geschieht folgendermaßen:

1. Tasten  m 2nd Write  drücken
2. Magnetkarte einschieben
3. In der Anzeige erscheint die Nummer des Blocks m

Block m ist jetzt auf die Magnetkarte übertragen und wird mit jedem Einlesen im Rechner
wieder abgespeichert. Das Einlesen einer Magnetkarte geschieht so:

1. Anzeige auf 0 stellen
2. Magnetkarte einschieben
3. In der Anzeige erscheint die Nummer des eben eingelesenen Blocks

Zu beachten ist, daß Magnetkarten nur dann eingelesen werden können, wenn die Speicherbereichsverteilung dieselbe ist wie beim Beschreiben der Magnetkarte.

# 1 Matrizen

## 1.1 Produktsumme

Das Programm bestimmt die Produktsumme $s = a^T b$ zweier n-Spalten **a** und **b**.

**Programminstruktionen**

| | Verfahren | Eingabe | Taste | Anzeige |
|---|---|---|---|---|
| 1 | Einlesen der Magnetkarte (Block 1) | | | |
| 2 | Programmbeginn | | A | |
| 3 | Eingabe der Nummer des ersten zu belegenden Speicherplatzes $k \geq 4$ | k | R/S | 1 |
| 4 | Eingabe von $a_1, \ldots, a_n; b_1, \ldots, b_n$ | $a_1$ | R/S | 2 |
| | Dabei bedeutet die Anzeige i, daß bisher $i-1$ Daten eingegeben wurden | $a_2$ | R/S | 3 |
| | | $\vdots$ | $\vdots$ | $\vdots$ |
| | | $a_n$ | R/S | n+1 |
| | | $b_1$ | R/S | n+2 |
| | | $\vdots$ | $\vdots$ | $\vdots$ |
| | | $b_n$ | R/S | 2n+1 |
| 5 | Ende der Koeffizienteneingabe | | B | 2n+1 |
| 6 | Eingabe von k und n | k | R/S | k |
| | | n | R/S | |
| 7 | Ergebnisanzeige | | | s |

**Registerinhalte**

$R_{00}, \ldots, R_{03}$: Programmzeiger
$R_k, \ldots, R_{k+n-1}$: $a_1, \ldots, a_n$
$R_{k+n}, \ldots, R_{k+2n-1}$: $b_1, \ldots, b_n$

## Beispiel

Man berechne $s = a^T b$ mit $a = \begin{bmatrix} 3.1 \\ 2.7 \\ 1.5 \end{bmatrix}$ und $b = \begin{bmatrix} 4.2 \\ 0.8 \\ 2.3 \end{bmatrix}$.

| Anmerkungen | Eingabe | Taste | Anzeige |
|---|---|---|---|
| Magnetkarte einlesen (Block 1) | | | 1 |
| Programmbeginn | | A | 1 |
| Eingabe von:  k | 4 | R/S | 1 |
| $a_1$ | 3.1 | R/S | 2 |
| $a_2$ | 2.7 | R/S | 3 |
| $a_3$ | 1.5 | R/S | 4 |
| $b_1$ | 4.2 | R/S | 5 |
| $b_2$ | 0.8 | R/S | 6 |
| $b_3$ | 2.3 | R/S | 7 |
| Ende der Koeffizienteneingabe | | B | 7 |
| Eingabe von:  k | 4 | R/S | 4 |
| n | 3 | R/S | |
| Anzeige von:  s | | | 18.63 |

| Programm 1.1 | Produktsumme |
|---|---|

| | | | | | | | | | | | |
|---|---|---|---|---|---|---|---|---|---|---|---|
| 000 | 76 | LBL | 015 | 00 | 00 | 030 | 43 | RCL | 045 | 95 | = |
| 001 | 11 | A | 016 | 44 | SUM | 031 | 00 | 00 | 046 | 44 | SUM |
| 002 | 91 | R/S | 017 | 02 | 02 | 032 | 95 | = | 047 | 03 | 03 |
| 003 | 42 | STO | 018 | 61 | GTO | 033 | 42 | STO | 048 | 01 | 1 |
| 004 | 00 | 00 | 019 | 00 | 00 | 034 | 02 | 02 | 049 | 44 | SUM |
| 005 | 01 | 1 | 020 | 08 | 08 | 035 | 00 | 0 | 050 | 00 | 00 |
| 006 | 42 | STO | 021 | 76 | LBL | 036 | 42 | STO | 051 | 44 | SUM |
| 007 | 02 | 02 | 022 | 12 | B | 037 | 03 | 03 | 052 | 02 | 02 |
| 008 | 43 | RCL | 023 | 91 | R/S | 038 | 76 | LBL | 053 | 97 | DSZ |
| 009 | 02 | 02 | 024 | 42 | STO | 039 | 13 | C | 054 | 01 | 01 |
| 010 | 91 | R/S | 025 | 00 | 00 | 040 | 73 | RC* | 055 | 13 | C |
| 011 | 72 | ST* | 026 | 91 | R/S | 041 | 00 | 00 | 056 | 43 | RCL |
| 012 | 00 | 00 | 027 | 42 | STO | 042 | 65 | × | 057 | 03 | 03 |
| 013 | 01 | 1 | 028 | 01 | 01 | 043 | 73 | RC* | 058 | 91 | R/S |
| 014 | 44 | SUM | 029 | 85 | + | 044 | 02 | 02 | | | |

## 1.2 Matrizenprodukt

Das Programm berechnet das Produkt C einer $n,l$-Matrix $A = [a_{ij}]$ mit einer $l,m$-Matrix $B = [b_{jk}]$. $C = [c_{ik}]$ ist eine $n,m$-Matrix mit

$$c_{ik} = \sum_{j=1}^{l} a_{ij} \cdot b_{jk}$$

### Programminstruktionen

|   | Verfahren | Eingabe | Taste | Anzeige |
|---|-----------|---------|-------|---------|
| 1 | Einlesen der Magnetkarte (Block 1) | | | 1 |
| 2 | Programmbeginn | | A | 1 |
| 3 | Eingabe der Nummer des ersten zu belegenden Speicherplatzes $k \geq 10$ | $k$ | R/S | 1 |
| 4 | Eingabe der Koeffizienten zunächst von A spaltenweise, dann von B spaltenweise | $a_{11}$ | R/S | 2 |
|   |   | $a_{21}$ | R/S | 3 |
|   |   | $\vdots$ | $\vdots$ | $\vdots$ |
|   |   | $a_{nl}$ | R/S | $nl+1$ |
|   |   | $b_{11}$ | R/S | $nl+2$ |
|   |   | $\vdots$ | $\vdots$ | $\vdots$ |
|   |   | $b_{lm}$ | R/S | $nl+lm+1$ |
| 5 | Ende der Koeffizienteneingabe | | B | 0 |
| 6 | Eingabe von $k, n, l, m$ | $k$ | R/S | $k$ |
|   |   | $n$ | R/S | $n$ |
|   |   | $l$ | R/S | $l$ |
|   |   | $m$ | R/S | |
| 7 | Ergebnisanzeige | | | $c_{11}$ |
|   |   | | R/S | $c_{21}$ |
|   |   | | $\vdots$ | $\vdots$ |
|   |   | | R/S | $c_{nm}$ |

### Registerinhalte

$R_{00}, \dots, R_{09}$: Programmzeiger

$R_k, \dots, R_{k+nl-1}$: $a_{11}, \dots, a_{nl}$

$R_{k+nl}, \dots, R_{k+l(n+m)-1}$: $b_{11}, \dots, b_{lm}$

$R_{k+l(n+m)}, \dots, R_{k+l(n+m)+nm-1}$: $c_{11}, \dots, c_{nm}$

**Beispiel**

Man berechne $C = A \cdot B$ mit $A = \begin{bmatrix} 2 & 4 & 3 \\ 1 & 3 & 1 \end{bmatrix}$ und $B = \begin{bmatrix} 5 & 1 & 6 \\ 2 & 7 & 1 \\ 3 & 4 & 3 \end{bmatrix}$ !

| Anmerkungen | Eingabe | Taste | Anzeige |
|---|---|---|---|
| Magnetkarte einlesen (Block 1) | | | 1 |
| Programmbeginn | | A | 1 |
| Eingabe von:  k | 10 | R/S | 1 |
| $a_{11}$ | 2 | R/S | 2 |
| $a_{21}$ | 1 | R/S | 3 |
| $a_{12}$ | 4 | R/S | 4 |
| $a_{22}$ | 3 | R/S | 5 |
| $a_{13}$ | 3 | R/S | 6 |
| $a_{23}$ | 1 | R/S | 7 |
| $b_{11}$ | 5 | R/S | 8 |
| $b_{21}$ | 2 | R/S | 9 |
| $b_{31}$ | 3 | R/S | 10 |
| $b_{12}$ | 1 | R/S | 11 |
| $b_{22}$ | 7 | R/S | 12 |
| $b_{32}$ | 4 | R/S | 13 |
| $b_{13}$ | 6 | R/S | 14 |
| $b_{23}$ | 1 | R/S | 15 |
| $b_{33}$ | 3 | R/S | 16 |
| Ende der Koeffizienteneingabe | | B | 0 |
| Eingabe von:  k | 10 | R/S | 10 |
| n | 2 | R/S | 2 |
| l | 3 | R/S | 3 |
| m | 3 | R/S | |
| Anzeige von:  $c_{11}$ | | | 27 |
| $c_{21}$ | | R/S | 14 |
| $c_{12}$ | | R/S | 42 |
| $c_{22}$ | | R/S | 26 |
| $c_{13}$ | | R/S | 25 |
| $c_{23}$ | | R/S | 12 |

Es ist $C = \begin{bmatrix} 27 & 42 & 25 \\ 14 & 26 & 12 \end{bmatrix}$ .

| Programm 1.2 | Matrizenprodukt |
|---|---|

```
000   76 LBL        044   95  =         088   00  00        132   44 SUM
001   11  A         045   42 STO        089   42 STO        133   04  04
002   91 R/S        046   04  04        090   08  08        134   01  1
003   42 STO        047   85  +         091   76 LBL        135   44 SUM
004   00  00        048   43 RCL        092   17 B'         136   06  06
005   01  1         049   01  01        093   43 RCL        137   97 DSZ
006   42 STO        050   65  ×         094   01  01        138   08  08
007   01  01        051   43 RCL        095   42 STO        139   17 B'
008   43 RCL        052   02  02        096   07  07        140   43 RCL
009   01  01        053   95  =         097   76 LBL        141   00  00
010   91 R/S        054   42 STO        098   18 C'         142   22 INV
011   72 ST*        055   05  05        099   73 RC*        143   44 SUM
012   00  00        056   42 STO        100   03  03        144   03  03
013   01  1         057   06  06        101   65  ×         145   43 RCL
014   44 SUM        058   43 RCL        102   73 RC*        146   01  01
015   00  00        059   00  00        103   04  04        147   44 SUM
016   44 SUM        060   65  ×         104   95  =         148   04  04
017   01  01        061   43 RCL        105   74 SM*        149   97 DSZ
018   61 GTO        062   02  02        106   06  06        150   09  09
019   00  00        063   95  =         107   43 RCL        151   16 A'
020   08  08        064   42 STO        108   00  00        152   43 RCL
021   76 LBL        065   07  07        109   44 SUM        153   05  05
022   12  B         066   76 LBL        110   03  03        154   42 STO
023   25 CLR        067   13  C         111   01  1         155   06  06
024   91 R/S        068   00  0         112   44 SUM        156   43 RCL
025   42 STO        069   72 ST*        113   04  04        157   00  00
026   03  03        070   06  06        114   97 DSZ        158   65  ×
027   91 R/S        071   01  1         115   07  07        159   43 RCL
028   42 STO        072   44 SUM        116   18 C'         160   02  02
029   00  00        073   06  06        117   43 RCL        161   95  =
030   91 R/S        074   97 DSZ        118   00  00        162   42 STO
031   42 STO        075   07  07        119   65  ×         163   07  07
032   01  01        076   13  C         120   43 RCL        164   76 LBL
033   91 R/S        077   43 RCL        121   01  01        165   15  E
034   42 STO        078   02  02        122   75  -         166   73 RC*
035   02  02        079   42 STO        123   01  1         167   06  06
036   43 RCL        080   09  09        124   95  =         168   91 R/S
037   03  03        081   43 RCL        125   22 INV        169   01  1
038   85  +         082   05  05        126   44 SUM        170   44 SUM
039   43 RCL        083   42 STO        127   03  03        171   06  06
040   00  00        084   06  06        128   43 RCL        172   97 DSZ
041   65  ×         085   76 LBL        129   01  01        173   07  07
042   43 RCL        086   16 A'         130   95  =         174   15  E
043   01  01        087   43 RCL        131   22 INV        175   91 R/S
```

# 2 Lineare Gleichungen und Ungleichungen

## 2.1 Der Algorithmus von Gauß

Das Programm berechnet die Lösung eines linearen Gleichungssystems $A\mathbf{x} = \mathbf{a}$ (A reguläre n,n-Matrix, **a** n-Spalte) nach dem Gaußalgorithmus. Dabei wird die Matrix $[A, \mathbf{a}]$ mittels geeigneter Zeilenumformungen in die Matrix $[R, \mathbf{b}]$ überführt. Die Lösung des linearen Gleichungssystems $R\mathbf{x} = \mathbf{b}$, die durch Rückwärtseinsetzen gewonnen wird, löst auch das System $A\mathbf{x} = \mathbf{a}$. Das Programm hält, wenn im Verlauf der Rechnung eines der Diagonalelemente $r_{jj}$ von R zu Null wird, und zeigt dies durch eine blinkende Anzeige an. Vor dem Rückwärtseinsetzen gibt das Programm den Wert der Determinante von A aus.

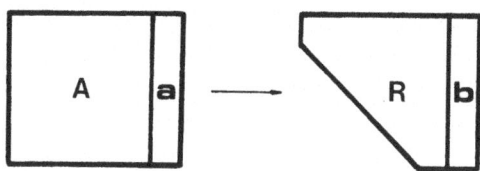

## Programminstruktionen

| | Verfahren | Eingabe | Taste | Anzeige |
|---|---|---|---|---|
| 1 | Magnetkarte einlesen (Block 1, 2) | | | 2 |
| 2 | Programmbeginn | | A | 2 |
| 3 | Eingabe der Nummer des ersten zu belegenden Speicherplatzes $k \geq 11$ | k | R/S | 1 |
| 4 | Eingabe der Matrix $[A, \mathbf{a}]$ spaltenweise | $a_{11}$ | R/S | 2 |
| | | $a_{21}$ | R/S | 3 |
| | | $\vdots$ | $\vdots$ | $\vdots$ |
| | | $a_{nn}$ | R/S | $n^2+1$ |
| | | $a_1$ | R/S | $n^2+2$ |
| | | $\vdots$ | $\vdots$ | $\vdots$ |
| | | $a_n$ | R/S | $n^2+n+1$ |
| 5 | Ende der Koeffizienteneingabe | | B | 0 |
| 6 | Eingabe von k und n | k | R/S | k |
| | | n | R/S | |
| 7 | Anzeige von det A | | | det A |

| | Verfahren | Eingabe | Taste | Anzeige |
|---|---|---|---|---|
| 8 | (falls det A $\neq$ 0) | | R/S | |
| 9 | Ergebnisanzeige | | | $x_1$ |
| | | | R/S | $x_2$ |
| | | | . | . |
| | | | . | . |
| | | | R/S | $x_n$ |

### Registerinhalte

$R_{00}, \ldots, R_{10}$: Programmzeiger

$R_k, \ldots, R_{k+n^2-1}$: $a_{11}, \ldots, a_{nn}$

$R_{k+n^2}, \ldots, R_{k+n(n+1)-1}$: $a_1, \ldots, a_n$

### Bemerkungen

1. Das Programm „schreibt" die gesuchte Matrix [R, b] über die eingegebene Matrix [A, a].

2. Bei gewöhnlicher Speicherbereichsverteilung bearbeitet das Programm Matrizen bis zur Ordnung n = 6; bei Änderung der Speicherbereichsverteilung auf 70 Datenspeicher mittels 7 2nd Op 17 auch der Ordnung n = 7.

### Beispiel

Gesucht ist die Lösung des linearen Gleichungssystems A$x$ = a mit

$$A = \begin{bmatrix} 2 & 2 & 0 \\ 2 & 1 & 1 \\ 1 & 1 & 2 \end{bmatrix} \text{ und } a = \begin{bmatrix} 6 \\ 7 \\ 9 \end{bmatrix}.$$

| Anmerkungen | | Eingabe | Taste | Anzeige |
|---|---|---|---|---|
| Magnetkarte einlesen (Block 1, 2) | | | | 2 |
| Programmbeginn | | | A | 2 |
| Eingabe von: | k | 11 | R/S | 1 |
| | $a_{11}$ | 2 | R/S | 2 |
| | $a_{21}$ | 2 | R/S | 3 |
| | $a_{31}$ | 1 | R/S | 4 |
| | $a_{12}$ | 2 | R/S | 5 |
| | $a_{22}$ | 1 | R/S | 6 |
| | $a_{32}$ | 1 | R/S | 7 |
| | $a_{13}$ | 0 | R/S | 8 |
| | $a_{23}$ | 1 | R/S | 9 |
| | $a_{33}$ | 2 | R/S | 10 |
| | $a_1$ | 6 | R/S | 11 |
| | $a_2$ | 7 | R/S | 12 |
| | $a_3$ | 9 | R/S | 13 |

| Anmerkungen | Eingabe | Taste | Anzeige |
|---|---|---|---|
| Ende der Koeffizienteneingabe | | B | 0 |
| Eingabe von:  k | 11 | R/S | 11 |
| n | 3 | R/S | |
| Anzeige von:  det A | | | −4 |
| | | R/S | |
| Anzeige von:  $x_1$ | | | 1 |
| $x_2$ | | R/S | 2 |
| $x_3$ | | R/S | 3 |

| **Programm 2.1** | **Der Algorithmus von Gauß** |
|---|---|

| | | | | | | | | | | | |
|---|---|---|---|---|---|---|---|---|---|---|---|
| 000 | 76 | LBL | 039 | 01 | 1 | 078 | 55 | ÷ | 117 | 00 | 00 |
| 001 | 11 | A | 040 | 95 | = | 079 | 73 | RC* | 118 | 95 | = |
| 002 | 91 | R/S | 041 | 42 | STD | 080 | 02 | 02 | 119 | 22 | INV |
| 003 | 42 | STD | 042 | 03 | 03 | 081 | 95 | = | 120 | 44 | SUM |
| 004 | 00 | 00 | 043 | 42 | STD | 082 | 42 | STD | 121 | 04 | 04 |
| 005 | 01 | 1 | 044 | 05 | 05 | 083 | 10 | 10 | 122 | 75 | - |
| 006 | 42 | STD | 045 | 43 | RCL | 084 | 76 | LBL | 123 | 01 | 1 |
| 007 | 02 | 02 | 046 | 00 | 00 | 085 | 15 | E | 124 | 95 | = |
| 008 | 43 | RCL | 047 | 75 | - | 086 | 73 | RC* | 125 | 22 | INV |
| 009 | 02 | 02 | 048 | 01 | 1 | 087 | 04 | 04 | 126 | 44 | SUM |
| 010 | 91 | R/S | 049 | 95 | = | 088 | 65 | × | 127 | 05 | 05 |
| 011 | 72 | ST* | 050 | 42 | STD | 089 | 43 | RCL | 128 | 97 | DSZ |
| 012 | 00 | 00 | 051 | 07 | 07 | 090 | 10 | 10 | 129 | 08 | 08 |
| 013 | 01 | 1 | 052 | 76 | LBL | 091 | 95 | = | 130 | 14 | D |
| 014 | 44 | SUM | 053 | 13 | C | 092 | 22 | INV | 131 | 43 | RCL |
| 015 | 00 | 00 | 054 | 43 | RCL | 093 | 74 | SM* | 132 | 00 | 00 |
| 016 | 44 | SUM | 055 | 07 | 07 | 094 | 05 | 05 | 133 | 85 | + |
| 017 | 02 | 02 | 056 | 42 | STD | 095 | 43 | RCL | 134 | 01 | 1 |
| 018 | 61 | GTD | 057 | 08 | 08 | 096 | 00 | 00 | 135 | 95 | = |
| 019 | 00 | 00 | 058 | 73 | RC* | 097 | 44 | SUM | 136 | 44 | SUM |
| 020 | 08 | 08 | 059 | 02 | 02 | 098 | 04 | 04 | 137 | 02 | 02 |
| 021 | 76 | LBL | 060 | 67 | EQ | 099 | 44 | SUM | 138 | 43 | RCL |
| 022 | 12 | B | 061 | 33 | X² | 100 | 05 | 05 | 139 | 02 | 02 |
| 023 | 25 | CLR | 062 | 76 | LBL | 101 | 97 | DSZ | 140 | 42 | STD |
| 024 | 91 | R/S | 063 | 14 | D | 102 | 09 | 09 | 141 | 04 | 04 |
| 025 | 42 | STD | 064 | 43 | RCL | 103 | 15 | E | 142 | 85 | + |
| 026 | 01 | 01 | 065 | 07 | 07 | 104 | 76 | LBL | 143 | 01 | 1 |
| 027 | 91 | R/S | 066 | 85 | + | 105 | 22 | INV | 144 | 95 | = |
| 028 | 42 | STD | 067 | 02 | 2 | 106 | 01 | 1 | 145 | 42 | STD |
| 029 | 00 | 00 | 068 | 95 | = | 107 | 44 | SUM | 146 | 05 | 05 |
| 030 | 43 | RCL | 069 | 42 | STD | 108 | 03 | 03 | 147 | 42 | STD |
| 031 | 01 | 01 | 070 | 09 | 09 | 109 | 53 | ( | 148 | 03 | 03 |
| 032 | 42 | STD | 071 | 29 | CP | 110 | 43 | RCL | 149 | 97 | DSZ |
| 033 | 02 | 02 | 072 | 73 | RC* | 111 | 07 | 07 | 150 | 07 | 07 |
| 034 | 42 | STD | 073 | 03 | 03 | 112 | 85 | + | 151 | 13 | C |
| 035 | 04 | 04 | 074 | 67 | EQ | 113 | 02 | 2 | 152 | 01 | 1 |
| 036 | 43 | RCL | 075 | 22 | INV | 114 | 54 | ) | 153 | 42 | STD |
| 037 | 02 | 02 | 076 | 73 | RC* | 115 | 65 | × | 154 | 06 | 06 |
| 038 | 85 | + | 077 | 03 | 03 | 116 | 43 | RCL | 155 | 43 | RCL |

| | | |
|---|---|---|
| 156 | 01 | 01 |
| 157 | 42 | STO |
| 158 | 07 | 07 |
| 159 | 43 | RCL |
| 160 | 00 | 00 |
| 161 | 42 | STO |
| 162 | 08 | 08 |
| 163 | 76 | LBL |
| 164 | 19 | D' |
| 165 | 73 | RC* |
| 166 | 07 | 07 |
| 167 | 49 | PRD |
| 168 | 06 | 06 |
| 169 | 43 | RCL |
| 170 | 00 | 00 |
| 171 | 85 | + |
| 172 | 01 | 1 |
| 173 | 95 | = |
| 174 | 44 | SUM |
| 175 | 07 | 07 |
| 176 | 97 | DSZ |
| 177 | 08 | 08 |
| 178 | 19 | D' |
| 179 | 43 | RCL |
| 180 | 06 | 06 |
| 181 | 91 | R/S |
| 182 | 43 | RCL |
| 183 | 01 | 01 |
| 184 | 85 | + |
| 185 | 53 | ( |
| 186 | 43 | RCL |
| 187 | 00 | 00 |
| 188 | 85 | + |
| 189 | 01 | 1 |
| 190 | 54 | ) |
| 191 | 65 | × |
| 192 | 43 | RCL |
| 193 | 00 | 00 |
| 194 | 75 | - |
| 195 | 01 | 1 |
| 196 | 95 | = |
| 197 | 42 | STO |
| 198 | 02 | 02 |
| 199 | 43 | RCL |
| 200 | 01 | 01 |
| 201 | 85 | + |
| 202 | 53 | ( |
| 203 | 43 | RCL |
| 204 | 00 | 00 |
| 205 | 85 | + |
| 206 | 01 | 1 |

| | | |
|---|---|---|
| 207 | 54 | ) |
| 208 | 65 | × |
| 209 | 53 | ( |
| 210 | 43 | RCL |
| 211 | 00 | 00 |
| 212 | 75 | - |
| 213 | 01 | 1 |
| 214 | 54 | ) |
| 215 | 95 | = |
| 216 | 42 | STO |
| 217 | 03 | 03 |
| 218 | 73 | RC* |
| 219 | 03 | 03 |
| 220 | 22 | INV |
| 221 | 64 | PD* |
| 222 | 02 | 02 |
| 223 | 01 | 1 |
| 224 | 22 | INV |
| 225 | 44 | SUM |
| 226 | 02 | 02 |
| 227 | 43 | RCL |
| 228 | 00 | 00 |
| 229 | 85 | + |
| 230 | 01 | 1 |
| 231 | 95 | = |
| 232 | 22 | INV |
| 233 | 44 | SUM |
| 234 | 03 | 03 |
| 235 | 43 | RCL |
| 236 | 02 | 02 |
| 237 | 75 | - |
| 238 | 43 | RCL |
| 239 | 00 | 00 |
| 240 | 95 | = |
| 241 | 42 | STO |
| 242 | 04 | 04 |
| 243 | 43 | RCL |
| 244 | 02 | 02 |
| 245 | 85 | + |
| 246 | 01 | 1 |
| 247 | 95 | = |
| 248 | 42 | STO |
| 249 | 05 | 05 |
| 250 | 43 | RCL |
| 251 | 00 | 00 |
| 252 | 75 | - |
| 253 | 01 | 1 |
| 254 | 95 | = |
| 255 | 42 | STO |
| 256 | 09 | 09 |
| 257 | 76 | LBL |

| | | |
|---|---|---|
| 258 | 16 | A' |
| 259 | 43 | RCL |
| 260 | 00 | 00 |
| 261 | 75 | - |
| 262 | 43 | RCL |
| 263 | 09 | 09 |
| 264 | 95 | = |
| 265 | 42 | STO |
| 266 | 08 | 08 |
| 267 | 76 | LBL |
| 268 | 17 | B' |
| 269 | 73 | RC* |
| 270 | 04 | 04 |
| 271 | 65 | × |
| 272 | 73 | RC* |
| 273 | 05 | 05 |
| 274 | 95 | = |
| 275 | 22 | INV |
| 276 | 74 | SM* |
| 277 | 02 | 02 |
| 278 | 43 | RCL |
| 279 | 00 | 00 |
| 280 | 22 | INV |
| 281 | 44 | SUM |
| 282 | 04 | 04 |
| 283 | 01 | 1 |
| 284 | 22 | INV |
| 285 | 44 | SUM |
| 286 | 05 | 05 |
| 287 | 97 | DSZ |
| 288 | 08 | 08 |
| 289 | 17 | B' |
| 290 | 73 | RC* |
| 291 | 03 | 03 |
| 292 | 22 | INV |
| 293 | 64 | PD* |
| 294 | 02 | 02 |
| 295 | 43 | RCL |
| 296 | 00 | 00 |
| 297 | 85 | + |
| 298 | 01 | 1 |
| 299 | 95 | = |
| 300 | 22 | INV |
| 301 | 44 | SUM |
| 302 | 03 | 03 |
| 303 | 01 | 1 |
| 304 | 22 | INV |
| 305 | 44 | SUM |
| 306 | 02 | 02 |
| 307 | 43 | RCL |
| 308 | 02 | 02 |

| | | |
|---|---|---|
| 309 | 75 | - |
| 310 | 43 | RCL |
| 311 | 00 | 00 |
| 312 | 95 | = |
| 313 | 42 | STO |
| 314 | 04 | 04 |
| 315 | 43 | RCL |
| 316 | 01 | 01 |
| 317 | 85 | + |
| 318 | 43 | RCL |
| 319 | 00 | 00 |
| 320 | 65 | × |
| 321 | 53 | ( |
| 322 | 43 | RCL |
| 323 | 00 | 00 |
| 324 | 85 | + |
| 325 | 01 | 1 |
| 326 | 54 | ) |
| 327 | 75 | - |
| 328 | 01 | 1 |
| 329 | 95 | = |
| 330 | 42 | STO |
| 331 | 05 | 05 |
| 332 | 97 | DSZ |
| 333 | 09 | 09 |
| 334 | 16 | A' |
| 335 | 43 | RCL |
| 336 | 00 | 00 |
| 337 | 42 | STO |
| 338 | 22 | 22 |
| 339 | 43 | RCL |
| 340 | 00 | 00 |
| 341 | 33 | X² |
| 342 | 85 | + |
| 343 | 43 | RCL |
| 344 | 01 | 01 |
| 345 | 95 | = |
| 346 | 42 | STO |
| 347 | 03 | 03 |
| 348 | 76 | LBL |
| 349 | 18 | C' |
| 350 | 73 | RC* |
| 351 | 03 | 03 |
| 352 | 91 | R/S |
| 353 | 01 | 1 |
| 354 | 44 | SUM |
| 355 | 03 | 03 |
| 356 | 97 | DSZ |
| 357 | 02 | 02 |
| 358 | 18 | C' |
| 359 | 91 | R/S |

## 2.2 Der Gaußalgorithmus mit Pivotsuche

Das Programm löst auch solche linearen Gleichungssysteme $Ax = a$ (A n,n-Matrix, a n-Spalte), bei denen der gewöhnliche Gaußalgorithmus wegen einer Null in der Hauptdiagonalen der zu erzeugenden Matrix R versagen würde (siehe 2.1 „Der Algorithmus von Gauß"). Beim Gaußalgorithmus mit Pivotsuche wird vor dem Eliminationsschritt j das betragsgrößte Element der „Restspalte" j

$$|a_{rj}| = \max_{i \geqslant j} |a_{ij}|$$

gesucht und anschließend die Zeile r der Matrix [A, **a**] mit Zeile j vertauscht.

Das Programm berechnet nicht den Wert der Determinante von A. Es bearbeitet Matrizen bis zur Ordnung $n = 6$.

### Programminstruktionen

| | Verfahren | Eingabe | Taste | Anzeige |
|---|---|---|---|---|
| 1 | Magnetkarte einlesen (Block 1, 2) | | | 2 |
| 2 | Programmbeginn | | A | 2 |
| 3 | Eingabe der Nummer des ersten zu belegenden Speicherplatzes $k \geq 15$ | k | R/S | 1 |
| 4 | Eingabe der Matrix [A, **a**] spaltenweise | $a_{11}$ | R/S | 2 |
| | | $a_{21}$ | R/S | 3 |
| | | ⋮ | ⋮ | ⋮ |
| | | $a_{nn}$ | R/S | $n^2+1$ |
| | | $a_1$ | R/S | $n^2+2$ |
| | | ⋮ | ⋮ | ⋮ |
| | | $a_n$ | R/S | $n^2+n+1$ |
| 5 | Ende der Koeffizienteneingabe | | B | 0 |
| 6 | Eingabe von n und k | n | R/S | n |
| | | k | R/S | |
| 7 | Ergebnisanzeige | | | $x_1$ |
| | | | R/S | $x_2$ |
| | | | ⋮ | ⋮ |
| | | | R/S | $x_n$ |

### Registerinhalte

$R_{00}, \ldots, R_{14}$: Programmzeiger

$R_k, \ldots, R_{k+n^2-1}$: $a_{11}, \ldots, a_{nn}$

$R_{k+n^2}, \ldots, R_{k+n^2+n-1}$: $a_1, \ldots, a_n$

## Beispiel

Gesucht ist die Lösung des linearen Gleichungssystems $A\mathbf{x} = \mathbf{a}$ mit

$$A = \begin{bmatrix} 2 & 2 & 0 \\ 1 & 1 & 3 \\ 1 & 3 & 2 \end{bmatrix} \quad \text{und} \quad \mathbf{a} = \begin{bmatrix} 8 \\ 10 \\ 14 \end{bmatrix}.$$

| Anmerkungen | | Eingabe | Taste | Anzeige |
|---|---|---|---|---|
| Magnetkarte einlesen (Block 1, 2) | | | | 2 |
| Programmbeginn | | | A | 2 |
| Eingabe von: | k | 15 | R/S | 1 |
| | $a_{11}$ | 2 | R/S | 2 |
| | $a_{21}$ | 1 | R/S | 3 |
| | $a_{31}$ | 1 | R/S | 4 |
| | $a_{12}$ | 2 | R/S | 5 |
| | $a_{22}$ | 1 | R/S | 6 |
| | $a_{32}$ | 3 | R/S | 7 |
| | $a_{13}$ | 0 | R/S | 8 |
| | $a_{23}$ | 3 | R/S | 9 |
| | $a_{33}$ | 2 | R/S | 10 |
| | $a_1$ | 8 | R/S | 11 |
| | $a_2$ | 10 | R/S | 12 |
| | $a_3$ | 14 | R/S | 13 |
| Ende der Koeffizienteneingabe | | | B | 0 |
| Eingabe von: | n | 3 | R/S | 3 |
| | k | 15 | R/S | |
| Anzeige von: | $x_1$ | | | 1 |
| | $x_2$ | | R/S | 3 |
| | $x_3$ | | R/S | 2 |

| Programm 2.2 | Der Gaußalgorithmus mit Pivotsuche |
|---|---|

```
000   76 LBL      013   01  1       026   42 STO      039   95  =
001   11  A       014   44 SUM      027   00  00      040   42 STO
002   91 R/S      015   00  00      028   91 R/S      041   03  03
003   42 STO      016   01  1       029   42 STO      042   42 STO
004   00  00      017   44 SUM      030   01  01      043   05  05
005   01  1       018   01  01      031   42 STO      044   43 RCL
006   42 STO      019   61 GTO      032   02  02      045   00  00
007   01  01      020   00  00      033   42 STO      046   75  -
008   43 RCL      021   08  08      034   04  04      047   01  1
009   01  01      022   76 LBL      035   43 RCL      048   95  =
010   91 R/S      023   12  B       036   02  02      049   42 STO
011   72 ST*      024   25 CLR      037   85  +       050   07  07
012   00  00      025   91 R/S      038   01  1       051   76 LBL
```

| | | | | | | | | | | |
|---|---|---|---|---|---|---|---|---|---|---|---|
| 052 | 13 | C | 113 | 10 | E' | 174 | 06 | 06 | 236 | 02 | 02 |
| 053 | 00 | 0 | 114 | 73 | RC* | 175 | 73 | RC* | 237 | 42 | STO |
| 054 | 42 | STO | 115 | 12 | 12 | 176 | 03 | 03 | 238 | 04 | 04 |
| 055 | 12 | 12 | 116 | 42 | STO | 177 | 55 | ÷ | 239 | 85 | + |
| 056 | 42 | STO | 117 | 13 | 13 | 178 | 73 | RC* | 240 | 01 | 1 |
| 057 | 13 | 13 | 118 | 73 | RC* | 179 | 02 | 02 | 241 | 95 | = |
| 058 | 42 | STO | 119 | 02 | 02 | 180 | 95 | = | 242 | 42 | STO |
| 059 | 14 | 14 | 120 | 72 | ST* | 181 | 42 | STO | 243 | 05 | 05 |
| 060 | 32 | X:T | 121 | 12 | 12 | 182 | 10 | 10 | 244 | 42 | STO |
| 061 | 43 | RCL | 122 | 43 | RCL | 183 | 76 | LBL | 245 | 03 | 03 |
| 062 | 02 | 02 | 123 | 13 | 13 | 184 | 15 | E | 246 | 97 | DSZ |
| 063 | 42 | STO | 124 | 72 | ST* | 185 | 73 | RC* | 247 | 07 | 07 |
| 064 | 11 | 11 | 125 | 02 | 02 | 186 | 04 | 04 | 248 | 13 | C |
| 065 | 43 | RCL | 126 | 43 | RCL | 187 | 65 | × | 249 | 43 | RCL |
| 066 | 07 | 07 | 127 | 00 | 00 | 188 | 43 | RCL | 250 | 01 | 01 |
| 067 | 42 | STO | 128 | 44 | SUM | 189 | 10 | 10 | 251 | 85 | + |
| 068 | 06 | 06 | 129 | 02 | 02 | 190 | 95 | = | 252 | 53 | ( |
| 069 | 73 | RC* | 130 | 44 | SUM | 191 | 22 | INV | 253 | 43 | RCL |
| 070 | 02 | 02 | 131 | 12 | 12 | 192 | 74 | SM* | 254 | 00 | 00 |
| 071 | 50 | I×I | 132 | 97 | DSZ | 193 | 05 | 05. | 255 | 85 | + |
| 072 | 32 | X:T | 133 | 06 | 06 | 194 | 43 | RCL | 256 | 01 | 1 |
| 073 | 01 | 1 | 134 | 10 | E' | 195 | 00 | 00 | 257 | 54 | ) |
| 074 | 44 | SUM | 135 | 53 | ( | 196 | 44 | SUM | 258 | 65 | × |
| 075 | 11 | 11 | 136 | 43 | RCL | 197 | 04 | 04 | 259 | 43 | RCL |
| 076 | 73 | RC* | 137 | 07 | 07 | 198 | 44 | SUM | 260 | 00 | 00 |
| 077 | 11 | 11 | 138 | 85 | + | 199 | 05 | 05 | 261 | 75 | - |
| 078 | 50 | I×I | 139 | 02 | 2 | 200 | 97 | DSZ | 262 | 01 | 1 |
| 079 | 22 | INV | 140 | 54 | ) | 201 | 09 | 09 | 263 | 95 | = |
| 080 | 77 | GE | 141 | 65 | × | 202 | 15 | E | 264 | 42 | STO |
| 081 | 00 | 00 | 142 | 43 | RCL | 203 | 01 | 1 | 265 | 02 | 02 |
| 082 | 94 | 94 | 143 | 00 | 00 | 204 | 44 | SUM | 266 | 43 | RCL |
| 083 | 67 | EQ | 144 | 95 | = | 205 | 03 | 03 | 267 | 01 | 01 |
| 084 | 00 | 00 | 145 | 22 | INV | 206 | 53 | ( | 268 | 85 | + |
| 085 | 94 | 94 | 146 | 44 | SUM | 207 | 43 | RCL | 269 | 53 | ( |
| 086 | 32 | X:T | 147 | 02 | 02 | 208 | 07 | 07 | 270 | 43 | RCL |
| 087 | 43 | RCL | 148 | 43 | RCL | 209 | 85 | + | 271 | 00 | 00 |
| 088 | 11 | 11 | 149 | 07 | 07 | 210 | 02 | 2 | 272 | 85 | + |
| 089 | 42 | STO | 150 | 42 | STO | 211 | 54 | ) | 273 | 01 | 1 |
| 090 | 12 | 12 | 151 | 08 | 08 | 212 | 65 | × | 274 | 54 | ) |
| 091 | 01 | 1 | 152 | 00 | 0 | 213 | 43 | RCL | 275 | 65 | × |
| 092 | 44 | SUM | 153 | 32 | X:T | 214 | 00 | 00 | 276 | 53 | ( |
| 093 | 14 | 14 | 154 | 73 | RC* | 215 | 95 | = | 277 | 43 | RCL |
| 094 | 97 | DSZ | 155 | 02 | 02 | 216 | 22 | INV | 278 | 00 | 00 |
| 095 | 06 | 06 | 156 | 67 | EQ | 217 | 44 | SUM | 279 | 75 | - |
| 096 | 00 | 00 | 157 | 04 | 04 | 218 | 04 | 04 | 280 | 01 | 1 |
| 097 | 73 | 73 | 158 | 79 | 79 | 219 | 75 | - | 281 | 54 | ) |
| 098 | 43 | RCL | 159 | 76 | LBL | 220 | 01 | 1 | 282 | 95 | = |
| 099 | 14 | 14 | 160 | 14 | D | 221 | 95 | = | 283 | 42 | STO |
| 100 | 32 | X:T | 161 | 43 | RCL | 222 | 22 | INV | 284 | 03 | 03 |
| 101 | 00 | 0 | 162 | 07 | 07 | 223 | 44 | SUM | 285 | 73 | RC* |
| 102 | 77 | GE | 163 | 85 | + | 224 | 05 | 05 | 286 | 03 | 03 |
| 103 | 01 | 01 | 164 | 02 | 2 | 225 | 97 | DSZ | 287 | 22 | INV |
| 104 | 48 | 48 | 165 | 95 | = | 226 | 08 | 08 | 288 | 64 | PD* |
| 105 | 43 | RCL | 166 | 42 | STO | 227 | 14 | D | 289 | 02 | 02 |
| 106 | 07 | 07 | 167 | 09 | 09 | 228 | 43 | RCL | 290 | 01 | 1 |
| 107 | 85 | + | 168 | 00 | 0 | 229 | 00 | 00 | 291 | 22 | INV |
| 108 | 02 | 2 | 169 | 32 | X:T | 230 | 85 | + | 292 | 44 | SUM |
| 109 | 95 | = | 170 | 73 | RC* | 231 | 01 | 1 | 293 | 02 | 02 |
| 110 | 42 | STO | 171 | 03 | 03 | 232 | 95 | = | 294 | 43 | RCL |
| 111 | 06 | 06 | 172 | 67 | EQ | 233 | 44 | SUM | 295 | 00 | 00 |
| 112 | 76 | LBL | 173 | 02 | 02 | 234 | 02 | 02 | 296 | 85 | + |
| | | | | | | 235 | 43 | RCL | 297 | 01 | 1 |

| | | | | | | | | | | | |
|---|---|---|---|---|---|---|---|---|---|---|---|
| 298 | 95 | = | 332 | 42 | STO | 366 | 95 | = | 400 | 09 | 09 |
| 299 | 22 | INV | 333 | 08 | 08 | 367 | 22 | INV | 401 | 16 | A' |
| 300 | 44 | SUM | 334 | 76 | LBL | 368 | 44 | SUM | 402 | 43 | RCL |
| 301 | 03 | 03 | 335 | 17 | B' | 369 | 03 | 03 | 403 | 00 | 00 |
| 302 | 43 | RCL | 336 | 73 | RC* | 370 | 01 | 1 | 404 | 42 | STO |
| 303 | 02 | 02 | 337 | 04 | 04 | 371 | 22 | INV | 405 | 02 | 02 |
| 304 | 75 | - | 338 | 65 | × | 372 | 44 | SUM | 406 | 43 | RCL |
| 305 | 43 | RCL | 339 | 73 | RC* | 373 | 02 | 02 | 407 | 00 | 00 |
| 306 | 00 | 00 | 340 | 05 | 05 | 374 | 43 | RCL | 408 | 33 | X² |
| 307 | 95 | = | 341 | 95 | = | 375 | 02 | 02 | 409 | 85 | + |
| 308 | 42 | STO | 342 | 22 | INV | 376 | 75 | - | 410 | 43 | RCL |
| 309 | 04 | 04 | 343 | 74 | SM* | 377 | 43 | RCL | 411 | 01 | 01 |
| 310 | 43 | RCL | 344 | 02 | 02 | 378 | 00 | 00 | 412 | 95 | = |
| 311 | 02 | 02 | 345 | 43 | RCL | 379 | 95 | = | 413 | 42 | STO |
| 312 | 85 | + | 346 | 00 | 00 | 380 | 42 | STO | 414 | 03 | 03 |
| 313 | 01 | 1 | 347 | 22 | INV | 381 | 04 | 04 | 415 | 76 | LBL |
| 314 | 95 | = | 348 | 44 | SUM | 382 | 43 | RCL | 416 | 18 | C' |
| 315 | 42 | STO | 349 | 04 | 04 | 383 | 01 | 01 | 417 | 73 | RC* |
| 316 | 05 | 05 | 350 | 01 | 1 | 384 | 85 | + | 418 | 03 | 03 |
| 317 | 43 | RCL | 351 | 22 | INV | 385 | 43 | RCL | 419 | 91 | R/S |
| 318 | 00 | 00 | 352 | 44 | SUM | 386 | 00 | 00 | 420 | 01 | 1 |
| 319 | 75 | - | 353 | 05 | 05 | 387 | 65 | × | 421 | 44 | SUM |
| 320 | 01 | 1 | 354 | 97 | DSZ | 388 | 53 | ( | 422 | 03 | 03 |
| 321 | 95 | = | 355 | 08 | 08 | 389 | 43 | RCL | 423 | 97 | DSZ |
| 322 | 42 | STO | 356 | 17 | B' | 390 | 00 | 00 | 424 | 02 | 02 |
| 323 | 09 | 09 | 357 | 73 | RC* | 391 | 85 | + | 425 | 18 | C' |
| 324 | 76 | LBL | 358 | 03 | 03 | 392 | 01 | 1 | 426 | 91 | R/S |
| 325 | 16 | A' | 359 | 22 | INV | 393 | 54 | ) | 427 | 81 | RST |
| 326 | 43 | RCL | 360 | 64 | PD* | 394 | 75 | - | 428 | 00 | 0 |
| 327 | 00 | 00 | 361 | 02 | 02 | 395 | 01 | 1 | 429 | 00 | 0 |
| 328 | 75 | - | 362 | 43 | RCL | 396 | 95 | = | 430 | 00 | 0 |
| 329 | 43 | RCL | 363 | 00 | 00 | 397 | 42 | STO | 431 | 00 | 0 |
| 330 | 09 | 09 | 364 | 85 | + | 398 | 05 | 05 | 432 | 00 | 0 |
| 331 | 95 | = | 365 | 01 | 1 | 399 | 97 | DSZ | 433 | 00 | 0 |

## 2.3 Die LR-Zerlegung

Die LR-Zerlegung ist ein konzentrierter Gaußalgorithmus, der die Matrix A zerlegt in das Produkt zweier Dreiecksmatrizen L und R. Dabei sei A zunächst ohne Zeilenvertauschungen zerlegbar, was i. a. nicht der Fall ist.

Die LR-Zerlegung läßt sich zur Lösung linearer Gleichungssysteme verwenden. Besonders sinnvoll ist ihre Anwendung, wenn mehrere Systeme $Ax = a_1, ..., Ax = a_r$ mit identischer Koeffizientenmatrix A vorliegen. Zur Lösung dieser r Systeme wird die LR-Zerlegung einmal bereitgestellt.

Das Programm wurde in zwei Teile zerlegt; dadurch läßt es sich auf Matrizen bis zur Ordnung n = 6 anwenden.

## Programminstruktionen

| | Verfahren | Eingabe | Taste | Anzeige |
|---|---|---|---|---|
| 1 | „Teil 1" einlesen (Block 1) | | | 1 |
| 2 | Programmbeginn „Teil 1" | | A | 1 |
| 3 | Eingabe der Nummer des ersten zu belegenden Speicherplatzes $k \geq 11$ | k | R/S | 1 |
| 4 | Eingabe der Matrix [A, a] spaltenweise | $a_{11}$ | R/S | 2 |
| | | $a_{21}$ | R/S | 3 |
| | | $\vdots$ | $\vdots$ | $\vdots$ |
| | | $a_{nn}$ | R/S | $n^2+1$ |
| | | $a_1$ | R/S | $n^2+2$ |
| | | $\vdots$ | $\vdots$ | $\vdots$ |
| | | $a_n$ | R/S | $n^2+n+1$ |
| 5 | Ende der Koeffizienteneingabe | | B | 0 |
| 6 | Eingabe von n und k | n | R/S | 0 |
| | | k | R/S | |
| | | | | 0 |
| 7 | „Teil 2" einlesen (Block 1, 2) | | | 2 |
| 8 | Programmbeginn „Teil 2" | | C | |
| 9 | Ergebnisanzeige | | | $x_1$ |
| | | | R/S | $x_2$ |
| | | | $\vdots$ | $\vdots$ |
| | | | R/S | $x_n$ |
| 10 | Eingabe einer neuen „rechten Seite" a' | | A' | 1 |
| | | $a'_1$ | R/S | 2 |
| | | $\vdots$ | $\vdots$ | $\vdots$ |
| | | $a'_n$ | R/S | $n+1$ |
| 11 | Ende der Eingabe | | C' | |
| 12 | Ergebnisanzeige | | | $x'_1$ |
| | | | R/S | $x'_2$ |
| | | | $\vdots$ | $\vdots$ |
| | | | R/S | $x'_n$ |

## Registerinhalte

$R_{00}, \ldots, R_{10}$: Programmzeiger
$R_k, \ldots, R_{k+n^2-1}$: $a_{11}, \ldots, a_{nn}$
$R_{k+n^2}, \ldots, R_{k+n^2+n-1}$: $a_1, \ldots, a_n$

## Bemerkungen

1. Ist eine LR-Zerlegung von A nicht möglich, so hält das Programm, und der Rechner zeigt dies durch eine blinkende Anzeige an.
2. Die Schritte 10 bis 12 können beliebig oft wiederholt werden.

## Beispiel

Gesucht ist die Lösung der linearen Gleichungssysteme $A\mathbf{x} = \mathbf{a}$ und $A\mathbf{x} = \mathbf{a}'$ mit

$$A = \begin{bmatrix} 2 & 2 & 0 \\ 2 & 1 & 1 \\ 1 & 1 & 2 \end{bmatrix}, \qquad \mathbf{a} = \begin{bmatrix} 6 \\ 7 \\ 9 \end{bmatrix}, \qquad \mathbf{a}' = \begin{bmatrix} 12 \\ 18 \\ 14 \end{bmatrix}$$

| Anmerkungen | Eingabe | Taste | Anzeige |
|---|---|---|---|
| „Teil 1" einlesen (Block 1) | | | 1 |
| Programmbeginn „Teil 1" | | A | 1 |
| Eingabe von:  k | 11 | R/S | 1 |
| $a_{11}$ | 2 | R/S | 2 |
| $a_{21}$ | 2 | R/S | 3 |
| $a_{31}$ | 1 | R/S | 4 |
| $a_{12}$ | 2 | R/S | 5 |
| $a_{22}$ | 1 | R/S | 6 |
| $a_{32}$ | 1 | R/S | 7 |
| $a_{13}$ | 0 | R/S | 8 |
| $a_{23}$ | 1 | R/S | 9 |
| $a_{33}$ | 2 | R/S | 10 |
| $a_1$ | 6 | R/S | 11 |
| $a_2$ | 7 | R/S | 12 |
| $a_3$ | 9 | R/S | 13 |
| Ende der Koeffizienteneingabe | | B | 0 |
| Eingabe von:  n | 3 | R/S | 0 |
| k | 11 | R/S | |
| | | | 0 |
| „Teil 2" einlesen (Block 1, 2) | | | 2 |
| Programmbeginn „Teil 2" | | C | |
| Anzeige von:  $x_1$ | | | 1 |
| $x_2$ | | R/S | 2 |
| $x_3$ | | R/S | 3 |
| neue „rechte Seite" a' | | A' | 1 |
| Eingabe von:  $a_1'$ | 12 | R/S | 2 |
| $a_2'$ | 18 | R/S | 3 |
| $a_3'$ | 14 | R/S | 4 |
| Ende der Eingabe | | C' | |
| Anzeige von:  $x_1'$ | | | 8 |
| $x_2'$ | | R/S | −2 |
| $x_3'$ | | R/S | 4 |

| Programm 2.3 | Die LR-Zerlegung |
|---|---|

## Teil 1

| | | | | | | | | | | |
|---|---|---|---|---|---|---|---|---|---|---|
| 000 | 76 | LBL | 025 | 42 | STO | 050 | 22 | INV | 074 | 43 | RCL |
| 001 | 11 | A | 026 | 00 | 00 | 051 | 73 | RC* | 075 | 01 | 01 |
| 002 | 91 | R/S | 027 | 75 | - | 052 | 02 | 02 | 076 | 85 | + |
| 003 | 42 | STO | 028 | 01 | 1 | 053 | 22 | INV | 077 | 01 | 1 |
| 004 | 02 | 02 | 029 | 95 | = | 054 | 64 | PD* | 078 | 95 | = |
| 005 | 01 | 1 | 030 | 42 | STO | 055 | 03 | 03 | 079 | 42 | STO |
| 006 | 42 | STO | 031 | 04 | 04 | 056 | 01 | 1 | 080 | 03 | 03 |
| 007 | 03 | 03 | 032 | 25 | CLR | 057 | 44 | SUM | 081 | 43 | RCL |
| 008 | 43 | RCL | 033 | 91 | R/S | 058 | 03 | 03 | 082 | 01 | 01 |
| 009 | 03 | 03 | 034 | 42 | STO | 059 | 97 | DSZ | 083 | 85 | + |
| 010 | 91 | R/S | 035 | 01 | 01 | 060 | 04 | 04 | 084 | 43 | RCL |
| 011 | 72 | ST* | 036 | 42 | STO | 061 | 22 | INV | 085 | 00 | 00 |
| 012 | 02 | 02 | 037 | 02 | 02 | 062 | 43 | RCL | 086 | 95 | = |
| 013 | 01 | 1 | 038 | 85 | + | 063 | 01 | 01 | 087 | 42 | STO |
| 014 | 44 | SUM | 039 | 01 | 1 | 064 | 85 | + | 088 | 04 | 04 |
| 015 | 03 | 03 | 040 | 95 | = | 065 | 43 | RCL | 089 | 43 | RCL |
| 016 | 44 | SUM | 041 | 42 | STO | 066 | 00 | 00 | 090 | 00 | 00 |
| 017 | 02 | 02 | 042 | 03 | 3 | 067 | 85 | + | 091 | 75 | - |
| 018 | 61 | GTO | 043 | 00 | 0 | 068 | 01 | 1 | 092 | 01 | 1 |
| 019 | 00 | 00 | 044 | 32 | X:T | 069 | 95 | = | 093 | 95 | = |
| 020 | 08 | 08 | 045 | 73 | RC* | 070 | 42 | STO | 094 | 42 | STO |
| 021 | 76 | LBL | 046 | 02 | 02 | 071 | 05 | 05 | 095 | 07 | 07 |
| 022 | 12 | B | 047 | 67 | EQ | 072 | 42 | STO | 096 | 25 | CLR |
| 023 | 25 | CLR | 048 | 99 | PRT | 073 | 06 | 06 | 097 | 91 | R/S |
| 024 | 91 | R/S | 049 | 76 | LBL | | | | | | |

## Teil 2

| | | | | | | | | | | |
|---|---|---|---|---|---|---|---|---|---|---|
| 000 | 76 | LBL | 025 | 04 | 04 | 050 | 03 | 03 | 075 | 67 | EQ |
| 001 | 13 | C | 026 | 95 | = | 051 | 43 | RCL | 076 | 18 | C' |
| 002 | 43 | RCL | 027 | 22 | INV | 052 | 10 | 10 | 077 | 76 | LBL |
| 003 | 00 | 00 | 028 | 74 | SM* | 053 | 22 | INV | 078 | 10 | E' |
| 004 | 75 | - | 029 | 05 | 05 | 054 | 44 | SUM | 079 | 43 | RCL |
| 005 | 43 | RCL | 030 | 43 | RCL | 055 | 04 | 04 | 080 | 00 | 00 |
| 006 | 07 | 07 | 031 | 00 | 00 | 056 | 01 | 1 | 081 | 75 | - |
| 007 | 95 | = | 032 | 44 | SUM | 057 | 44 | SUM | 082 | 43 | RCL |
| 008 | 42 | STO | 033 | 03 | 03 | 058 | 05 | 05 | 083 | 07 | 07 |
| 009 | 08 | 08 | 034 | 01 | 1 | 059 | 44 | SUM | 084 | 95 | = |
| 010 | 01 | 1 | 035 | 44 | SUM | 060 | 10 | 10 | 085 | 42 | STO |
| 011 | 42 | STO | 036 | 04 | 04 | 061 | 97 | DSZ | 086 | 09 | 09 |
| 012 | 10 | 10 | 037 | 97 | DSZ | 062 | 08 | 08 | 087 | 76 | LBL |
| 013 | 76 | LBL | 038 | 09 | 09 | 063 | 14 | D | 088 | 24 | CE |
| 014 | 14 | D | 039 | 23 | LNX | 064 | 43 | RCL | 089 | 73 | RC* |
| 015 | 43 | RCL | 040 | 43 | RCL | 065 | 07 | 07 | 090 | 03 | 03 |
| 016 | 10 | 10 | 041 | 10 | 10 | 066 | 75 | - | 091 | 65 | × |
| 017 | 42 | STO | 042 | 65 | × | 067 | 01 | 1 | 092 | 73 | RC* |
| 018 | 09 | 09 | 043 | 43 | RCL | 068 | 95 | = | 093 | 04 | 04 |
| 019 | 76 | LBL | 044 | 00 | 00 | 069 | 42 | STO | 094 | 95 | = |
| 020 | 23 | LNX | 045 | 75 | - | 070 | 08 | 08 | 095 | 22 | INV |
| 021 | 73 | RC* | 046 | 01 | 1 | 071 | 00 | 0 | 096 | 74 | SM* |
| 022 | 03 | 03 | 047 | 95 | = | 072 | 32 | X:T | 097 | 05 | 05 |
| 023 | 65 | × | 048 | 22 | INV | 073 | 43 | RCL | 098 | 43 | RCL |
| 024 | 73 | RC* | 049 | 44 | SUM | 074 | 08 | 08 | 099 | 00 | 00 |

| | | | | | | | | | | |
|---|---|---|---|---|---|---|---|---|---|---|
| 100 | 44 | SUM | 162 | 43 | RCL | 224 | 00 | 00 | 286 | 54 | ) |
| 101 | 03 | 03 | 163 | 00 | 00 | 225 | 44 | SUM | 287 | 65 | × |
| 102 | 01 | 1 | 164 | 85 | + | 226 | 04 | 04 | 288 | 53 | ( |
| 103 | 44 | SUM | 165 | 01 | 1 | 227 | 01 | 1 | 289 | 43 | RCL |
| 104 | 04 | 04 | 166 | 95 | = | 228 | 44 | SUM | 290 | 00 | 00 |
| 105 | 97 | DSZ | 167 | 44 | SUM | 229 | 03 | 03 | 291 | 75 | - |
| 106 | 09 | 09 | 168 | 06 | 06 | 230 | 97 | DSZ | 292 | 01 | 1 |
| 107 | 24 | CE | 169 | 97 | DSZ | 231 | 08 | 08 | 293 | 54 | ) |
| 108 | 73 | RC* | 170 | 07 | 07 | 232 | 17 | B' | 294 | 95 | = |
| 109 | 06 | 06 | 171 | 13 | C | 233 | 01 | 1 | 295 | 42 | STO |
| 110 | 67 | EQ | 172 | 76 | LBL | 234 | 44 | SUM | 296 | 03 | 03 |
| 111 | 99 | PRT | 173 | 18 | C' | 235 | 05 | 05 | 297 | 73 | RC* |
| 112 | 73 | RC* | 174 | 43 | RCL | 236 | 43 | RCL | 298 | 03 | 03 |
| 113 | 06 | 06 | 175 | 01 | 01 | 237 | 01 | 01 | 299 | 22 | INV |
| 114 | 22 | INV | 176 | 85 | + | 238 | 85 | + | 300 | 64 | PD* |
| 115 | 64 | PD* | 177 | 43 | RCL | 239 | 43 | RCL | 301 | 02 | 02 |
| 116 | 05 | 05 | 178 | 00 | 00 | 240 | 00 | 00 | 302 | 01 | 1 |
| 117 | 53 | ( | 179 | 33 | X² | 241 | 33 | X² | 303 | 22 | INV |
| 118 | 43 | RCL | 180 | 95 | = | 242 | 95 | = | 304 | 44 | SUM |
| 119 | 00 | 00 | 181 | 42 | STO | 243 | 42 | STO | 305 | 02 | 02 |
| 120 | 75 | - | 182 | 03 | 03 | 244 | 03 | 03 | 306 | 43 | RCL |
| 121 | 43 | RCL | 183 | 85 | + | 245 | 43 | RCL | 307 | 00 | 00 |
| 122 | 07 | 07 | 184 | 01 | 1 | 246 | 01 | 01 | 308 | 85 | + |
| 123 | 54 | ) | 185 | 95 | = | 247 | 85 | + | 309 | 01 | 1 |
| 124 | 65 | × | 186 | 42 | STO | 248 | 43 | RCL | 310 | 95 | = |
| 125 | 43 | RCL | 187 | 05 | 05 | 249 | 00 | 00 | 311 | 22 | INV |
| 126 | 00 | 00 | 188 | 43 | RCL | 250 | 75 | - | 312 | 44 | SUM |
| 127 | 75 | - | 189 | 01 | 01 | 251 | 43 | RCL | 313 | 03 | 03 |
| 128 | 01 | 1 | 190 | 85 | + | 252 | 09 | 09 | 314 | 43 | RCL |
| 129 | 95 | = | 191 | 01 | 1 | 253 | 85 | + | 315 | 02 | 02 |
| 130 | 22 | INV | 192 | 95 | = | 254 | 01 | 1 | 316 | 75 | - |
| 131 | 44 | SUM | 193 | 42 | STO | 255 | 95 | = | 317 | 43 | RCL |
| 132 | 03 | 03 | 194 | 04 | 04 | 256 | 42 | STO | 318 | 00 | 00 |
| 133 | 43 | RCL | 195 | 43 | RCL | 257 | 04 | 04 | 319 | 95 | = |
| 134 | 00 | 00 | 196 | 00 | 00 | 258 | 97 | DSZ | 320 | 42 | STO |
| 135 | 75 | - | 197 | 75 | - | 259 | 09 | 09 | 321 | 04 | 04 |
| 136 | 43 | RCL | 198 | 01 | 1 | 260 | 98 | ADV | 322 | 43 | RCL |
| 137 | 07 | 07 | 199 | 95 | = | 261 | 43 | RCL | 323 | 02 | 02 |
| 138 | 95 | = | 200 | 42 | STO | 262 | 01 | 01 | 324 | 85 | + |
| 139 | 22 | INV | 201 | 09 | 09 | 263 | 85 | + | 325 | 01 | 1 |
| 140 | 44 | SUM | 202 | 76 | LBL | 264 | 53 | ( | 326 | 95 | = |
| 141 | 04 | 04 | 203 | 98 | ADV | 265 | 43 | RCL | 327 | 42 | STO |
| 142 | 01 | 1 | 204 | 43 | RCL | 266 | 00 | 00 | 328 | 05 | 05 |
| 143 | 44 | SUM | 205 | 00 | 00 | 267 | 85 | + | 329 | 43 | RCL |
| 144 | 05 | 05 | 206 | 75 | - | 268 | 01 | 1 | 330 | 00 | 00 |
| 145 | 97 | DSZ | 207 | 43 | RCL | 269 | 54 | ) | 331 | 75 | - |
| 146 | 08 | 08 | 208 | 09 | 09 | 270 | 65 | × | 332 | 01 | 1 |
| 147 | 10 | E' | 209 | 95 | = | 271 | 43 | RCL | 333 | 95 | = |
| 148 | 43 | RCL | 210 | 42 | STO | 272 | 00 | 00 | 334 | 42 | STO |
| 149 | 05 | 05 | 211 | 08 | 08 | 273 | 75 | - | 335 | 09 | 09 |
| 150 | 42 | STO | 212 | 76 | LBL | 274 | 01 | 1 | 336 | 76 | LBL |
| 151 | 04 | 04 | 213 | 17 | B' | 275 | 95 | = | 337 | 90 | LST |
| 152 | 01 | 1 | 214 | 73 | RC* | 276 | 42 | STO | 338 | 43 | RCL |
| 153 | 44 | SUM | 215 | 04 | 04 | 277 | 02 | 02 | 339 | 00 | 00 |
| 154 | 05 | 05 | 216 | 65 | × | 278 | 43 | RCL | 340 | 75 | - |
| 155 | 43 | RCL | 217 | 73 | RC* | 279 | 01 | 01 | 341 | 43 | RCL |
| 156 | 01 | 01 | 218 | 03 | 03 | 280 | 85 | + | 342 | 09 | 09 |
| 157 | 85 | + | 219 | 95 | = | 281 | 53 | ( | 343 | 95 | = |
| 158 | 01 | 1 | 220 | 22 | INV | 282 | 43 | RCL | 344 | 42 | STO |
| 159 | 95 | = | 221 | 74 | SM* | 283 | 00 | 00 | 345 | 08 | 08 |
| 160 | 42 | STO | 222 | 05 | 05 | 284 | 85 | + | 346 | 76 | LBL |
| 161 | 03 | 03 | 223 | 43 | RCL | 285 | 01 | 1 | 347 | 89 | π |

```
348  73  RC*     378  95  =       408  95  =       438  91  R/S
349  04  04      379  22  INV     409  42  STO     439  76  LBL
350  65  ×       380  44  SUM     410  05  05      440  16  A'
351  73  RC*     381  03  03      411  97  DSZ     441  43  RCL
352  05  05      382  01  1       412  09  09      442  01  01
353  95  =       383  22  INV     413  90  LST     443  85  +
354  22  INV     384  44  SUM     414  43  RCL     444  43  RCL
355  74  SM*     385  02  02      415  00  00      445  00  00
356  02  02      386  43  RCL     416  42  STO     446  33  X²
357  43  RCL     387  02  02      417  02  02      447  95  =
358  00  00      388  75  -       418  43  RCL     448  42  STO
359  22  INV     389  43  RCL     419  00  00      449  03  03
360  44  SUM     390  00  00      420  33  X²      450  01  1
361  04  04      391  95  =       421  85  +       451  42  STO
362  01  1       392  42  STO     422  43  RCL     452  04  04
363  22  INV     393  04  04      423  01  01      453  43  RCL
364  44  SUM     394  43  RCL     424  95  =       454  04  04
365  05  05      395  01  01      425  42  STO     455  91  R/S
366  97  DSZ     396  85  +       426  03  03      456  72  ST*
367  08  08      397  43  RCL     427  76  LBL     457  03  03
368  89  ⫪       398  00  00      428  88  DMS     458  01  1
369  73  RC*     399  65  ×       429  73  RC*     459  44  SUM
370  03  03      400  53  (       430  03  03      460  03  03
371  22  INV     401  43  RCL     431  91  R/S     461  44  SUM
372  64  PD*     402  00  00      432  01  1       462  04  04
373  02  02      403  85  +       433  44  SUM     463  61  GTO
374  43  RCL     404  01  1       434  03  03      464  04  04
375  00  00      405  54  )       435  97  DSZ     465  53  53
376  85  +       406  75  -       436  02  02
377  01  1       407  01  1       437  88  DMS
```

## 2.4  Die LR-Zerlegung mit Pivotsuche

Die gewöhnliche LR-Zerlegung versagt, wenn eines der Diagonalelemente von R zu Null wird. Dann hat A keine LR-Zerlegung, wohl aber die Matrix P·A, wobei P die Permutationsmatrix der Zeilenvertauschungen ist. Das Programm bestimmt also Dreiecksmatrizen L und R mit L·R = P·A. Es wurde in drei Teile zerlegt und gestattet so die Anwendung auf Matrizen bis zur Ordnung n = 5. Für die Lösung mehrerer linearer Gleichungssysteme gilt das entsprechende wie beim Programm 2.3 ,,Die LR-Zerlegung''.

### Programminstruktionen

|   | Verfahren | Eingabe | Taste | Anzeige |
|---|-----------|---------|-------|---------|
| 1 | ,,Teil 1'' einlesen (Block 1) | | | 1 |
| 2 | Programmbeginn ,,Teil 1'' | | A | 1 |
| 3 | Eingabe der Nummer des ersten zu belegenden Speicherplatzes k ≥ 14 | k | R/S | 1 |

| | Verfahren | Eingabe | Taste | Anzeige |
|---|---|---|---|---|
| 4 | Eingabe der Matrix [A, a] spaltenweise | $a_{11}$ | R/S | 2 |
| | | $a_{21}$ | R/S | 3 |
| | | $\vdots$ | $\vdots$ | $\vdots$ |
| | | $a_{nn}$ | R/S | $n^2+1$ |
| | | $a_1$ | R/S | $n^2+2$ |
| | | $\vdots$ | $\vdots$ | $\vdots$ |
| | | $a_n$ | R/S | $n^2+n+1$ |
| 5 | Ende der Koeffizienteneingabe | | B | $n^2+n+1$ |
| 6 | Eingabe von n und k | n | R/S | n |
| | | k | R/S | |
| | | | | 0 |
| 7 | „Teil 2" einlesen (Block 1, 2) | | | 2 |
| 8 | Programmbeginn „Teil 2" | | C | |
| | | | | 0 |
| 9 | „Teil 3" einlesen (Block 1, 2) | | | 2 |
| 10 | Programmbeginn „Teil 3" | | D | |
| 11 | Ergebnisanzeige | | | $x_1$ |
| | | | R/S | $x_2$ |
| | | | $\vdots$ | $\vdots$ |
| | | | R/S | $x_n$ |
| 12 | Eingabe einer neuen „rechten Seite" a' | | A' | 1 |
| | | $a'_1$ | R/S | 2 |
| | | $\vdots$ | $\vdots$ | $\vdots$ |
| | | $a'_n$ | R/S | n+1 |
| 13 | Ende der Koeffizienteneingabe | | B' | |
| 14 | Ergebnisanzeige | | | $x'_1$ |
| | | | R/S | $x'_2$ |
| | | | $\vdots$ | $\vdots$ |
| | | | R/S | $x'_n$ |

## Registerinhalte

$R_{00}, \ldots, R_{13}$: Programmzeiger

$R_k, \ldots, R_{k+n^2-1}$: $a_{11}, \ldots, a_{nn}$

$R_{k+n^2}, \ldots, R_{k+n^2+n-1}$: $a_1, \ldots, a_n$

$R_{k+n^2+n}, \ldots, R_{k+n^2+2n-1}$: Zeilenindizes

## Bemerkungen

1. In den Registern $R_{k+n^2+n}, \ldots, R_{k+n^2+2n-1}$ werden die Zeilenvertauschungen gespeichert.
2. Ist A nicht regulär, so hält das Programm und der Rechner zeigt dies durch eine blinkende Anzeige an.

## Beispiel

Gesucht ist die Lösung der linearen Gleichungssysteme $Ax = a$ und $Ax = a'$ mit

$$A = \begin{bmatrix} 2 & 2 & 0 \\ 1 & 1 & 2 \\ 2 & 1 & 1 \end{bmatrix}, \qquad a = \begin{bmatrix} 6 \\ 9 \\ 7 \end{bmatrix}, \qquad a' = \begin{bmatrix} 12 \\ 14 \\ 18 \end{bmatrix}$$

| Anmerkungen | Eingabe | Taste | Anzeige |
|---|---|---|---|
| „Teil 1" einlesen (Block 1) | | | 1 |
| Programmbeginn „Teil 1" | | A | 1 |
| Eingabe von:   k | 14 | R/S | 1 |
| $a_{11}$ | 2 | R/S | 2 |
| $a_{21}$ | 1 | R/S | 3 |
| $a_{31}$ | 2 | R/S | 4 |
| $a_{12}$ | 2 | R/S | 5 |
| $a_{22}$ | 1 | R/S | 6 |
| $a_{32}$ | 1 | R/S | 7 |
| $a_{13}$ | 0 | R/S | 8 |
| $a_{23}$ | 2 | R/S | 9 |
| $a_{33}$ | 1 | R/S | 10 |
| $a_1$ | 6 | R/S | 11 |
| $a_2$ | 9 | R/S | 12 |
| $a_3$ | 7 | R/S | 13 |
| Ende der Koeffizienteneingabe | | B | 13 |
| Eingabe von:   n | 3 | R/S | 3 |
| k | 14 | R/S | |
| | | | 0 |
| „Teil 2" einlesen (Block 1, 2) | | | 2 |
| Programmbeginn „Teil 2" | | C | |
| | | | 0 |
| „Teil 3" einlesen (Block 1, 2) | | | 2 |
| Programmbeginn „Teil 3" | | D | |
| Anzeige von:   $x_1$ | | | 1 |
| $x_2$ | | R/S | 2 |
| $x_3$ | | R/S | 3 |

| Anmerkungen | Eingabe | Taste | Anzeige |
|---|---|---|---|
| neue „rechte Seite" a' | | A' | 1 |
| Eingabe von: $a_1'$ | 12 | R/S | 2 |
| $a_2'$ | 14 | R/S | 3 |
| $a_3'$ | 18 | R/S | 4 |
| Ende der Eingabe | | B' | |
| Anzeige von: $x_1'$ | | | 8 |
| $x_2'$ | | R/S | −2 |
| $x_3'$ | | R/S | 4 |

| Programm 2.4 | Die LR-Zerlegung mit Pivotsuche |
|---|---|

### Teil 1

| | | | | | | | | | | | |
|---|---|---|---|---|---|---|---|---|---|---|---|
| 000 | 76 | LBL | 023 | 91 | R/S | 046 | 76 | LBL | 069 | 42 | STO |
| 001 | 11 | A | 024 | 42 | STO | 047 | 22 | INV | 070 | 03 | 03 |
| 002 | 91 | R/S | 025 | 00 | 00 | 048 | 43 | RCL | 071 | 43 | RCL |
| 003 | 42 | STO | 026 | 91 | R/S | 049 | 03 | 03 | 072 | 00 | 00 |
| 004 | 02 | 02 | 027 | 42 | STO | 050 | 72 | ST* | 073 | 75 | − |
| 005 | 01 | 1 | 028 | 01 | 01 | 051 | 02 | 02 | 074 | 01 | 1 |
| 006 | 42 | STO | 029 | 85 | + | 052 | 01 | 1 | 075 | 95 | = |
| 007 | 03 | 03 | 030 | 43 | RCL | 053 | 44 | SUM | 076 | 42 | STO |
| 008 | 43 | RCL | 031 | 00 | 00 | 054 | 02 | 02 | 077 | 06 | 06 |
| 009 | 03 | 03 | 032 | 33 | X² | 055 | 44 | SUM | 078 | 42 | STO |
| 010 | 91 | R/S | 033 | 85 | + | 056 | 03 | 03 | 079 | 07 | 07 |
| 011 | 72 | ST* | 034 | 43 | RCL | 057 | 97 | DSZ | 080 | 00 | 0 |
| 012 | 02 | 02 | 035 | 00 | 00 | 058 | 04 | 04 | 081 | 42 | STO |
| 013 | 01 | 1 | 036 | 95 | = | 059 | 22 | INV | 082 | 12 | 12 |
| 014 | 44 | SUM | 037 | 42 | STO | 060 | 43 | RCL | 083 | 42 | STO |
| 015 | 03 | 03 | 038 | 02 | 02 | 061 | 01 | 01 | 084 | 13 | 13 |
| 016 | 44 | SUM | 039 | 01 | 1 | 062 | 42 | STO | 085 | 32 | X⥮T |
| 017 | 02 | 02 | 040 | 42 | STO | 063 | 02 | 02 | 086 | 73 | RC* |
| 018 | 61 | GTO | 041 | 03 | 03 | 064 | 42 | STO | 087 | 02 | 02 |
| 019 | 00 | 00 | 042 | 43 | RCL | 065 | 11 | 11 | 088 | 50 | I×I |
| 020 | 08 | 08 | 043 | 00 | 00 | 066 | 85 | + | 089 | 32 | X⥮T |
| 021 | 76 | LBL | 044 | 42 | STO | 067 | 01 | 1 | 090 | 91 | R/S |
| 022 | 12 | B | 045 | 04 | 04 | 068 | 95 | = | | | |

### Teil 2

| | | | | | | | | | | | |
|---|---|---|---|---|---|---|---|---|---|---|---|
| 000 | 76 | LBL | 010 | 67 | EQ | 020 | 76 | LBL | 030 | 25 | CLR |
| 001 | 13 | C | 011 | 24 | CE | 021 | 24 | CE | 031 | 43 | RCL |
| 002 | 01 | 1 | 012 | 32 | X⥮T | 022 | 97 | DSZ | 032 | 07 | 07 |
| 003 | 44 | SUM | 013 | 43 | RCL | 023 | 06 | 06 | 033 | 85 | + |
| 004 | 11 | 11 | 014 | 11 | 11 | 024 | 13 | C | 034 | 03 | 3 |
| 005 | 73 | RC* | 015 | 42 | STO | 025 | 43 | RCL | 035 | 95 | = |
| 006 | 11 | 11 | 016 | 12 | 12 | 026 | 13 | 13 | 036 | 42 | STO |
| 007 | 22 | INV | 017 | 01 | 1 | 027 | 32 | X⥮T | 037 | 06 | 06 |
| 008 | 77 | GE | 018 | 44 | SUM | 028 | 00 | 0 | 038 | 76 | LBL |
| 009 | 24 | CE | 019 | 13 | 13 | 029 | 77 | GE | 039 | 32 | X⥮T |

| | | | | | | | | | | | | | | |
|---|---|---|---|---|---|---|---|---|---|---|---|---|---|---|
| 040 | 73 | RC* | 102 | 01 | 01 | 164 | 43 | RCL | 226 | 43 | RCL |
| 041 | 12 | 12 | 103 | 85 | + | 165 | 10 | 10 | 227 | 00 | 00 |
| 042 | 63 | EX* | 104 | 43 | RCL | 166 | 65 | × | 228 | 75 | - |
| 043 | 02 | 02 | 105 | 00 | 00 | 167 | 43 | RCL | 229 | 43 | RCL |
| 044 | 63 | EX* | 106 | 95 | = | 168 | 00 | 00 | 230 | 07 | 07 |
| 045 | 12 | 12 | 107 | 42 | STO | 169 | 75 | - | 231 | 54 | ) |
| 046 | 43 | RCL | 108 | 04 | 04 | 170 | 01 | 1 | 232 | 65 | × |
| 047 | 00 | 00 | 109 | 43 | RCL | 171 | 95 | = | 233 | 43 | RCL |
| 048 | 44 | SUM | 110 | 00 | 00 | 172 | 22 | INV | 234 | 00 | 00 |
| 049 | 02 | 02 | 111 | 75 | - | 173 | 44 | SUM | 235 | 75 | - |
| 050 | 44 | SUM | 112 | 01 | 1 | 174 | 03 | 03 | 236 | 01 | 1 |
| 051 | 12 | 12 | 113 | 95 | = | 175 | 43 | RCL | 237 | 95 | = |
| 052 | 97 | DSZ | 114 | 42 | STO | 176 | 10 | 10 | 238 | 22 | INV |
| 053 | 06 | 06 | 115 | 07 | 07 | 177 | 22 | INV | 239 | 44 | SUM |
| 054 | 32 | X:T | 116 | 76 | LBL | 178 | 44 | SUM | 240 | 03 | 03 |
| 055 | 76 | LBL | 117 | 18 | C' | 179 | 04 | 04 | 241 | 43 | RCL |
| 056 | 25 | CLR | 118 | 43 | RCL | 180 | 01 | 1 | 242 | 00 | 00 |
| 057 | 43 | RCL | 119 | 00 | 00 | 181 | 44 | SUM | 243 | 75 | - |
| 058 | 00 | 00 | 120 | 75 | - | 182 | 05 | 05 | 244 | 43 | RCL |
| 059 | 75 | - | 121 | 43 | RCL | 183 | 44 | SUM | 245 | 07 | 07 |
| 060 | 01 | 1 | 122 | 07 | 07 | 184 | 10 | 10 | 246 | 95 | = |
| 061 | 95 | = | 123 | 75 | - | 185 | 97 | DSZ | 247 | 22 | INV |
| 062 | 42 | STO | 124 | 01 | 1 | 186 | 08 | 08 | 248 | 44 | SUM |
| 063 | 06 | 06 | 125 | 95 | = | 187 | 35 | 1/X | 249 | 04 | 04 |
| 064 | 29 | CP | 126 | 42 | STO | 188 | 76 | LBL | 250 | 01 | 1 |
| 065 | 73 | RC* | 127 | 08 | 08 | 189 | 34 | ΓX | 251 | 44 | SUM |
| 066 | 01 | 01 | 128 | 01 | 1 | 190 | 43 | RCL | 252 | 05 | 05 |
| 067 | 67 | EQ | 129 | 42 | STO | 191 | 07 | 07 | 253 | 97 | DSZ |
| 068 | 96 | WRT | 130 | 10 | 10 | 192 | 42 | STO | 254 | 08 | 08 |
| 069 | 76 | LBL | 131 | 00 | 0 | 193 | 08 | 08 | 255 | 43 | RCL |
| 070 | 33 | X² | 132 | 29 | CP | 194 | 76 | LBL | 256 | 29 | CP |
| 071 | 73 | RC* | 133 | 43 | RCL | 195 | 43 | RCL | 257 | 01 | 1 |
| 072 | 01 | 01 | 134 | 08 | 08 | 196 | 43 | RCL | 258 | 75 | - |
| 073 | 22 | INV | 135 | 67 | EQ | 197 | 00 | 00 | 259 | 43 | RCL |
| 074 | 64 | PD* | 136 | 34 | ΓX | 198 | 75 | - | 260 | 07 | 07 |
| 075 | 03 | 03 | 137 | 76 | LBL | 199 | 43 | RCL | 261 | 95 | = |
| 076 | 01 | 1 | 138 | 35 | 1/X | 200 | 07 | 07 | 262 | 67 | EQ |
| 077 | 44 | SUM | 139 | 43 | RCL | 201 | 95 | = | 263 | 99 | PRT |
| 078 | 03 | 03 | 140 | 10 | 10 | 202 | 42 | STO | 264 | 43 | RCL |
| 079 | 97 | DSZ | 141 | 42 | STO | 203 | 09 | 09 | 265 | 01 | 01 |
| 080 | 06 | 06 | 142 | 09 | 09 | 204 | 76 | LBL | 266 | 85 | + |
| 081 | 33 | X² | 143 | 76 | LBL | 205 | 44 | SUM | 267 | 53 | ( |
| 082 | 43 | RCL | 144 | 42 | STO | 206 | 73 | RC* | 268 | 43 | RCL |
| 083 | 01 | 01 | 145 | 73 | RC* | 207 | 03 | 03 | 269 | 00 | 00 |
| 084 | 85 | + | 146 | 03 | 03 | 208 | 65 | × | 270 | 75 | - |
| 085 | 43 | RCL | 147 | 65 | × | 209 | 73 | RC* | 271 | 43 | RCL |
| 086 | 00 | 00 | 148 | 73 | RC* | 210 | 04 | 04 | 272 | 07 | 07 |
| 087 | 85 | + | 149 | 04 | 04 | 211 | 95 | = | 273 | 54 | ) |
| 088 | 01 | 1 | 150 | 95 | = | 212 | 22 | INV | 274 | 65 | × |
| 089 | 95 | = | 151 | 22 | INV | 213 | 74 | SM* | 275 | 53 | ( |
| 090 | 42 | STO | 152 | 74 | SM* | 214 | 05 | 05 | 276 | 43 | RCL |
| 091 | 05 | 05 | 153 | 05 | 05 | 215 | 43 | RCL | 277 | 00 | 00 |
| 092 | 42 | STO | 154 | 43 | RCL | 216 | 00 | 00 | 278 | 85 | + |
| 093 | 06 | 06 | 155 | 00 | 00 | 217 | 44 | SUM | 279 | 01 | 1 |
| 094 | 43 | RCL | 156 | 44 | SUM | 218 | 03 | 03 | 280 | 54 | ) |
| 095 | 01 | 01 | 157 | 03 | 03 | 219 | 01 | 1 | 281 | 95 | = |
| 096 | 85 | + | 158 | 01 | 1 | 220 | 44 | SUM | 282 | 42 | STO |
| 097 | 01 | 1 | 159 | 44 | SUM | 221 | 04 | 04 | 283 | 02 | 02 |
| 098 | 95 | = | 160 | 04 | 04 | 222 | 97 | DSZ | 284 | 42 | STO |
| 099 | 42 | STO | 161 | 97 | DSZ | 223 | 09 | 09 | 285 | 11 | 11 |
| 100 | 03 | 03 | 162 | 09 | 09 | 224 | 44 | SUM | 286 | 00 | 0 |
| 101 | 43 | RCL | 163 | 42 | STO | 225 | 53 | ( | 287 | 42 | STO |

| | | | | | | | | | | | |
|---|---|---|---|---|---|---|---|---|---|---|---|
| 288 | 12 | 12 | 333 | 77 | GE | 378 | 43 | RCL | 423 | 43 | RCL |
| 289 | 42 | STO | 334 | 53 | ( | 379 | 01 | 01 | 424 | 01 | 01 |
| 290 | 13 | 13 | 335 | 43 | RCL | 380 | 85 | + | 425 | 85 | + |
| 291 | 32 | X:T | 336 | 00 | 00 | 381 | 53 | ( | 426 | 01 | 1 |
| 292 | 43 | RCL | 337 | 85 | + | 382 | 43 | RCL | 427 | 95 | = |
| 293 | 07 | 07 | 338 | 02 | 2 | 383 | 00 | 00 | 428 | 42 | STO |
| 294 | 75 | - | 339 | 95 | = | 384 | 75 | - | 429 | 03 | 03 |
| 295 | 01 | 1 | 340 | 42 | STO | 385 | 43 | RCL | 430 | 43 | RCL |
| 296 | 95 | = | 341 | 09 | 09 | 386 | 07 | 07 | 431 | 01 | 01 |
| 297 | 42 | STO | 342 | 43 | RCL | 387 | 54 | ) | 432 | 85 | + |
| 298 | 09 | 09 | 343 | 00 | 00 | 388 | 65 | × | 433 | 43 | RCL |
| 299 | 73 | RC* | 344 | 65 | × | 389 | 53 | ( | 434 | 00 | 00 |
| 300 | 02 | 02 | 345 | 53 | ( | 390 | 43 | RCL | 435 | 65 | × |
| 301 | 50 | IxI | 346 | 43 | RCL | 391 | 00 | 00 | 436 | 53 | ( |
| 302 | 32 | X:T | 347 | 00 | 00 | 392 | 85 | + | 437 | 43 | RCL |
| 303 | 76 | LBL | 348 | 75 | - | 393 | 01 | 1 | 438 | 00 | 00 |
| 304 | 45 | Y× | 349 | 43 | RCL | 394 | 54 | ) | 439 | 85 | + |
| 305 | 01 | 1 | 350 | 07 | 07 | 395 | 95 | = | 440 | 01 | 1 |
| 306 | 44 | SUM | 351 | 54 | ) | 396 | 42 | STO | 441 | 75 | - |
| 307 | 11 | 11 | 352 | 95 | = | 397 | 06 | 06 | 442 | 43 | RCL |
| 308 | 73 | RC* | 353 | 22 | INV | 398 | 85 | + | 443 | 07 | 07 |
| 309 | 11 | 11 | 354 | 44 | SUM | 399 | 01 | 1 | 444 | 54 | ) |
| 310 | 50 | IxI | 355 | 12 | 12 | 400 | 95 | = | 445 | 95 | = |
| 311 | 22 | INV | 356 | 22 | INV | 401 | 42 | STO | 446 | 42 | STO |
| 312 | 77 | GE | 357 | 44 | SUM | 402 | 05 | 05 | 447 | 04 | 04 |
| 313 | 52 | EE | 358 | 02 | 02 | 403 | 43 | RCL | 448 | 85 | + |
| 314 | 67 | EQ | 359 | 76 | LBL | 404 | 07 | 07 | 449 | 01 | 1 |
| 315 | 52 | EE | 360 | 54 | ) | 405 | 75 | - | 450 | 95 | = |
| 316 | 32 | X:T | 361 | 73 | RC* | 406 | 01 | 1 | 451 | 42 | STO |
| 317 | 43 | RCL | 362 | 12 | 12 | 407 | 95 | = | 452 | 05 | 05 |
| 318 | 11 | 11 | 363 | 63 | EX* | 408 | 42 | STO | 453 | 43 | RCL |
| 319 | 42 | STO | 364 | 02 | 02 | 409 | 09 | 09 | 454 | 00 | 00 |
| 320 | 12 | 12 | 365 | 63 | EX* | 410 | 76 | LBL | 455 | 85 | + |
| 321 | 01 | 1 | 366 | 12 | 12 | 411 | 55 | ÷ | 456 | 01 | 1 |
| 322 | 44 | SUM | 367 | 43 | RCL | 412 | 73 | RC* | 457 | 95 | = |
| 323 | 13 | 13 | 368 | 00 | 00 | 413 | 06 | 06 | 458 | 44 | SUM |
| 324 | 76 | LBL | 369 | 44 | SUM | 414 | 22 | INV | 459 | 06 | 06 |
| 325 | 52 | EE | 370 | 02 | 02 | 415 | 64 | PD* | 460 | 97 | DSZ |
| 326 | 97 | DSZ | 371 | 44 | SUM | 416 | 05 | 05 | 461 | 07 | 07 |
| 327 | 09 | 09 | 372 | 12 | 12 | 417 | 01 | 1 | 462 | 18 | C' |
| 328 | 45 | Y× | 373 | 97 | DSZ | 418 | 44 | SUM | 463 | 76 | LBL |
| 329 | 43 | RCL | 374 | 09 | 09 | 419 | 05 | 05 | 464 | 99 | PRT |
| 330 | 13 | 13 | 375 | 54 | ) | 420 | 97 | DSZ | 465 | 91 | R/S |
| 331 | 32 | X:T | 376 | 76 | LBL | 421 | 09 | 09 | | | |
| 332 | 00 | 0 | 377 | 53 | ( | 422 | 55 | ÷ | | | |

## Teil 3

| | | | | | | | | | | | |
|---|---|---|---|---|---|---|---|---|---|---|---|
| 000 | 76 | LBL | 011 | 85 | + | 022 | 04 | 04 | 032 | 43 | RCL |
| 001 | 14 | D | 012 | 01 | 1 | 023 | 43 | RCL | 033 | 00 | 00 |
| 002 | 43 | RCL | 013 | 95 | = | 024 | 00 | 00 | 034 | 75 | - |
| 003 | 01 | 01 | 014 | 42 | STO | 025 | 75 | - | 035 | 43 | RCL |
| 004 | 85 | + | 015 | 05 | 05 | 026 | 01 | 1 | 036 | 09 | 09 |
| 005 | 43 | RCL | 016 | 43 | RCL | 027 | 95 | = | 037 | 95 | = |
| 006 | 00 | 00 | 017 | 01 | 01 | 028 | 42 | STO | 038 | 42 | STO |
| 007 | 33 | X² | 018 | 85 | + | 029 | 09 | 09 | 039 | 08 | 08 |
| 008 | 95 | = | 019 | 01 | 1 | 030 | 76 | LBL | 040 | 76 | LBL |
| 009 | 42 | STO | 020 | 95 | = | 031 | 98 | ADV | 041 | 97 | DSZ |
| 010 | 03 | 03 | 021 | 42 | STO | | | | | | |

| | | | | | | | | | | |
|---|---|---|---|---|---|---|---|---|---|---|---|
| 042 | 73 | RC∗ | 104 | 42 | STO | 166 | 43 | RCL | 228 | 53 | ( |
| 043 | 04 | 04 | 105 | 02 | 02 | 167 | 00 | 00 | 229 | 43 | RCL |
| 044 | 65 | × | 106 | 43 | RCL | 168 | 75 | − | 230 | 00 | 00 |
| 045 | 73 | RC∗ | 107 | 01 | 01 | 169 | 43 | RCL | 231 | 85 | + |
| 046 | 03 | 03 | 108 | 85 | + | 170 | 09 | 09 | 232 | 01 | 1 |
| 047 | 95 | = | 109 | 53 | ( | 171 | 95 | = | 233 | 54 | ) |
| 048 | 22 | INV | 110 | 43 | RCL | 172 | 42 | STO | 234 | 75 | − |
| 049 | 74 | SM∗ | 111 | 00 | 00 | 173 | 08 | 08 | 235 | 01 | 1 |
| 050 | 05 | 05 | 112 | 85 | + | 174 | 76 | LBL | 236 | 95 | = |
| 051 | 43 | RCL | 113 | 01 | 1 | 175 | 89 | π | 237 | 42 | STO |
| 052 | 00 | 00 | 114 | 54 | ) | 176 | 73 | RC∗ | 238 | 05 | 05 |
| 053 | 44 | SUM | 115 | 65 | × | 177 | 04 | 04 | 239 | 97 | DSZ |
| 054 | 04 | 04 | 116 | 53 | ( | 178 | 65 | × | 240 | 09 | 09 |
| 055 | 01 | 1 | 117 | 43 | RCL | 179 | 73 | RC∗ | 241 | 90 | LST |
| 056 | 44 | SUM | 118 | 00 | 00 | 180 | 05 | 05 | 242 | 43 | RCL |
| 057 | 03 | 03 | 119 | 75 | − | 181 | 95 | = | 243 | 00 | 00 |
| 058 | 97 | DSZ | 120 | 01 | 1 | 182 | 22 | INV | 244 | 42 | STO |
| 059 | 08 | 08 | 121 | 54 | ) | 183 | 74 | SM∗ | 245 | 02 | 02 |
| 060 | 97 | DSZ | 122 | 95 | = | 184 | 02 | 02 | 246 | 43 | RCL |
| 061 | 01 | 1 | 123 | 42 | STO | 185 | 43 | RCL | 247 | 00 | 00 |
| 062 | 44 | SUM | 124 | 03 | 03 | 186 | 00 | 00 | 248 | 33 | X² |
| 063 | 05 | 05 | 125 | 73 | RC∗ | 187 | 22 | INV | 249 | 85 | + |
| 064 | 43 | RCL | 126 | 03 | 03 | 188 | 44 | SUM | 250 | 43 | RCL |
| 065 | 01 | 01 | 127 | 22 | INV | 189 | 04 | 04 | 251 | 01 | 01 |
| 066 | 85 | + | 128 | 64 | PD∗ | 190 | 01 | 1 | 252 | 95 | = |
| 067 | 43 | RCL | 129 | 02 | 02 | 191 | 22 | INV | 253 | 42 | STO |
| 068 | 00 | 00 | 130 | 01 | 1 | 192 | 44 | SUM | 254 | 03 | 03 |
| 069 | 33 | X² | 131 | 22 | INV | 193 | 05 | 05 | 255 | 76 | LBL |
| 070 | 95 | = | 132 | 44 | SUM | 194 | 97 | DSZ | 256 | 88 | DMS |
| 071 | 42 | STO | 133 | 02 | 02 | 195 | 08 | 08 | 257 | 73 | RC∗ |
| 072 | 03 | 03 | 134 | 43 | RCL | 196 | 89 | π | 258 | 03 | 03 |
| 073 | 43 | RCL | 135 | 00 | 00 | 197 | 73 | RC∗ | 259 | 91 | R/S |
| 074 | 01 | 01 | 136 | 85 | + | 198 | 03 | 03 | 260 | 01 | 1 |
| 075 | 85 | + | 137 | 01 | 1 | 199 | 22 | INV | 261 | 44 | SUM |
| 076 | 43 | RCL | 138 | 95 | = | 200 | 64 | PD∗ | 262 | 03 | 03 |
| 077 | 00 | 00 | 139 | 22 | INV | 201 | 02 | 02 | 263 | 97 | DSZ |
| 078 | 75 | − | 140 | 44 | SUM | 202 | 43 | RCL | 264 | 02 | 02 |
| 079 | 43 | RCL | 141 | 03 | 03 | 203 | 00 | 00 | 265 | 88 | DMS |
| 080 | 09 | 09 | 142 | 43 | RCL | 204 | 85 | + | 266 | 91 | R/S |
| 081 | 85 | + | 143 | 02 | 02 | 205 | 01 | 1 | 267 | 76 | LBL |
| 082 | 01 | 1 | 144 | 75 | − | 206 | 95 | = | 268 | 16 | A' |
| 083 | 95 | = | 145 | 43 | RCL | 207 | 22 | INV | 269 | 43 | RCL |
| 084 | 42 | STO | 146 | 00 | 00 | 208 | 44 | SUM | 270 | 01 | 01 |
| 085 | 04 | 04 | 147 | 95 | = | 209 | 03 | 03 | 271 | 85 | + |
| 086 | 97 | DSZ | 148 | 42 | STO | 210 | 01 | 1 | 272 | 43 | RCL |
| 087 | 09 | 09 | 149 | 04 | 04 | 211 | 22 | INV | 273 | 00 | 00 |
| 088 | 98 | ADV | 150 | 43 | RCL | 212 | 44 | SUM | 274 | 33 | X² |
| 089 | 43 | RCL | 151 | 02 | 02 | 213 | 02 | 02 | 275 | 95 | = |
| 090 | 01 | 01 | 152 | 85 | + | 214 | 43 | RCL | 276 | 42 | STO |
| 091 | 85 | + | 153 | 01 | 1 | 215 | 02 | 02 | 277 | 02 | 02 |
| 092 | 53 | ( | 154 | 95 | = | 216 | 75 | − | 278 | 01 | 1 |
| 093 | 43 | RCL | 155 | 42 | STO | 217 | 43 | RCL | 279 | 42 | STO |
| 094 | 00 | 00 | 156 | 05 | 05 | 218 | 00 | 00 | 280 | 03 | 03 |
| 095 | 85 | + | 157 | 43 | RCL | 219 | 95 | = | 281 | 43 | RCL |
| 096 | 01 | 1 | 158 | 00 | 00 | 220 | 42 | STO | 282 | 03 | 03 |
| 097 | 54 | ) | 159 | 75 | − | 221 | 04 | 04 | 283 | 91 | R/S |
| 098 | 65 | × | 160 | 01 | 1 | 222 | 43 | RCL | 284 | 72 | ST∗ |
| 099 | 43 | RCL | 161 | 95 | = | 223 | 01 | 01 | 285 | 02 | 02 |
| 100 | 00 | 00 | 162 | 42 | STO | 224 | 85 | + | 286 | 01 | 1 |
| 101 | 75 | − | 163 | 09 | 09 | 225 | 43 | RCL | 287 | 44 | SUM |
| 102 | 01 | 1 | 164 | 76 | LBL | 226 | 00 | 00 | 288 | 02 | 02 |
| 103 | 95 | = | 165 | 90 | LST | 227 | 65 | × | 289 | 44 | SUM |

| | | | | | | | | | | | |
|---|---|---|---|---|---|---|---|---|---|---|---|
| 290 | 03 | 03 | 327 | 97 | DSZ | 364 | 85 | + | 401 | 76 | LBL |
| 291 | 61 | GTO | 328 | 05 | 05 | 365 | 43 | RCL | 402 | 25 | CLR |
| 292 | 02 | 02 | 329 | 22 | INV | 366 | 00 | 00 | 403 | 43 | RCL |
| 293 | 81 | 81 | 330 | 43 | RCL | 367 | 33 | X² | 404 | 07 | 07 |
| 294 | 76 | LBL | 331 | 01 | 01 | 368 | 95 | = | 405 | 75 | - |
| 295 | 17 | B' | 332 | 85 | + | 369 | 42 | STO | 406 | 43 | RCL |
| 296 | 29 | CP | 333 | 43 | RCL | 370 | 10 | 10 | 407 | 10 | 10 |
| 297 | 01 | 1 | 334 | 00 | 00 | 371 | 85 | + | 408 | 95 | = |
| 298 | 42 | STO | 335 | 33 | X² | 372 | 03 | 3 | 409 | 67 | EQ |
| 299 | 04 | 04 | 336 | 95 | = | 373 | 65 | × | 410 | 32 | X:T |
| 300 | 43 | RCL | 337 | 42 | STO | 374 | 43 | RCL | 411 | 73 | RC* |
| 301 | 00 | 00 | 338 | 07 | 07 | 375 | 00 | 00 | 412 | 07 | 07 |
| 302 | 42 | STO | 339 | 85 | + | 376 | 95 | = | 413 | 63 | EX* |
| 303 | 05 | 05 | 340 | 43 | RCL | 377 | 42 | STO | 414 | 10 | 10 |
| 304 | 65 | × | 341 | 00 | 00 | 378 | 05 | 05 | 415 | 63 | EX* |
| 305 | 03 | 3 | 342 | 95 | = | 379 | 43 | RCL | 416 | 07 | 07 |
| 306 | 85 | + | 343 | 42 | STO | 380 | 00 | 00 | 417 | 73 | RC* |
| 307 | 43 | RCL | 344 | 04 | 04 | 381 | 42 | STO | 418 | 06 | 06 |
| 308 | 00 | 00 | 345 | 85 | + | 382 | 09 | 09 | 419 | 63 | EX* |
| 309 | 33 | X² | 346 | 02 | 2 | 383 | 76 | LBL | 420 | 05 | 05 |
| 310 | 85 | + | 347 | 65 | × | 384 | 24 | CE | 421 | 63 | EX* |
| 311 | 43 | RCL | 348 | 43 | RCL | 385 | 73 | RC* | 422 | 06 | 06 |
| 312 | 01 | 01 | 349 | 00 | 00 | 386 | 04 | 04 | 423 | 76 | LBL |
| 313 | 95 | = | 350 | 95 | = | 387 | 75 | - | 424 | 32 | X:T |
| 314 | 42 | STO | 351 | 42 | STO | 388 | 73 | RC* | 425 | 01 | 1 |
| 315 | 07 | 07 | 352 | 06 | 06 | 389 | 05 | 05 | 426 | 44 | SUM |
| 316 | 76 | LBL | 353 | 43 | RCL | 390 | 95 | = | 427 | 04 | 04 |
| 317 | 22 | INV | 354 | 00 | 00 | 391 | 67 | EQ | 428 | 44 | SUM |
| 318 | 43 | RCL | 355 | 75 | - | 392 | 25 | CLR | 429 | 06 | 06 |
| 319 | 04 | 04 | 356 | 01 | 1 | 393 | 01 | 1 | 430 | 44 | SUM |
| 320 | 72 | ST* | 357 | 95 | = | 394 | 44 | SUM | 431 | 07 | 07 |
| 321 | 07 | 07 | 358 | 42 | STO | 395 | 05 | 05 | 432 | 97 | DSZ |
| 322 | 01 | 1 | 359 | 08 | 08 | 396 | 44 | SUM | 433 | 08 | 08 |
| 323 | 44 | SUM | 360 | 76 | LBL | 397 | 10 | 10 | 434 | 23 | LNX |
| 324 | 04 | 04 | 361 | 23 | LNX | 398 | 97 | DSZ | 435 | 61 | GTO |
| 325 | 44 | SUM | 362 | 43 | RCL | 399 | 09 | 09 | 436 | 14 | D' |
| 326 | 07 | 07 | 363 | 01 | 01 | 400 | 24 | CE | | | |

## 2.5 Inversion mit totaler Pivotsuche

Das Programm bestimmt die Inverse $A^{-1} = [a'_{ik}]$ einer regulären n,n-Matrix A mittels des Austauschverfahrens. Dabei wird in jedem Schritt innerhalb der bisher nicht getauschten Zeilen und Spalten eine totale Pivotsuche durchgeführt. Der jeweilige Pivot wird in die Hauptdiagonale getauscht. Nach Durchführung der Inversion werden die Zeilen und Spalten in natürlicher Reihenfolge geordnet.

Das Programm zerfällt in drei Teile und gestattet so die Anwendung auf Matrizen bis zur Ordnung n = 6.

## Programminstruktionen

| | Verfahren | Eingabe | Taste | Anzeige |
|---|---|---|---|---|
| 1 | „Teil 1" einlesen (Block 1) | | | 1 |
| 2 | Programmbeginn „Teil 1" | | A | 1 |
| 3 | Eingabe der Matrixordnung n | n | R/S | n |
| 4 | Eingabe der Nummer des ersten zu belegenden Speicherplatzes k $\geq$ 11 | k | R/S | 1 |
| 5 | Eingabe der Matrix A spaltenweise | $a_{11}$ | R/S | 2 |
| | | $a_{21}$ | R/S | 3 |
| | | . . . | . . . | . . . |
| | | $a_{nn}$ | R/S | $n^2 + 1$ |
| 6 | Ende der Koeffizienteneingabe | | B | 0 |
| 7 | „Teil 2" einlesen (Block 1, 2) | | | 2 |
| 8 | Programmbeginn „Teil 2" | | C | 0 |
| 9 | „Teil 3" einlesen (Block 1, 2) | | | 2 |
| 10 | Programmbeginn „Teil 3" | | D | |
| 11 | Ergebnisanzeige ($A^{-1}$ spaltenweise) | | | $a'_{11}$ |
| | | | R/S | $a'_{21}$ |
| | | | . . . | . . . |
| | | | R/S | $a'_{nn}$ |

## Registerinhalte

$R_{00}, \ldots, R_{10}$: Programmzeiger
$R_k, \ldots, R_{k+2n-1}$: Zeilen- und Spaltenindizes
$R_{k+2n}, \ldots, R_{k+n^2+2n-1}$: $a_{11}, \ldots, a_{nn}$

## Bemerkungen

1. In den Registern $R_k, \ldots, R_{k+2n-1}$ werden die Zeilen- und Spaltenvertauschungen gespeichert und für den Rücktausch von dort abgerufen.
2. Ist A singulär, so hält das Programm während der Ausführung von „Teil 2" und zeigt dieses durch eine blinkende Anzeige an.

## Beispiel

Gesucht ist die Inverse der Matrix $A = \begin{bmatrix} 2 & 2 & 0 \\ 1 & 1 & 2 \\ 2 & 1 & 1 \end{bmatrix}$.

| Anmerkungen | Eingabe | Taste | Anzeige |
|---|---|---|---|
| „Teil 1" einlesen (Block 1) | | | 1 |
| Programmbeginn „Teil 1" | | A | 1 |
| Eingabe von: n | 3 | R/S | 3 |
| k | 11 | R/S | |
| | | | 1 |
| Eingabe von: $a_{11}$ | 2 | R/S | 2 |
| $a_{21}$ | 1 | R/S | 3 |
| $a_{31}$ | 2 | R/S | 4 |
| $a_{12}$ | 2 | R/S | 5 |
| $a_{22}$ | 1 | R/S | 6 |
| $a_{32}$ | 1 | R/S | 7 |
| $a_{13}$ | 0 | R/S | 8 |
| $a_{23}$ | 2 | R/S | 9 |
| $a_{33}$ | 1 | R/S | 10 |
| Ende der Koeffizienteneingabe | | B | |
| | | | 0 |
| „Teil 2" einlesen (Block 1, 2) | | | 2 |
| Programmbeginn „Teil 2" | | C | |
| | | | 0 |
| „Teil 3" einlesen (Block 1, 2) | | | 2 |
| Programmbeginn „Teil 3" | | D | |
| Anzeige von: $a'_{11}$ | | | −0.25 |
| $a'_{21}$ | | R/S | 0.75 |
| $a'_{31}$ | | R/S | −0.25 |
| $a'_{12}$ | | R/S | −0.5 |
| $a'_{22}$ | | R/S | 0.5 |
| $a'_{32}$ | | R/S | 0.5 |
| $a'_{13}$ | | R/S | 1 |
| $a'_{23}$ | | R/S | −1 |
| $a'_{33}$ | | R/S | 0 |

Es ist also $A^{-1} = \begin{bmatrix} -0.25 & -0.5 & 1 \\ 0.75 & 0.5 & -1 \\ -0.25 & 0.5 & 0 \end{bmatrix}$.

| Programm 2.5 | Inversion mit totaler Pivotsuche |
|---|---|

## Teil 1

| | | | | | | | | | | | |
|---|---|---|---|---|---|---|---|---|---|---|---|
| 000 | 76 | LBL | 019 | 76 | LBL | 038 | 02 | 02 | 057 | 02 | 02 |
| 001 | 11 | A | 020 | 22 | INV | 039 | 85 | + | 058 | 72 | ST* |
| 002 | 91 | R/S | 021 | 43 | RCL | 040 | 43 | RCL | 059 | 03 | 03 |
| 003 | 42 | STO | 022 | 03 | 03 | 041 | 00 | 00 | 060 | 01 | ·1 |
| 004 | 00 | 00 | 023 | 91 | R/S | 042 | 95 | = | 061 | 44 | SUM |
| 005 | 91 | R/S | 024 | 72 | ST* | 043 | 42 | STO | 062 | 02 | 02 |
| 006 | 42 | STO | 025 | 02 | 02 | 044 | 03 | 03 | 063 | 44 | SUM |
| 007 | 01 | 01 | 026 | 01 | 1 | 045 | 01 | 1 | 064 | 03 | 03 |
| 008 | 85 | + | 027 | 44 | SUM | 046 | 42 | STO | 065 | 44 | SUM |
| 009 | 02 | 2 | 028 | 02 | 02 | 047 | 04 | 04 | 066 | 04 | 04 |
| 010 | 65 | × | 029 | 44 | SUM | 048 | 43 | RCL | 067 | 97 | DSZ |
| 011 | 43 | RCL | 030 | 03 | 03 | 049 | 00 | 00 | 068 | 05 | 05 |
| 012 | 00 | 00 | 031 | 61 | GTO | 050 | 42 | STO | 069 | 23 | LNX |
| 013 | 95 | = | 032 | 22 | INV | 051 | 05 | 05 | 070 | 43, | RCL |
| 014 | 42 | STO | 033 | 76 | LBL | 052 | 76 | LBL | 071 | 00 | 00 |
| 015 | 02 | 02 | 034 | 12 | B | 053 | 23 | LNX | 072 | 42 | STO |
| 016 | 01 | 1 | 035 | 43 | RCL | 054 | 43 | RCL | 073 | 02 | 02 |
| 017 | 42 | STO | 036 | 01 | 01 | 055 | 04 | 04 | 074 | 25 | CLR |
| 018 | 03 | 03 | 037 | 42 | STO | 056 | 72 | ST* | 075 | 91 | R/S |

## Teil 2

| | | | | | | | | | | | |
|---|---|---|---|---|---|---|---|---|---|---|---|
| 000 | 76 | LBL | 031 | 02 | 02 | 062 | 05 | 05 | 093 | 01 | 01 |
| 001 | 13 | C | 032 | 42 | STO | 063 | 76 | LBL | 094 | 85 | + |
| 002 | 43 | RCL | 033 | 09 | 09 | 064 | 32 | X!T | 095 | 43 | RCL |
| 003 | 01 | 01 | 034 | 76 | LBL | 065 | 01 | 1 | 096 | 00 | 00 |
| 004 | 85 | + | 035 | 25 | CLR | 066 | 44 | SUM | 097 | 65 | × |
| 005 | 43 | RCL | 036 | 73 | RC* | 067 | 03 | 03 | 098 | 02 | 2 |
| 006 | 00 | 00 | 037 | 03 | 03 | 068 | 97 | DSZ | 099 | 75 | - |
| 007 | 65 | × | 038 | 50 | I×I | 069 | 09 | 09 | 100 | 43 | RCL |
| 008 | 53 | ( | 039 | 22 | INV | 070 | 25 | CLR | 101 | 02 | 02 |
| 009 | 43 | RCL | 040 | 77 | GE | 071 | 00 | 0 | 102 | 95 | = |
| 010 | 00 | 00 | 041 | 32 | X!T | 072 | 67 | EQ | 103 | 42 | STO |
| 011 | 85 | + | 042 | 32 | X!T | 073 | 80 | GRD | 104 | 03 | 03 |
| 012 | 03 | 3 | 043 | 43 | RCL | 074 | 43 | RCL | 105 | 43 | RCL |
| 013 | 75 | - | 044 | 00 | 00 | 075 | 00 | 00 | 106 | 01 | 01 |
| 014 | 43 | RCL | 045 | 85 | + | 076 | 75 | - | 107 | 85 | + |
| 015 | 02 | 02 | 046 | 01 | 1 | 077 | 43 | RCL | 108 | 43 | RCL |
| 016 | 54 | ) | 047 | 75 | - | 078 | 02 | 02 | 109 | 00 | 00 |
| 017 | 75 | - | 048 | 43 | RCL | 079 | 95 | = | 110 | 85 | + |
| 018 | 43 | RCL | 049 | 09 | 09 | 080 | 44 | SUM | 111 | 43 | RCL |
| 019 | 02 | 02 | 050 | 95 | = | 081 | 03 | 03 | 112 | 04 | 04 |
| 020 | 95 | = | 051 | 42 | STO | 082 | 97 | DSZ | 113 | 75 | - |
| 021 | 42 | STO | 052 | 04 | 04 | 083 | 08 | 08 | 114 | 01 | 1 |
| 022 | 03 | 03 | 053 | 43 | RCL | 084 | 24 | CE | 115 | 95 | = |
| 023 | 43 | RCL | 054 | 00 | 00 | 085 | 43 | RCL | 116 | 42 | STO |
| 024 | 02 | 02 | 055 | 85 | + | 086 | 00 | 00 | 117 | 06 | 06 |
| 025 | 42 | STO | 056 | 01 | 1 | 087 | 85 | + | 118 | 43 | RCL |
| 026 | 08 | 08 | 057 | 75 | - | 088 | 01 | 1 | 119 | 03 | 03 |
| 027 | 29 | CP | 058 | 43 | RCL | 089 | 95 | = | 120 | 32 | X!T |
| 028 | 76 | LBL | 059 | 08 | 08 | 090 | 42 | STO | 121 | 43 | RCL |
| 029 | 24 | CE | 060 | 95 | = | 091 | 08 | 08 | 122 | 06 | 06 |
| 030 | 43 | RCL | 061 | 42 | STO | 092 | 43 | RCL | 123 | 67 | EQ |

| | | | | | | | | | | |
|---|---|---|---|---|---|---|---|---|---|---|---|
| 124 | 65 | × | 186 | 53 | ( | 248 | 42 | STO | 310 | 76 | LBL |
| 125 | 76 | LBL | 187 | 02 | 2 | 249 | 09 | 09 | 311 | 44 | SUM |
| 126 | 55 | ÷ | 188 | 85 | + | 250 | 85 | + | 312 | 43 | RCL |
| 127 | 73 | RC* | 189 | 43 | RCL | 251 | 43 | RCL | 313 | 04 | 04 |
| 128 | 03 | 03 | 190 | 00 | 00 | 252 | 00 | 00 | 314 | 67 | EQ |
| 129 | 63 | EX* | 191 | 75 | - | 253 | 75 | - | 315 | 43 | RCL |
| 130 | 06 | 06 | 192 | 43 | RCL | 254 | 43 | RCL | 316 | 73 | RC* |
| 131 | 63 | EX* | 193 | 02 | 02 | 255 | 02 | 02 | 317 | 09 | 09 |
| 132 | 03 | 03 | 194 | 54 | ) | 256 | 95 | = | 318 | 65 | × |
| 133 | 43 | RCL | 195 | 95 | = | 257 | 42 | STO | 319 | 73 | RC* |
| 134 | 00 | 00 | 196 | 42 | STO | 258 | 07 | 07 | 320 | 10 | 10 |
| 135 | 44 | SUM | 197 | 03 | 03 | 259 | 73 | RC* | 321 | 55 | ÷ |
| 136 | 03 | 03 | 198 | 43 | RCL | 260 | 07 | 07 | 322 | 43 | RCL |
| 137 | 44 | SUM | 199 | 01 | 01 | 261 | 42 | STO | 323 | 07 | 07 |
| 138 | 06 | 06 | 200 | 85 | + | 262 | 07 | 07 | 324 | 95 | = |
| 139 | 97 | DSZ | 201 | 43 | RCL | 263 | 43 | RCL | 325 | 22 | INV |
| 140 | 08 | 08 | 202 | 00 | 00 | 264 | 02 | 02 | 326 | 74 | SM* |
| 141 | 55 | ÷ | 203 | 85 | + | 265 | 75 | - | 327 | 08 | 08 |
| 142 | 76 | LBL | 204 | 43 | RCL | 266 | 43 | RCL | 328 | 76 | LBL |
| 143 | 65 | × | 205 | 00 | 00 | 267 | 00 | 00 | 329 | 43 | RCL |
| 144 | 43 | RCL | 206 | 65 | × | 268 | 95 | = | 330 | 43 | RCL |
| 145 | 00 | 00 | 207 | 43 | RCL | 269 | 42 | STO | 331 | 00 | 00 |
| 146 | 42 | STO | 208 | 05 | 05 | 270 | 03 | 03 | 332 | 44 | SUM |
| 147 | 08 | 08 | 209 | 95 | = | 271 | 29 | CP | 333 | 08 | 08 |
| 148 | 85 | + | 210 | 42 | STO | 272 | 76 | LBL | 334 | 44 | SUM |
| 149 | 43 | RCL | 211 | 04 | 04 | 273 | 35 | 1/X | 335 | 10 | 10 |
| 150 | 01 | 01 | 212 | 76 | LBL | 274 | 43 | RCL | 336 | 01 | 1 |
| 151 | 75 | - | 213 | 34 | ГX | 275 | 03 | 03 | 337 | 44 | SUM |
| 152 | 43 | RCL | 214 | 73 | RC* | 276 | 67 | EQ | 338 | 04 | 04 |
| 153 | 02 | 02 | 215 | 03 | 03 | 277 | 42 | STO | 339 | 97 | DSZ |
| 154 | 95 | = | 216 | 63 | EX* | 278 | 43 | RCL | 340 | 06 | 06 |
| 155 | 42 | STO | 217 | 04 | 04 | 279 | 00 | 00 | 341 | 44 | SUM |
| 156 | 03 | 03 | 218 | 63 | EX* | 280 | 42 | STO | 342 | 76 | LBL |
| 157 | 43 | RCL | 219 | 03 | 03 | 281 | 06 | 06 | 343 | 42 | STO |
| 158 | 01 | 01 | 220 | 01 | 1 | 282 | 65 | × | 344 | 01 | 1 |
| 159 | 85 | + | 221 | 44 | SUM | 283 | 03 | 3 | 345 | 44 | SUM |
| 160 | 43 | RCL | 222 | 03 | 03 | 284 | 85 | + | 346 | 03 | 03 |
| 161 | 05 | 05 | 223 | 44 | SUM | 285 | 43 | RCL | 347 | 44 | SUM |
| 162 | 75 | - | 224 | 04 | 04 | 286 | 01 | 01 | 348 | 09 | 09 |
| 163 | 01 | 1 | 225 | 97 | DSZ | 287 | 75 | - | 349 | 97 | DSZ |
| 164 | 95 | = | 226 | 08 | 08 | 288 | 43 | RCL | 350 | 05 | 05 |
| 165 | 42 | STO | 227 | 34 | ГX | 289 | 02 | 02 | 351 | 35 | 1/X |
| 166 | 04 | 04 | 228 | 76 | LBL | 290 | 95 | = | 352 | 43 | RCL |
| 167 | 43 | RCL | 229 | 85 | + | 291 | 42 | 6TO | 353 | 00 | 00 |
| 168 | 03 | 03 | 230 | 43 | RCL | 292 | 10 | 10 | 354 | 42 | STO |
| 169 | 32 | X:T | 231 | 00 | 00 | 293 | 85 | + | 355 | 05 | 05 |
| 170 | 43 | RCL | 232 | 42 | STO | 294 | 43 | RCL | 356 | 65 | × |
| 171 | 04 | 04 | 233 | 05 | 05 | 295 | 02 | 02 | 357 | 03 | 3 |
| 172 | 67 | EQ | 234 | 65 | × | 296 | 75 | - | 358 | 75 | - |
| 173 | 85 | + | 235 | 53 | ( | 297 | 43 | RCL | 359 | 43 | RCL |
| 174 | 73 | RC* | 236 | 02 | 2 | 298 | 05 | 05 | 360 | 02 | 02 |
| 175 | 03 | 03 | 237 | 85 | + | 299 | 95 | = | 361 | 85 | + |
| 176 | 63 | EX* | 238 | 43 | RCL | 300 | 42 | STO | 362 | 43 | RCL |
| 177 | 04 | 04 | 239 | 00 | 00 | 301 | 08 | 08 | 363 | 01 | 01 |
| 178 | 63 | EX* | 240 | 75 | - | 302 | 43 | RCL | 364 | 95 | = |
| 179 | 03 | 03 | 241 | 43 | RCL | 303 | 02 | 02 | 365 | 42 | STO |
| 180 | 43 | RCL | 242 | 02 | 02 | 304 | 75 | - | 366 | 10 | 10 |
| 181 | 01 | 01 | 243 | 54 | ) | 305 | 43 | RCL | 367 | 43 | RCL |
| 182 | 85 | + | 244 | 85 | + | 306 | 00 | 00 | 368 | 00 | 00 |
| 183 | 43 | RCL | 245 | 43 | RCL | 307 | 95 | = | 369 | 75 | - |
| 184 | 00 | 00 | 246 | 01 | 01 | 308 | 42 | STO | 370 | 43 | RCL |
| 185 | 65 | × | 247 | 95 | = | 309 | 04 | 04 | 371 | 02 | 02 |

| | | | | | | | | | | |
|---|---|---|---|---|---|---|---|---|---|---|
| 372 | 95 | = | 399 | 43 | RCL | 426 | 10 | 10 | 453 | 65 | × |
| 373 | 42 | STO | 400 | 00 | 00 | 427 | 76 | LBL | 454 | 53 | ( |
| 374 | 09 | 09 | 401 | 42 | STO | 428 | 53 | ( | 455 | 03 | 3 |
| 375 | 76 | LBL | 402 | 05 | 05 | 429 | 43 | RCL | 456 | 85 | + |
| 376 | 45 | Y× | 403 | 65 | × | 430 | 10 | 10 | 457 | 43 | RCL |
| 377 | 43 | RCL | 404 | 53 | ( | 431 | 67 | EQ | 458 | 00 | 00 |
| 378 | 09 | 09 | 405 | 02 | 2 | 432 | 54 | ) | 459 | 75 | - |
| 379 | 67 | EQ | 406 | 85 | + | 433 | 43 | RCL | 460 | 43 | RCL |
| 380 | 52 | EE | 407 | 43 | RCL | 434 | 07 | 07 | 461 | 02 | 02 |
| 381 | 43 | RCL | 408 | 00 | 00 | 435 | 22 | INV | 462 | 54 | ) |
| 382 | 07 | 07 | 409 | 75 | - | 436 | 64 | PD* | 463 | 75 | - |
| 383 | 94 | +/- | 410 | 43 | RCL | 437 | 09 | 09 | 464 | 43 | RCL |
| 384 | 22 | INV | 411 | 02 | 02 | 438 | 76 | LBL | 465 | 02 | 02 |
| 385 | 64 | PD* | 412 | 54 | ) | 439 | 54 | ) | 466 | 95 | = |
| 386 | 10 | 10 | 413 | 85 | + | 440 | 01 | 1 | 467 | 42 | STO |
| 387 | 76 | LBL | 414 | 43 | RCL | 441 | 44 | SUM | 468 | 08 | 08 |
| 388 | 52 | EE | 415 | 01 | 01 | 442 | 09 | 09 | 469 | 43 | RCL |
| 389 | 01 | 1 | 416 | 95 | = | 443 | 44 | SUM | 470 | 07 | 07 |
| 390 | 44 | SUM | 417 | 42 | STO | 444 | 10 | 10 | 471 | 35 | 1/X |
| 391 | 09 | 09 | 418 | 09 | 09 | 445 | 97 | DSZ | 472 | 72 | ST* |
| 392 | 43 | RCL | 419 | 43 | RCL | 446 | 05 | 05 | 473 | 08 | 08 |
| 393 | 00 | 00 | 420 | 00 | 00 | 447 | 53 | ( | 474 | 97 | DSZ |
| 394 | 44 | SUM | 421 | 75 | - | 448 | 43 | RCL | 475 | 02 | 02 |
| 395 | 10 | 10 | 422 | 43 | RCL | 449 | 01 | 01 | 476 | 13 | C |
| 396 | 97 | DSZ | 423 | 02 | 02 | 450 | 85 | + | 477 | 25 | CLR |
| 397 | 05 | 05 | 424 | 95 | = | 451 | 43 | RCL | 478 | 91 | R/S |
| 398 | 45 | Y× | 425 | 42 | STO | 452 | 00 | 00 | | | |

## Teil 3

| | | | | | | | | | | |
|---|---|---|---|---|---|---|---|---|---|---|
| 000 | 76 | LBL | 029 | 43 | RCL | 058 | 00 | 00 | 087 | 42 | STO |
| 001 | 14 | D | 030 | 02 | 02 | 059 | 75 | - | 088 | 07 | 07 |
| 002 | 43 | RCL | 031 | 85 | + | 060 | 43 | RCL | 089 | 76 | LBL |
| 003 | 00 | 00 | 032 | 01 | 1 | 061 | 02 | 02 | 090 | 30 | TAN |
| 004 | 75 | - | 033 | 95 | = | 062 | 85 | + | 091 | 73 | RC* |
| 005 | 01 | 1 | 034 | 42 | STO | 063 | 43 | RCL | 092 | 04 | 04 |
| 006 | 95 | = | 035 | 05 | 05 | 064 | 01 | 01 | 093 | 63 | EX* |
| 007 | 42 | STO | 036 | 76 | LBL | 065 | 75 | - | 094 | 06 | 06 |
| 008 | 02 | 02 | 037 | 29 | CP | 066 | 01 | 1 | 095 | 63 | EX* |
| 009 | 76 | LBL | 038 | 73 | RC* | 067 | 95 | = | 096 | 04 | 04 |
| 010 | 28 | LOG | 039 | 04 | 04 | 068 | 42 | STO | 097 | 43 | RCL |
| 011 | 43 | RCL | 040 | 75 | - | 069 | 06 | 06 | 098 | 00 | 00 |
| 012 | 00 | 00 | 041 | 43 | RCL | 070 | 73 | RC* | 099 | 44 | SUM |
| 013 | 75 | - | 042 | 03 | 03 | 071 | 04 | 04 | 100 | 04 | 04 |
| 014 | 43 | RCL | 043 | 95 | = | 072 | 63 | EX* | 101 | 44 | SUM |
| 015 | 02 | 02 | 044 | 22 | INV | 073 | 06 | 06 | 102 | 06 | 06 |
| 016 | 95 | = | 045 | 67 | EQ | 074 | 63 | EX* | 103 | 97 | DSZ |
| 017 | 42 | STO | 046 | 38 | SIN | 075 | 04 | 04 | 104 | 07 | 07 |
| 018 | 03 | 03 | 047 | 43 | RCL | 076 | 02 | 2 | 105 | 30 | TAN |
| 019 | 43 | RCL | 048 | 02 | 02 | 077 | 65 | × | 106 | 61 | GTO |
| 020 | 01 | 01 | 049 | 85 | + | 078 | 43 | RCL | 107 | 39 | COS |
| 021 | 75 | - | 050 | 01 | 1 | 079 | 00 | 00 | 108 | 76 | LBL |
| 022 | 01 | 1 | 051 | 75 | - | 080 | 95 | = | 109 | 38 | SIN |
| 023 | 85 | + | 052 | 43 | RCL | 081 | 44 | SUM | 110 | 01 | 1 |
| 024 | 43 | RCL | 053 | 05 | 05 | 082 | 04 | 04 | 111 | 44 | SUM |
| 025 | 03 | 03 | 054 | 95 | = | 083 | 44 | SUM | 112 | 04 | 04 |
| 026 | 95 | = | 055 | 67 | EQ | 084 | 06 | 06 | 113 | 97 | DSZ |
| 027 | 42 | STO | 056 | 39 | COS | 085 | 43 | RCL | 114 | 05 | 05 |
| 028 | 04 | 04 | 057 | 43 | RCL | 086 | 00 | 00 | 115 | 29 | CP |

```
116  76 LBL      160  73 RC*      204  00  00      248  07  07
117  39 COS      161  04  04      205  85  +       249  90 LST
118  97 DSZ      162  75  -       206  43 RCL      250  61 GTO
119  02  02      163  43 RCL      207  03  03      251  96 WRT
120  28 LOG      164  03  03      208  65  ×       252  76 LBL
121  43 RCL      165  95  =       209  43 RCL      253  97 DSZ
122  00  00      166  22 INV      210  00  00      254  01  1
123  75  -       167  67 EQ       211  95  =       255  44 SUM
124  01  1       168  97 DSZ      212  42 STO      256  04  04
125  95  =       169  43 RCL      213  04  04      257  97 DSZ
126  42 STO      170  02  02      214  85  +       258  05  05
127  02  02      171  85  +       215  53  (       259  98 ADV
128  76 LBL      172  01  1       216  43 RCL      260  76 LBL
129  99 PRT      173  75  -       217  02  02      261  96 WRT
130  43 RCL      174  43 RCL      218  75  -       262  97 DSZ
131  00  00      175  05  05      219  43 RCL      263  02  02
132  75  -       176  95  =       220  05  05      264  99 PRT
133  43 RCL      177  67 EQ       221  85  +       265  43 RCL
134  02  02      178  96 WRT      222  01  1       266  00  00
135  95  =       179  02  2       223  54  )       267  33 X²
136  42 STO      180  65  ×       224  65  ×       268  42 STO
137  03  03      181  43 RCL      225  43 RCL      269  02  02
138  43 RCL      182  00  00      226  00  00      270  43 RCL
139  01  01      183  75  -       227  95  =       271  01  01
140  85  +       184  43 RCL      228  42 STO      272  85  +
141  43 RCL      185  02  02      229  06  06      273  02  2
142  00  00      186  85  +       230  43 RCL      274  65  ×
143  75  -       187  43 RCL      231  00  00      275  43 RCL
144  01  1       188  01  01      232  42 STO      276  00  00
145  85  +       189  75  -       233  07  07      277  95  =
146  43 RCL      190  01  1       234  76 LBL      278  42 STO
147  03  03      191  95  =       235  90 LST      279  03  03
148  95  =       192  42 STO      236  73 RC*      280  76 LBL
149  42 STO      193  06  06      237  04  04      281  80 GRD
150  04  04      194  73 RC*      238  63 EX*      282  73 RC*
151  43 RCL      195  04  04      239  06  06      283  03  03
152  02  02      196  63 EX*      240  63 EX*      284  91 R/S
153  85  +       197  06  06      241  04  04      285  01  1
154  01  1       198  63 EX*      242  01  1       286  44 SUM
155  95  =       199  04  04      243  44 SUM      287  03  03
156  42 STO      200  43 RCL      244  04  04      288  97 DSZ
157  05  05      201  01  01      245  44 SUM      289  02  02
158  76 LBL      202  85  +       246  06  06      290  80 GRD
159  98 ADV      203  43 RCL      247  97 DSZ      291  91 R/S
```

## 2.6 Die Cholesky-Zerlegung

Eine reguläre, symmetrische, positiv-definite n,n-Matrix A läßt sich zerlegen in $A = C^T C$, wobei C eine rechte obere Dreiecksmatrix ist. Wie die LR-Zerlegung verwendet man auch die Cholesky-Zerlegung zur Lösung linearer Gleichungssysteme $Ax = a$. Wegen der Symmetrie braucht man die Elemente von A unter der Hauptdiagonalen nicht abzuspeichern; eingegeben wird nur der in der Skizze schraffierte Teil der Matrix [A, a].

Das Programm wurde in zwei Teile zerlegt und gestattet so die Lösung linearer Gleichungssysteme bis zur Ordnung n = 8, bei Änderung der Speicherbereichsverteilung auf 70 Datenspeicher mittels der Tastenfolge 7 2nd Op 17 sogar der Ordnung n = 9.

## Programminstruktionen

| | Verfahren | Eingabe | Taste | Anzeige |
|---|---|---|---|---|
| 1 | „Teil 1" einlesen (Block 1, 2) | | | 2 |
| 2 | Programmbeginn „Teil 1" | | A | 2 |
| 3 | Eingabe der Nummer des ersten zu belegenden Speicherplatzes $k \geq 11$ | $k$ | R/S | 1 |
| 4 | Eingabe der Elemente von A oberhalb und einschließlich der Hauptdiagonalen spaltenweise, anschließend Eingabe der Elemente von **a** | $a_{11}$ | R/S | 2 |
| | | $a_{12}$ | R/S | 3 |
| | | $a_{22}$ | R/S | 4 |
| | | $a_{13}$ | R/S | 5 |
| | | $\vdots$ | $\vdots$ | $\vdots$ |
| | | $a_{nn}$ | R/S | $\dfrac{n^2+n+2}{2}$ |
| | | $a_1$ | R/S | $\dfrac{n^2+n+4}{2}$ |
| | | $\vdots$ | $\vdots$ | $\vdots$ |
| | | $a_n$ | R/S | $\dfrac{n^2+3n+2}{2}$ |
| 5 | Ende der Koeffizienteneingabe | | B | 0 |
| 6 | Eingabe von n und k | $n$ | R/S | 0 |
| | | $k$ | R/S | |
| | | | | 0 |
| 7 | „Teil 2" einlesen (Block 1, 2) | | | 2 |
| 8 | Programmbeginn „Teil 2" | | C | |
| 9 | Ergebnisanzeige | | | $x_1$ |
| | | | R/S | $x_2$ |
| | | | $\vdots$ | $\vdots$ |
| | | | R/S | $x_n$ |
| 10 | Eingabe einer neuen „rechten Seite" a' | | A' | 1 |
| | | $a'_1$ | R/S | 2 |
| | | $\vdots$ | $\vdots$ | $\vdots$ |
| | | $a'_n$ | R/S | $n+1$ |
| 11 | Ende der Koeffizienteneingabe | | C | |
| 12 | Ergebnisanzeige | | | $x'_1$ |
| | | | R/S | $x'_2$ |
| | | | $\vdots$ | $\vdots$ |
| | | | R/S | $x'_n$ |

## Registerinhalte

$R_{00}, \ldots, R_{10}$: Programmzeiger

$R_k, \ldots, R_{k + \frac{n(n+1)}{2} - 1}$ : $a_{11}, a_{12}, a_{22}, a_{13}, \ldots, a_{nn}$

$R_{k + \frac{n(n+1)}{2}}, \ldots, R_{k + \frac{n(n+3)}{2} - 1}$ : $a_1, \ldots, a_n$

## Bemerkung

Ist eine Cholesky-Zerlegung von A nicht möglich, so hält das Programm und der Rechner zeigt dies durch eine blinkende Anzeige an.

## Beispiel

Gesucht ist die Lösung der linearen Gleichungssysteme $Ax = a$ und $Ax = a'$ mit

$$A = \begin{bmatrix} 2 & 1 & 0 \\ 1 & 4 & 1 \\ 0 & 1 & 2 \end{bmatrix}, \quad a = \begin{bmatrix} 5 \\ 9 \\ 7 \end{bmatrix}, \quad a' = \begin{bmatrix} 1 \\ -1 \\ 3 \end{bmatrix}.$$

| Anmerkungen | Eingabe | Taste | Anzeige |
|---|---|---|---|
| „Teil 1" einlesen (Block 1, 2) | | | 2 |
| Programmbeginn „Teil 1" | | A | 2 |
| Eingabe von:  k | 11 | R/S | 1 |
| $a_{11}$ | 2 | R/S | 2 |
| $a_{12}$ | 1 | R/S | 3 |
| $a_{22}$ | 4 | R/S | 4 |
| $a_{13}$ | 0 | R/S | 5 |
| $a_{23}$ | 1 | R/S | 6 |
| $a_{33}$ | 2 | R/S | 7 |
| $a_1$ | 5 | R/S | 8 |
| $a_2$ | 9 | R/S | 9 |
| $a_3$ | 7 | R/S | 10 |
| Ende der Koeffizienteneingabe | | B | 0 |
| Eingabe von:  n | 3 | R/S | 0 |
| k | 11 | R/S | |
| | | | 0 |
| „Teil 2" einlesen (Block 1, 2) | | | 2 |
| Programmbeginn „Teil 2" | | C | |
| Anzeige von:  $x_1$ | | | 2 |
| $x_2$ | | R/S | 1 |
| $x_3$ | | R/S | 3 |
| neue „rechte Seite" a' | | A' | 1 |

| Anmerkungen | Eingabe | Taste | Anzeige |
|---|---|---|---|
| Eingabe von:  $a_1'$ | 1 | R/S | 2 |
| $a_2'$ | −1 | R/S | 3 |
| $a_3'$ | 3 | R/S | 4 |
| Ende der Koeffizienteneingabe | | C | |
| Anzeige von:  $x_1'$ | | | 1 |
| $x_2'$ | | R/S | −1 |
| $x_3'$ | | R/S | 2 |

| Programm 2.6 | Die Cholesky-Zerlegung |
|---|---|

**Teil 1**

| | | | | | | | | | | | |
|---|---|---|---|---|---|---|---|---|---|---|---|
| 000 | 76 | LBL | 039 | 91 | R/S | 078 | 22 | INV | 117 | 53 | ( |
| 001 | 11 | A | 040 | 42 | STO | 079 | 43 | RCL | 118 | 43 | RCL |
| 002 | 29 | CP | 041 | 01 | 01 | 080 | 01 | 01 | 119 | 00 | 00 |
| 003 | 91 | R/S | 042 | 42 | STO | 081 | 85 | + | 120 | 75 | − |
| 004 | 42 | STO | 043 | 02 | 02 | 082 | 01 | 1 | 121 | 43 | RCL |
| 005 | 02 | 02 | 044 | 85 | + | 083 | 95 | = | 122 | 07 | 07 |
| 006 | 01 | 1 | 045 | 01 | 1 | 084 | 42 | STO | 123 | 54 | ) |
| 007 | 42 | STO | 046 | 95 | = | 085 | 03 | 03 | 124 | 65 | × |
| 008 | 03 | 03 | 047 | 42 | STO | 086 | 85 | + | 125 | 53 | ( |
| 009 | 43 | RCL | 048 | 03 | 03 | 087 | 01 | 1 | 126 | 43 | RCL |
| 010 | 03 | 03 | 049 | 73 | RC* | 088 | 95 | = | 127 | 00 | 00 |
| 011 | 91 | R/S | 050 | 02 | 02 | 089 | 42 | STO | 128 | 75 | − |
| 012 | 72 | ST* | 051 | 22 | INV | 090 | 02 | 02 | 129 | 43 | RCL |
| 013 | 02 | 02 | 052 | 77 | GE | 091 | 73 | RC* | 130 | 07 | 07 |
| 014 | 01 | 1 | 053 | 99 | PRT | 092 | 03 | 03 | 131 | 85 | + |
| 015 | 44 | SUM | 054 | 67 | EQ | 093 | 33 | X² | 132 | 01 | 1 |
| 016 | 03 | 03 | 055 | 99 | PRT | 094 | 22 | INV | 133 | 54 | ) |
| 017 | 44 | SUM | 056 | 34 | ГX | 095 | 74 | SM* | 134 | 55 | ÷ |
| 018 | 02 | 02 | 057 | 72 | ST* | 096 | 02 | 02 | 135 | 02 | 2 |
| 019 | 61 | GTO | 058 | 02 | 02 | 097 | 73 | RC* | 136 | 85 | + |
| 020 | 00 | 00 | 059 | 76 | LBL | 098 | 02 | 02 | 137 | 43 | RCL |
| 021 | 09 | 09 | 060 | 22 | INV | 099 | 34 | ГX | 138 | 01 | 01 |
| 022 | 76 | LBL | 061 | 73 | RC* | 100 | 72 | ST* | 139 | 95 | = |
| 023 | 12 | B | 062 | 02 | 02 | 101 | 02 | 02 | 140 | 42 | STO |
| 024 | 25 | CLR | 063 | 22 | INV | 102 | 02 | 2 | 141 | 04 | 04 |
| 025 | 91 | R/S | 064 | 64 | PD* | 103 | 44 | SUM | 142 | 43 | RCL |
| 026 | 42 | STO | 065 | 03 | 03 | 104 | 02 | 02 | 143 | 01 | 01 |
| 027 | 00 | 00 | 066 | 43 | RCL | 105 | 76 | LBL | 144 | 85 | + |
| 028 | 75 | − | 067 | 00 | 00 | 106 | 23 | LNX | 145 | 02 | 2 |
| 029 | 01 | 1 | 068 | 85 | + | 107 | 43 | RCL | 146 | 95 | = |
| 030 | 95 | = | 069 | 01 | 1 | 108 | 00 | 00 | 147 | 42 | STO |
| 031 | 42 | STO | 070 | 75 | − | 109 | 75 | − | 148 | 05 | 05 |
| 032 | 09 | 09 | 071 | 43 | RCL | 110 | 43 | RCL | 149 | 01 | 1 |
| 033 | 75 | − | 072 | 09 | 09 | 111 | 07 | 07 | 150 | 42 | STO |
| 034 | 01 | 1 | 073 | 95 | = | 112 | 75 | − | 151 | 10 | 10 |
| 035 | 95 | = | 074 | 44 | SUM | 113 | 01 | 1 | 152 | 76 | LBL |
| 036 | 42 | STO | 075 | 03 | 03 | 114 | 95 | = | 153 | 24 | CE |
| 037 | 07 | 07 | 076 | 97 | DSZ | 115 | 42 | STO | 154 | 43 | RCL |
| 038 | 25 | CLR | 077 | 09 | 09 | 116 | 08 | 08 | 155 | 10 | 10 |

| | | | | | | | | | | |
|---|---|---|---|---|---|---|---|---|---|---|---|
| 156 | 42 | STO | 180 | 99 | PRT | 204 | 08 | 08 | 228 | 73 | RC* |
| 157 | 09 | 09 | 181 | 22 | INV | 205 | 24 | CE | 229 | 02 | 02 |
| 158 | 76 | LBL | 182 | 64 | PD* | 206 | 43 | RCL | 230 | 22 | INV |
| 159 | 25 | CLR | 183 | 02 | 02 | 207 | 00 | 00 | 231 | 77 | GE |
| 160 | 73 | RC* | 184 | 43 | RCL | 208 | 75 | − | 232 | 99 | PRT |
| 161 | 03 | 03 | 185 | 10 | 10 | 209 | 43 | RCL | 233 | 34 | ┌X |
| 162 | 65 | × | 186 | 22 | INV | 210 | 07 | 07 | 234 | 72 | ST* |
| 163 | 73 | RC* | 187 | 44 | SUM | 211 | 95 | = | 235 | 02 | 02 |
| 164 | 04 | 04 | 188 | 04 | 04 | 212 | 42 | STO | 236 | 02 | 2 |
| 165 | 95 | = | 189 | 01 | 1 | 213 | 09 | 09 | 237 | 44 | SUM |
| 166 | 22 | INV | 190 | 44 | SUM | 214 | 76 | LBL | 238 | 04 | 04 |
| 167 | 74 | SM* | 191 | 10 | 10 | 215 | 32 | X:T | 239 | 44 | SUM |
| 168 | 02 | 02 | 192 | 44 | SUM | 216 | 73 | RC* | 240 | 02 | 02 |
| 169 | 01 | 1 | 193 | 02 | 02 | 217 | 04 | 04 | 241 | 43 | RCL |
| 170 | 44 | SUM | 194 | 44 | SUM | 218 | 33 | X² | 242 | 01 | 01 |
| 171 | 03 | 03 | 195 | 03 | 03 | 219 | 22 | INV | 243 | 85 | + |
| 172 | 44 | SUM | 196 | 43 | RCL | 220 | 74 | SM* | 244 | 01 | 1 |
| 173 | 04 | 04 | 197 | 10 | 10 | 221 | 02 | 02 | 245 | 95 | = |
| 174 | 97 | DSZ | 198 | 85 | + | 222 | 01 | 1 | 246 | 42 | STO |
| 175 | 09 | 09 | 199 | 01 | 1 | 223 | 44 | SUM | 247 | 03 | 03 |
| 176 | 25 | CLR | 200 | 95 | = | 224 | 04 | 04 | 248 | 97 | DSZ |
| 177 | 73 | RC* | 201 | 44 | SUM | 225 | 97 | DSZ | 249 | 07 | 07 |
| 178 | 05 | 05 | 202 | 05 | 05 | 226 | 09 | 09 | 250 | 23 | LNX |
| 179 | 67 | EQ | 203 | 97 | DSZ | 227 | 32 | X:T | 251 | 25 | CLR |
| | | | | | | | | | 252 | 91 | R/S |

## Teil 2

| | | | | | | | | | | | |
|---|---|---|---|---|---|---|---|---|---|---|---|
| 000 | 76 | LBL | 030 | 22 | INV | 060 | 95 | = | 090 | 00 | 00 |
| 001 | 13 | C | 031 | 64 | PD* | 061 | 22 | INV | 091 | 85 | + |
| 002 | 43 | RCL | 032 | 04 | 04 | 062 | 74 | SM* | 092 | 01 | 1 |
| 003 | 01 | 01 | 033 | 01 | 1 | 063 | 05 | 05 | 093 | 54 | ) |
| 004 | 42 | STO | 034 | 44 | SUM | 064 | 01 | 1 | 094 | 55 | ÷ |
| 005 | 03 | 03 | 035 | 03 | 03 | 065 | 44 | SUM | 095 | 02 | 2 |
| 006 | 85 | + | 036 | 43 | RCL | 066 | 03 | 03 | 096 | 95 | = |
| 007 | 43 | RCL | 037 | 00 | 00 | 067 | 44 | SUM | 097 | 42 | STO |
| 008 | 00 | 00 | 038 | 75 | − | 068 | 04 | 04 | 098 | 04 | 04 |
| 009 | 65 | × | 039 | 01 | 1 | 069 | 97 | DSZ | 099 | 01 | 1 |
| 010 | 53 | ( | 040 | 95 | = | 070 | 09 | 09 | 100 | 44 | SUM |
| 011 | 43 | RCL | 041 | 42 | STO | 071 | 15 | E | 101 | 05 | 05 |
| 012 | 00 | 00 | 042 | 08 | 08 | 072 | 73 | RC* | 102 | 97 | DSZ |
| 013 | 85 | + | 043 | 76 | LBL | 073 | 03 | 03 | 103 | 08 | 08 |
| 014 | 01 | 1 | 044 | 14 | D | 074 | 67 | EQ | 104 | 14 | D |
| 015 | 54 | ) | 045 | 43 | RCL | 075 | 99 | PRT | 105 | 43 | RCL |
| 016 | 55 | ÷ | 046 | 00 | 00 | 076 | 22 | INV | 106 | 01 | 01 |
| 017 | 02 | 2 | 047 | 75 | − | 077 | 64 | PD* | 107 | 85 | + |
| 018 | 95 | = | 048 | 43 | RCL | 078 | 05 | 05 | 108 | 43 | RCL |
| 019 | 42 | STO | 049 | 08 | 08 | 079 | 01 | 1 | 109 | 00 | 00 |
| 020 | 04 | 04 | 050 | 95 | = | 080 | 44 | SUM | 110 | 65 | × |
| 021 | 85 | + | 051 | 42 | STO | 081 | 03 | 03 | 111 | 53 | ( |
| 022 | 01 | 1 | 052 | 09 | 09 | 082 | 43 | RCL | 112 | 43 | RCL |
| 023 | 95 | = | 053 | 76 | LBL | 083 | 01 | 01 | 113 | 00 | 00 |
| 024 | 42 | STO | 054 | 15 | E | 084 | 85 | + | 114 | 85 | + |
| 025 | 05 | 05 | 055 | 73 | RC* | 085 | 43 | RCL | 115 | 01 | 1 |
| 026 | 73 | RC* | 056 | 03 | 03 | 086 | 00 | 00 | 116 | 54 | ) |
| 027 | 03 | 03 | 057 | 65 | × | 087 | 65 | × | 117 | 55 | ÷ |
| 028 | 67 | EQ | 058 | 73 | RC* | 088 | 53 | ( | 118 | 02 | 2 |
| 029 | 99 | PRT | 059 | 04 | 04 | 089 | 43 | RCL | 119 | 75 | − |

| | | | | | | | | | | |
|---|---|---|---|---|---|---|---|---|---|---|---|
| 120 | 01 | 1 | 172 | 73 | RC* | 224 | 02 | 2 | 276 | 43 | RCL |
| 121 | 95 | = | 173 | 03 | 03 | 225 | 75 | - | 277 | 00 | 00 |
| 122 | 42 | STO | 174 | 65 | × | 226 | 01 | 1 | 278 | 42 | STO |
| 123 | 03 | 03 | 175 | 73 | RC* | 227 | 95 | = | 279 | 09 | 09 |
| 124 | 85 | + | 176 | 04 | 04 | 228 | 44 | SUM | 280 | 76 | LBL |
| 125 | 43 | RCL | 177 | 95 | = | 229 | 03 | 03 | 281 | 33 | X² |
| 126 | 00 | 00 | 178 | 22 | INV | 230 | 43 | RCL | 282 | 73 | RC* |
| 127 | 95 | = | 179 | 74 | SM* | 231 | 01 | 01 | 283 | 02 | 02 |
| 128 | 42 | STO | 180 | 05 | 05 | 232 | 85 | + | 284 | 91 | R/S |
| 129 | 04 | 04 | 181 | 43 | RCL | 233 | 43 | RCL | 285 | 01 | 1 |
| 130 | 75 | - | 182 | 06 | 06 | 234 | 00 | 00 | 286 | 44 | SUM |
| 131 | 01 | 1 | 183 | 22 | INV | 235 | 65 | × | 287 | 02 | 02 |
| 132 | 95 | = | 184 | 44 | SUM | 236 | 53 | ( | 288 | 97 | DSZ |
| 133 | 42 | STO | 185 | 03 | 03 | 237 | 43 | RCL | 289 | 09 | 09 |
| 134 | 05 | 05 | 186 | 01 | 1 | 238 | 00 | 00 | 290 | 33 | X² |
| 135 | 73 | RC* | 187 | 94 | +/- | 239 | 85 | + | 291 | 91 | R/S |
| 136 | 03 | 03 | 188 | 44 | SUM | 240 | 01 | 1 | 292 | 76 | LBL |
| 137 | 67 | EQ | 189 | 06 | 06 | 241 | 54 | ) | 293 | 16 | A' |
| 138 | 99 | PRT | 190 | 44 | SUM | 242 | 55 | ÷ | 294 | 43 | RCL |
| 139 | 22 | INV | 191 | 04 | 04 | 243 | 02 | 2 | 295 | 01 | 01 |
| 140 | 64 | PD* | 192 | 97 | DSZ | 244 | 75 | - | 296 | 85 | + |
| 141 | 04 | 04 | 193 | 09 | 09 | 245 | 01 | 1 | 297 | 43 | RCL |
| 142 | 01 | 1 | 194 | 19 | D' | 246 | 85 | + | 298 | 00 | 00 |
| 143 | 22 | INV | 195 | 73 | RC* | 247 | 43 | RCL | 299 | 65 | × |
| 144 | 44 | SUM | 196 | 03 | 03 | 248 | 00 | 00 | 300 | 53 | ( |
| 145 | 03 | 03 | 197 | 67 | EQ | 249 | 95 | = | 301 | 43 | RCL |
| 146 | 43 | RCL | 198 | 99 | PRT | 250 | 42 | STO | 302 | 00 | 00 |
| 147 | 00 | 00 | 199 | 22 | INV | 251 | 04 | 04 | 303 | 85 | + |
| 148 | 75 | - | 200 | 64 | PD* | 252 | 01 | 1 | 304 | 01 | 1 |
| 149 | 01 | 1 | 201 | 05 | 05 | 253 | 22 | INV | 305 | 54 | ) |
| 150 | 95 | = | 202 | 53 | ( | 254 | 44 | SUM | 306 | 55 | ÷ |
| 151 | 42 | STO | 203 | 43 | RCL | 255 | 05 | 05 | 307 | 02 | 2 |
| 152 | 08 | 08 | 204 | 00 | 00 | 256 | 97 | DSZ | 308 | 95 | = |
| 153 | 76 | LBL | 205 | 65 | × | 257 | 08 | 08 | 309 | 42 | STO |
| 154 | 10 | E' | 206 | 53 | ( | 258 | 10 | E' | 310 | 02 | 02 |
| 155 | 43 | RCL | 207 | 43 | RCL | 259 | 43 | RCL | 311 | 01 | 1 |
| 156 | 00 | 00 | 208 | 00 | 00 | 260 | 01 | 01 | 312 | 42 | STO |
| 157 | 75 | - | 209 | 75 | - | 261 | 85 | + | 313 | 03 | 03 |
| 158 | 43 | RCL | 210 | 01 | 1 | 262 | 43 | RCL | 314 | 76 | LBL |
| 159 | 08 | 08 | 211 | 54 | ) | 263 | 00 | 00 | 315 | 34 | ⌈X |
| 160 | 95 | = | 212 | 75 | - | 264 | 65 | × | 316 | 43 | RCL |
| 161 | 42 | STO | 213 | 43 | RCL | 265 | 53 | ( | 317 | 03 | 03 |
| 162 | 09 | 09 | 214 | 08 | 08 | 266 | 43 | RCL | 318 | 91 | R/S |
| 163 | 43 | RCL | 215 | 65 | × | 267 | 00 | 00 | 319 | 72 | ST* |
| 164 | 00 | 00 | 216 | 53 | ( | 268 | 85 | + | 320 | 02 | 02 |
| 165 | 75 | - | 217 | 43 | RCL | 269 | 01 | 1 | 321 | 01 | 1 |
| 166 | 01 | 1 | 218 | 08 | 08 | 270 | 54 | ) | 322 | 44 | SUM |
| 167 | 95 | = | 219 | 75 | - | 271 | 55 | ÷ | 323 | 02 | 02 |
| 168 | 42 | STO | 220 | 01 | 1 | 272 | 02 | 2 | 324 | 44 | SUM |
| 169 | 06 | 06 | 221 | 54 | ) | 273 | 95 | = | 325 | 03 | 03 |
| 170 | 76 | LBL | 222 | 54 | ) | 274 | 42 | STO | 326 | 61 | GTO |
| 171 | 19 | D' | 223 | 55 | ÷ | 275 | 02 | 02 | 327 | 34 | ⌈X |

466

## 2.7  Die QR-Zerlegung und vermittelndes Ausgleichen

Die QR-Zerlegung nach Householder führt eine n,m-Matrix A mit n ≥ m und rang A = m durch Multiplikation mit einer orthonormalen Matrix Q in eine rechte obere Dreiecks-matrix R über. Der Algorithmus ist numerisch besonders günstig bei linearen Gleichungs-systemen Ax = a, deren Koeffizientenmatrix A schlecht konditioniert ist (d.h. deren Zeilen bzw. Spalten nahezu linear abhängig sind). Außerdem liefert die QR-Zerlegung die Lösung überbestimmter linearer Gleichungssysteme Ax = a, A n,m-Matrix, n > m, nach der Gaußschen Methode der kleinsten Quadrate (vermittelndes Ausgleichen).

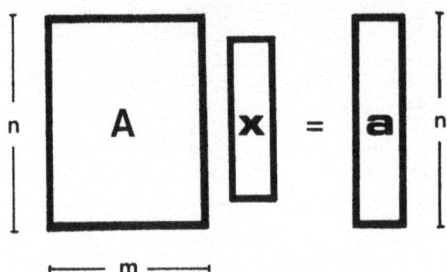

Das Programm wurde in zwei Teile zerlegt. In der folgenden Tabelle sind die bei normaler Speicherbereichsverteilung zulässigen Matrizenformate mit „+" markiert; ändert man die Speicherbereichsverteilung mittels der Tastenfolge 8 2nd Op 17 auf 80 Datenspeicher, so sind auch die mit „o" gekennzeichneten Matrizenformate zulässig.

| m \ n | 2 | 3 | 4 | 5 | 6 | 7 | 8 | 9 | 10 | 11 | 12 | 13 | 14 | 15 | 16 | 17 | 18 | 19 | 20 |
|---|---|---|---|---|---|---|---|---|---|---|---|---|---|---|---|---|---|---|---|
| 2 | + | + | + | + | + | + | + | + | + | + | + | + | + | + | + | o | o | o | o |
| 3 |   | + | + | + | + | + | + | + | + | o | o | o | o | o | o |   |   |   |   |
| 4 |   |   | + | + | + | + | + | o | o | o | o |   |   |   |   |   |   |   |   |
| 5 |   |   |   | + | + | o | o | o | o |   |   |   |   |   |   |   |   |   |   |
| 6 |   |   |   |   | o | o | o |   |   |   |   |   |   |   |   |   |   |   |   |
| 7 |   |   |   |   |   | o |   |   |   |   |   |   |   |   |   |   |   |   |   |

### Programminstruktionen

| | Verfahren | Eingabe | Taste | Anzeige |
|---|---|---|---|---|
| 1 | „Teil 1" einlesen (Block 1, 2) | | | 2 |
| 2 | Programmbeginn „Teil 1" | | A | 2 |
| 3 | Eingabe der Nummer des ersten zu belegenden Speicherplatzes k ≥ 14 | k | R/S | 1 |

| | Verfahren | Eingabe | Taste | Anzeige |
|---|---|---|---|---|
| 4 | Eingabe der Matrix [A, a] spaltenweise | $a_{11}$ | R/S | 2 |
| | | $a_{21}$ | R/S | 3 |
| | | $\vdots$ | $\vdots$ | $\vdots$ |
| | | $a_{nm}$ | R/S | mn+1 |
| | | $a_1$ | R/S | mn+2 |
| | | $\vdots$ | $\vdots$ | $\vdots$ |
| | | $a_n$ | R/S | mn+n+1 |
| 5 | Ende der Koeffizienteneingabe | | B | 0 |
| 6 | Eingabe von n, m, k | n | R/S | n |
| | | m | R/S | m |
| | | k | R/S | |
| | | | | 0 |
| 7 | „Teil 2" einlesen (Block 1) | | | 1 |
| 8 | Programmbeginn „Teil 2" | | C | |
| 9 | Ergebnisanzeige | | | $x_1$ |
| | | | R/S | $x_2$ |
| | | | $\vdots$ | $\vdots$ |
| | | | R/S | $x_m$ |

## Registerinhalte

$R_{00}, \ldots, R_{13}$: Programmzeiger
$R_k, \ldots, R_{k+mn-1}$: $a_{11}, \ldots, a_{nm}$
$R_{k+mn}, \ldots, R_{k+mn+n-1}$: $a_1, \ldots, a_n$
$R_{k+mn+n}, \ldots, R_{k+mn+n+m-1}$: $s_1, \ldots, s_m$

## Bemerkung

Die $s_1, \ldots, s_m$ sind Koeffizienten, die bei der Berechnung von $R = Q^T A$ auftauchen.

## Beispiele

1. Gesucht ist die Lösung des linearen Gleichungssystems $Ax = a$ mit der nahezu singulären
   Matrix

$$A = \begin{bmatrix} 1 & 1.1 & 1.1 \\ 1 & 0.9 & 0.9 \\ 0 & -0.1 & 0.2 \end{bmatrix} \quad \text{und} \quad a = \begin{bmatrix} 1 \\ 1 \\ 0.3 \end{bmatrix}$$

| Anmerkungen | Eingabe | Taste | Anzeige |
|---|---|---|---|
| „Teil 1" einlesen (Block 1, 2) | | | 2 |
| Programmbeginn „Teil 1" | | A | 2 |
| Eingabe von:   k | 14 | R/S | 1 |
| $a_{11}$ | 1 | R/S | 2 |
| $a_{21}$ | 1 | R/S | 3 |
| $a_{31}$ | 0 | R/S | 4 |
| $a_{12}$ | 1.1 | R/S | 5 |
| $a_{22}$ | 0.9 | R/S | 6 |
| $a_{32}$ | −0.1 | R/S | 7 |
| $a_{13}$ | 1.1 | R/S | 8 |
| $a_{23}$ | 0.9 | R/S | 9 |
| $a_{33}$ | 0.2 | R/S | 10 |
| $a_1$ | 1 | R/S | 11 |
| $a_2$ | 1 | R/S | 12 |
| $a_3$ | 0.3 | R/S | 13 |
| Ende der Koeffizienteneingabe | | B | 0 |
| Eingabe von:   n | 3 | R/S | 3 |
| m | 3 | R/S | 3 |
| k | 14 | R/S | |
| | | | 0 |
| „Teil 2" einlesen (Block 1) | | | 1 |
| Programmbeginn „Teil 2" | | C | |
| Anzeige von:   $x_1$ | | | 1 |
| $x_2$ | | R/S | −1 |
| $x_3$ | | R/S | 1 |

2. Es soll eine Parabel $y = c_0 + c_1 t + c_2 t^2$ durch die vier Punkte der Tabelle

| $t$ | −1 | 0 | 1 | 3 |
|---|---|---|---|---|
| $y$ | 2 | 1 | 2 | 3 |

gelegt werden. Durch Einsetzen der Punkte in die Parabelgleichung erhält man das überbestimmte lineare Gleichungssystem

$$\begin{bmatrix} 1 & -1 & 1 \\ 1 & 0 & 0 \\ 1 & 1 & 1 \\ 1 & 2 & 4 \end{bmatrix} \begin{bmatrix} c_0 \\ c_1 \\ c_2 \end{bmatrix} = \begin{bmatrix} 2 \\ 1 \\ 2 \\ 3 \end{bmatrix}$$

| Anmerkungen | Eingabe | Taste | Anzeige |
|---|---|---|---|
| „Teil 1" einlesen (Block 1, 2) | | | 2 |
| Programmbeginn „Teil 1" | | A | 2 |
| Eingabe von: k | 14 | R/S | 1 |
| $a_{11}$ | 1 | R/S | 2 |
| $a_{21}$ | 1 | R/S | 3 |
| $a_{31}$ | 1 | R/S | 4 |
| $a_{41}$ | 1 | R/S | 5 |
| $a_{12}$ | −1 | R/S | 6 |
| $a_{22}$ | 0 | R/S | 7 |
| $a_{32}$ | 1 | R/S | 8 |
| $a_{42}$ | 2 | R/S | 9 |
| $a_{13}$ | 1 | R/S | 10 |
| $a_{23}$ | 0 | R/S | 11 |
| $a_{33}$ | 1 | R/S | 12 |
| $a_{43}$ | 4 | R/S | 13 |
| $a_1$ | 2 | R/S | 14 |
| $a_2$ | 1 | R/S | 15 |
| $a_3$ | 2 | R/S | 16 |
| $a_4$ | 3 | R/S | 17 |
| Ende der Koeffizienteneingabe | | B | 0 |
| Eingabe von: n | 4 | R/S | 4 |
| m | 3 | R/S | 3 |
| k | 14 | R/S | |
| | | | 0 |
| „Teil 2" einlesen (Block 1) | | | 1 |
| Programmbeginn „Teil 2" | | C | |
| Anzeige von: $c_0$ | | | 1.3 |
| $c_1$ | | R/S | −0.1 |
| $c_2$ | | R/S | 0.5 |

Die gesuchte Ausgleichsparabel ist also

$$y = 1.3 - 0.1 \cdot t + 0.5 \cdot t^2 .$$

| Programm 2.7 | Die QR-Zerlegung |
|---|---|

| Teil 1 | |
|---|---|

| 000 | 76 | LBL | 056 | 05 | 05 | 112 | 43 | RCL | 168 | 04 | 04 |
|---|---|---|---|---|---|---|---|---|---|---|---|
| 001 | 11 | A | 057 | 42 | STO | 113 | 00 | 00 | 169 | 97 | DSZ |
| 002 | 29 | CP | 058 | 04 | 04 | 114 | 85 | + | 170 | 09 | 09 |
| 003 | 91 | R/S | 059 | 43 | RCL | 115 | 43 | RCL | 171 | 19 | D' |
| 004 | 42 | STO | 060 | 10 | 10 | 116 | 10 | 10 | 172 | 43 | RCL |
| 005 | 00 | 00 | 061 | 42 | STO | 117 | 95 | = | 173 | 13 | 13 |
| 006 | 01 | 1 | 062 | 09 | 09 | 118 | 42 | STO | 174 | 67 | EQ |
| 007 | 42 | STO | 063 | 76 | LBL | 119 | 08 | 08 | 175 | 99 | PRT |
| 008 | 01 | 01 | 064 | 14 | D | 120 | 43 | RCL | 176 | 22 | INV |
| 009 | 43 | RCL | 065 | 73 | RC* | 121 | 05 | 05 | 177 | 64 | PD* |
| 010 | 01 | 01 | 066 | 04 | 04 | 122 | 42 | STO | 178 | 06 | 06 |
| 011 | 91 | R/S | 067 | 33 | X² | 123 | 03 | 03 | 179 | 43 | RCL |
| 012 | 72 | ST* | 068 | 44 | SUM | 124 | 85 | + | 180 | 10 | 10 |
| 013 | 00 | 00 | 069 | 11 | 11 | 125 | 43 | RCL | 181 | 22 | INV |
| 014 | 01 | 1 | 070 | 01 | 1 | 126 | 00 | 00 | 182 | 44 | SUM |
| 015 | 44 | SUM | 071 | 44 | SUM | 127 | 95 | = | 183 | 03 | 03 |
| 016 | 00 | 00 | 072 | 04 | 04 | 128 | 42 | STO | 184 | 01 | 1 |
| 017 | 44 | SUM | 073 | 97 | DSZ | 129 | 04 | 04 | 185 | 44 | SUM |
| 018 | 01 | 01 | 074 | 09 | 09 | 130 | 43 | RCL | 186 | 06 | 06 |
| 019 | 61 | GTO | 075 | 14 | D | 131 | 02 | 02 | 187 | 43 | RCL |
| 020 | 00 | 00 | 076 | 43 | RCL | 132 | 85 | + | 188 | 00 | 00 |
| 021 | 08 | 08 | 077 | 11 | 11 | 133 | 43 | RCL | 189 | 75 | – |
| 022 | 76 | LBL | 078 | 34 | ΓX | 134 | 00 | 00 | 190 | 43 | RCL |
| 023 | 12 | B | 079 | 42 | STO | 135 | 65 | × | 191 | 10 | 10 |
| 024 | 25 | CLR | 080 | 12 | 12 | 136 | 53 | ( | 192 | 95 | = |
| 025 | 91 | R/S | 081 | 73 | RC* | 137 | 43 | RCL | 193 | 44 | SUM |
| 026 | 42 | STO | 082 | 05 | 05 | 138 | 01 | 01 | 194 | 04 | 04 |
| 027 | 00 | 00 | 083 | 22 | INV | 139 | 85 | + | 195 | 97 | DSZ |
| 028 | 42 | STO | 084 | 77 | GE | 140 | 01 | 1 | 196 | 08 | 08 |
| 029 | 10 | 10 | 085 | 15 | E | 141 | 54 | ) | 197 | 10 | E' |
| 030 | 91 | R/S | 086 | 43 | RCL | 142 | 95 | = | 198 | 43 | RCL |
| 031 | 42 | STO | 087 | 12 | 12 | 143 | 42 | STO | 199 | 01 | 01 |
| 032 | 01 | 01 | 088 | 94 | +/- | 144 | 06 | 06 | 200 | 75 | – |
| 033 | 91 | R/S | 089 | 42 | STO | 145 | 76 | LBL | 201 | 43 | RCL |
| 034 | 42 | STO | 090 | 12 | 12 | 146 | 10 | E' | 202 | 00 | 00 |
| 035 | 02 | 02 | 091 | 76 | LBL | 147 | 43 | RCL | 203 | 85 | + |
| 036 | 42 | STO | 092 | 15 | E | 148 | 10 | 10 | 204 | 43 | RCL |
| 037 | 05 | 05 | 093 | 43 | RCL | 149 | 42 | STO | 205 | 10 | 10 |
| 038 | 43 | RCL | 094 | 11 | 11 | 150 | 09 | 09 | 206 | 95 | = |
| 039 | 01 | 01 | 095 | 75 | – | 151 | 00 | 0 | 207 | 42 | STO |
| 040 | 42 | STO | 096 | 73 | RC* | 152 | 72 | ST* | 208 | 08 | 08 |
| 041 | 07 | 07 | 097 | 05 | 05 | 153 | 06 | 06 | 209 | 43 | RCL |
| 042 | 75 | – | 098 | 65 | × | 154 | 76 | LBL | 210 | 05 | 05 |
| 043 | 43 | RCL | 099 | 43 | RCL | 155 | 19 | D' | 211 | 42 | STO |
| 044 | 00 | 00 | 100 | 12 | 12 | 156 | 73 | RC* | 212 | 04 | 04 |
| 045 | 95 | = | 101 | 95 | = | 157 | 03 | 03 | 213 | 85 | + |
| 046 | 22 | INV | 102 | 42 | STO | 158 | 65 | × | 214 | 43 | RCL |
| 047 | 67 | EQ | 103 | 13 | 13 | 159 | 73 | RC* | 215 | 00 | 00 |
| 048 | 33 | X² | 104 | 43 | RCL | 160 | 04 | 04 | 216 | 95 | = |
| 049 | 01 | 1 | 105 | 12 | 12 | 161 | 95 | = | 217 | 42 | STO |
| 050 | 22 | INV | 106 | 22 | INV | 162 | 74 | SM* | 218 | 03 | 03 |
| 051 | 44 | SUM | 107 | 74 | SM* | 163 | 06 | 06 | 219 | 43 | RCL |
| 052 | 07 | 07 | 108 | 05 | 05 | 164 | 01 | 1 | 220 | 02 | 02 |
| 053 | 76 | LBL | 109 | 43 | RCL | 165 | 44 | SUM | 221 | 85 | + |
| 054 | 33 | X² | 110 | 01 | 01 | 166 | 03 | 03 | 222 | 43 | RCL |
| 055 | 43 | RCL | 111 | 75 | – | 167 | 44 | SUM | 223 | 00 | 00 |

| | | | | | | | | | | |
|---|---|---|---|---|---|---|---|---|---|---|
| 224 | 65 | × | 243 | 06 | 06 | 262 | 44 | SUM | 281 | 43 | RCL |
| 225 | 53 | ( | 244 | 65 | × | 263 | 04 | 04 | 282 | 12 | 12 |
| 226 | 43 | RCL | 245 | 73 | RC* | 264 | 43 | RCL | 283 | 72 | ST* |
| 227 | 01 | 01 | 246 | 04 | 04 | 265 | 00 | 00 | 284 | 05 | 05 |
| 228 | 85 | + | 247 | 95 | = | 266 | 75 | - | 285 | 43 | RCL |
| 229 | 01 | 1 | 248 | 22 | INV | 267 | 43 | RCL | 286 | 00 | 00 |
| 230 | 54 | ) | 249 | 74 | SM* | 268 | 10 | 10 | 287 | 85 | + |
| 231 | 95 | = | 250 | 03 | 03 | 269 | 95 | = | 288 | 01 | 1 |
| 232 | 42 | STO | 251 | 01 | 1 | 270 | 44 | SUM | 289 | 95 | = |
| 233 | 06 | 06 | 252 | 44 | SUM | 271 | 03 | 03 | 290 | 44 | SUM |
| 234 | 76 | LBL | 253 | 04 | 04 | 272 | 01 | 1 | 291 | 05 | 05 |
| 235 | 18 | C' | 254 | 44 | SUM | 273 | 44 | SUM | 292 | 01 | 1 |
| 236 | 43 | RCL | 255 | 03 | 03 | 274 | 06 | 06 | 293 | 22 | INV |
| 237 | 10 | 10 | 256 | 97 | DSZ | 275 | 97 | DSZ | 294 | 44 | SUM |
| 238 | 42 | STO | 257 | 09 | 09 | 276 | 08 | 08 | 295 | 10 | 10 |
| 239 | 09 | 09 | 258 | 17 | B' | 277 | 18 | C' | 296 | 97 | DSZ |
| 240 | 76 | LBL | 259 | 43 | RCL | 278 | 00 | 0 | 297 | 07 | 07 |
| 241 | 17 | B' | 260 | 10 | 10 | 279 | 42 | STO | 298 | 33 | X² |
| 242 | 73 | RC* | 261 | 22 | INV | 280 | 11 | 11 | 299 | 25 | CLR |
| | | | | | | | | | 300 | 91 | R/S |

## Teil 2

| | | | | | | | | | | |
|---|---|---|---|---|---|---|---|---|---|---|
| 000 | 76 | LBL | 035 | 03 | 03 | 070 | 05 | 05 | 105 | 22 | INV |
| 001 | 13 | C | 036 | 43 | RCL | 071 | 01 | 1 | 106 | 44 | SUM |
| 002 | 43 | RCL | 037 | 04 | 04 | 072 | 22 | INV | 107 | 05 | 05 |
| 003 | 02 | 02 | 038 | 75 | - | 073 | 44 | SUM | 108 | 97 | DSZ |
| 004 | 85 | + | 039 | 01 | 1 | 074 | 04 | 04 | 109 | 09 | 09 |
| 005 | 53 | ( | 040 | 95 | = | 075 | 43 | RCL | 110 | 23 | LNX |
| 006 | 43 | RCL | 041 | 42 | STO | 076 | 00 | 00 | 111 | 43 | RCL |
| 007 | 01 | 01 | 042 | 05 | 05 | 077 | 22 | INV | 112 | 01 | 01 |
| 008 | 75 | - | 043 | 43 | RCL | 078 | 44 | SUM | 113 | 42 | STO |
| 009 | 01 | 1 | 044 | 01 | 01 | 079 | 03 | 03 | 114 | 08 | 08 |
| 010 | 54 | ) | 045 | 75 | - | 080 | 97 | DSZ | 115 | 43 | RCL |
| 011 | 65 | × | 046 | 01 | 1 | 081 | 08 | 08 | 116 | 02 | 02 |
| 012 | 53 | ( | 047 | 95 | = | 082 | 22 | INV | 117 | 85 | + |
| 013 | 43 | RCL | 048 | 42 | STO | 083 | 73 | RC* | 118 | 43 | RCL |
| 014 | 00 | 00 | 049 | 09 | 09 | 084 | 03 | 03 | 119 | 01 | 01 |
| 015 | 85 | + | 050 | 76 | LBL | 085 | 22 | INV | 120 | 65 | × |
| 016 | 01 | 1 | 051 | 23 | LNX | 086 | 64 | PD* | 121 | 43 | RCL |
| 017 | 54 | ) | 052 | 43 | RCL | 087 | 05 | 05 | 122 | 00 | 00 |
| 018 | 95 | = | 053 | 01 | 01 | 088 | 43 | RCL | 123 | 95 | = |
| 019 | 42 | STO | 054 | 75 | - | 089 | 01 | 01 | 124 | 42 | STO |
| 020 | 03 | 03 | 055 | 43 | RCL | 090 | 75 | - | 125 | 03 | 03 |
| 021 | 85 | + | 056 | 09 | 09 | 091 | 43 | RCL | 126 | 76 | LBL |
| 022 | 43 | RCL | 057 | 95 | = | 092 | 09 | 09 | 127 | 24 | CE |
| 023 | 00 | 00 | 058 | 42 | STO | 093 | 95 | = | 128 | 73 | RC* |
| 024 | 95 | = | 059 | 08 | 08 | 094 | 44 | SUM | 129 | 03 | 03 |
| 025 | 42 | STO | 060 | 76 | LBL | 095 | 04 | 04 | 130 | 91 | R/S |
| 026 | 04 | 04 | 061 | 22 | INV | 096 | 65 | × | 131 | 01 | 1 |
| 027 | 73 | RC* | 062 | 73 | RC* | 097 | 43 | RCL | 132 | 44 | SUM |
| 028 | 03 | 03 | 063 | 03 | 03 | 098 | 00 | 00 | 133 | 03 | 03 |
| 029 | 22 | INV | 064 | 65 | × | 099 | 75 | - | 134 | 97 | DSZ |
| 030 | 64 | PD* | 065 | 73 | RC* | 100 | 01 | 1 | 135 | 08 | 08 |
| 031 | 04 | 04 | 066 | 04 | 04 | 101 | 95 | = | 136 | 24 | CE |
| 032 | 01 | 1 | 067 | 95 | = | 102 | 44 | SUM | 137 | 91 | R/S |
| 033 | 22 | INV | 068 | 22 | INV | 103 | 03 | 03 | | | |
| 034 | 44 | SUM | 069 | 74 | SM* | 104 | 01 | 1 | | | |

## 2.8 Zyklische Relaxation

Zu einem linearen Gleichungssystem $Ax = a$ (A n,n-Matrix) sei eine Näherungslösung **p** mit dem Residuum

$$r := Ap - a \neq 0$$

gegeben. Die Idee der Koordinatenrelaxation besteht darin, eine Komponente $p_j$ der Näherungslösung **p** so zu ändern, daß die zugehörige Komponente $r_j$ des Residuums **r** zu Null wird. Bei diesem Algorithmus werden alle Koordinaten $p_j$ der Reihe nach so oft abgearbeitet, bis die Tschebyscheff-Norm des Residuums $\|r\|_\infty$ eine vorgegebene Toleranz $\sigma > 0$ unterschreitet.

Das Programm bearbeitet lineare Gleichungssysteme bis zur Ordnung n = 5, bei Änderung der Speicherbereichsverteilung auf 80 Datenspeicher mittels der Tastenfolge 8 2nd Op 17 bis zur Ordnung n = 7.

### Programminstruktionen

|   | Verfahren | Eingabe | Taste | Anzeige |
|---|-----------|---------|-------|---------|
| 1 | Magnetkarte einlesen (Block 1, 2) | | | 2 |
| 2 | Programmbeginn | | A | 2 |
| 3 | Eingabe der Nummer des ersten zu belegenden Speicherplatzes $k \geq 10$ | k | R/S | 1 |
| 4 | Eingabe der Matrix [A, **a**, **p**] spaltenweise | $a_{11}$ | R/S | 2 |
|   |   | $a_{21}$ | R/S | 3 |
|   |   | $\vdots$ | $\vdots$ | $\vdots$ |
|   |   | $a_{nn}$ | R/S | $n^2+1$ |
|   |   | $a_1$ | R/S | $n^2+2$ |
|   |   | $\vdots$ | $\vdots$ | $\vdots$ |
|   |   | $a_n$ | R/S | $n^2+n+1$ |
|   |   | $p_1$ | R/S | $n^2+n+2$ |
|   |   | $\vdots$ | $\vdots$ | $\vdots$ |
|   |   | $p_n$ | R/S | $n^2+2n+1$ |
| 5 | Ende der Koeffizienteneingabe | | B | 0 |
| 6 | Eingabe von $\sigma$, n, k | $\sigma$ | R/S | 0 |
|   |   | n | R/S | 0 |
|   |   | k | R/S | |
| 7 | Ergebnisanzeige | | | $\bar{x}_1$ |
|   |   | | R/S | $\bar{x}_2$ |
|   |   | | $\vdots$ | $\vdots$ |
|   |   | | R/S | $\bar{x}_n$ |

## Registerinhalte

$R_{00}, \ldots, R_{09}$: Programmzeiger

$R_k, \ldots, R_{k+n^2-1}$: $a_{11}, \ldots, a_{nn}$

$R_{k+n^2}, \ldots, R_{k+n^2+n-1}$: $a_1, \ldots, a_n$

$R_{k+n^2+n}, \ldots, R_{k+n^2+2n-1}$: $p_1, \ldots, p_n$

$R_{k+n^2+2n}, \ldots, R_{k+n^2+3n-1}$: $r_1, \ldots, r_n$

## Beispiel

Zu dem linearen Gleichungssystem $A\mathbf{x} = \mathbf{a}$ mit $A = \begin{bmatrix} 2 & 1 & 0 \\ 1 & 4 & 1 \\ 0 & 1 & 2 \end{bmatrix}$ und $\mathbf{a} = \begin{bmatrix} 2 \\ 8 \\ 2 \end{bmatrix}$ sei die

Näherungslösung $\mathbf{p} = \begin{bmatrix} 0.5 \\ 1.2 \\ -0.7 \end{bmatrix}$ gegeben. Gesucht ist eine verbesserte Näherung $\bar{\mathbf{x}}$ mit

$\|\mathbf{r}\|_\infty = \|A\bar{\mathbf{x}} - \mathbf{a}\|_\infty < 0.01$ .

| Anmerkungen | Eingabe | Taste | Anzeige |
|---|---|---|---|
| Magnetkarte einlesen (Block 1, 2) | | | 2 |
| Programmbeginn | | A | 2 |
| Eingabe von:  k | 10 | R/S | 1 |
| $\qquad a_{11}$ | 2 | R/S | 2 |
| $\qquad a_{21}$ | 1 | R/S | 3 |
| $\qquad a_{31}$ | 0 | R/S | 4 |
| $\qquad a_{12}$ | 1 | R/S | 5 |
| $\qquad a_{22}$ | 4 | R/S | 6 |
| $\qquad a_{32}$ | 1 | R/S | 7 |
| $\qquad a_{13}$ | 0 | R/S | 8 |
| $\qquad a_{23}$ | 1 | R/S | 9 |
| $\qquad a_{33}$ | 2 | R/S | 10 |
| $\qquad a_1$ | 2 | R/S | 11 |
| $\qquad a_2$ | 8 | R/S | 12 |
| $\qquad a_3$ | 2 | R/S | 13 |
| $\qquad p_1$ | 0.5 | R/S | 14 |
| $\qquad p_2$ | 1.2 | R/S | 15 |
| $\qquad p_3$ | -0.7 | R/S | 16 |
| Ende der Koeffizienteneingabe | | B | 0 |
| Eingabe von:  $\sigma$ | 0.01 | R/S | 0 |
| $\qquad$ n | 3 | R/S | 0 |
| $\qquad$ k | 10 | R/S | |
| Anzeige von:  $\bar{x}_1$ | | | -0.00234375 |
| $\qquad \bar{x}_2$ | | R/S | 2.001171875 |
| $\qquad \bar{x}_3$ | | R/S | -.0005859375 |

Die exakte Lösung ist $\mathbf{x} = \begin{bmatrix} 0 \\ 2 \\ 0 \end{bmatrix}$ .

| Programm 2.8 | Zyklische Relaxation |
|---|---|

| | | | | | | | | | | |
|---|---|---|---|---|---|---|---|---|---|---|
| 000 | 76 | LBL | 059 | 43 | RCL | 118 | 00 | 00 | 177 | 07 | 07 |
| 001 | 11 | A | 060 | 00 | 00 | 119 | 95 | = | 178 | 74 | SM* |
| 002 | 91 | R/S | 061 | 42 | STO | 120 | 42 | STO | 179 | 04 | 04 |
| 003 | 42 | STO | 062 | 09 | 09 | 121 | 04 | 04 | 180 | 43 | RCL |
| 004 | 02 | 02 | 063 | 76 | LBL | 122 | 76 | LBL | 181 | 00 | 00 |
| 005 | 01 | 1 | 064 | 14 | D | 123 | 15 | E | 182 | 42 | STO |
| 006 | 42 | STO | 065 | 73 | RC* | 124 | 73 | RC* | 183 | 08 | 08 |
| 007 | 03 | 03 | 066 | 02 | 02 | 125 | 03 | 03 | 184 | 76 | LBL |
| 008 | 43 | RCL | 067 | 65 | × | 126 | 22 | INV | 185 | 16 | A' |
| 009 | 03 | 03 | 068 | 73 | RC* | 127 | 74 | SM* | 186 | 43 | RCL |
| 010 | 91 | R/S | 069 | 03 | 03 | 128 | 04 | 04 | 187 | 07 | 07 |
| 011 | 72 | ST* | 070 | 95 | = | 129 | 01 | 1 | 188 | 65 | × |
| 012 | 02 | 02 | 071 | 74 | SM* | 130 | 44 | SUM | 189 | 73 | RC* |
| 013 | 01 | 1 | 072 | 04 | 04 | 131 | 03 | 03 | 190 | 03 | 03 |
| 014 | 44 | SUM | 073 | 43 | RCL | 132 | 44 | SUM | 191 | 95 | = |
| 015 | 02 | 02 | 074 | 00 | 00 | 133 | 04 | 04 | 192 | 74 | SM* |
| 016 | 44 | SUM | 075 | 44 | SUM | 134 | 97 | DSZ | 193 | 06 | 06 |
| 017 | 03 | 03 | 076 | 02 | 02 | 135 | 09 | 09 | 194 | 01 | 1 |
| 018 | 61 | GTO | 077 | 01 | 1 | 136 | 15 | E | 195 | 44 | SUM |
| 019 | 00 | 00 | 078 | 44 | SUM | 137 | 76 | LBL | 196 | 03 | 03 |
| 020 | 08 | 08 | 079 | 03 | 03 | 138 | 10 | E' | 197 | 44 | SUM |
| 021 | 76 | LBL | 080 | 97 | DSZ | 139 | 43 | RCL | 198 | 06 | 06 |
| 022 | 12 | B | 081 | 09 | 09 | 140 | 01 | 01 | 199 | 97 | DSZ |
| 023 | 25 | CLR | 082 | 14 | D | 141 | 42 | STO | 200 | 08 | 08 |
| 024 | 29 | CP | 083 | 43 | RCL | 142 | 02 | 02 | 201 | 16 | A' |
| 025 | 91 | R/S | 084 | 00 | 00 | 143 | 42 | STO | 202 | 43 | RCL |
| 026 | 32 | X:T | 085 | 22 | INV | 144 | 03 | 03 | 203 | 00 | 00 |
| 027 | 25 | CLR | 086 | 44 | SUM | 145 | 85 | + | 204 | 22 | INV |
| 028 | 91 | R/S | 087 | 03 | 03 | 146 | 43 | RCL | 205 | 44 | SUM |
| 029 | 42 | STO | 088 | 65 | × | 147 | 00 | 00 | 206 | 06 | 06 |
| 030 | 00 | 00 | 089 | 43 | RCL | 148 | 33 | X² | 207 | 01 | 1 |
| 031 | 42 | STO | 090 | 00 | 00 | 149 | 85 | + | 208 | 44 | SUM |
| 032 | 08 | 08 | 091 | 75 | - | 150 | 43 | RCL | 209 | 04 | 04 |
| 033 | 42 | STO | 092 | 01 | 1 | 151 | 00 | 00 | 210 | 44 | SUM |
| 034 | 09 | 09 | 093 | 95 | = | 152 | 95 | = | 211 | 05 | 05 |
| 035 | 25 | CLR | 094 | 22 | INV | 153 | 42 | STO | 212 | 85 | + |
| 036 | 91 | R/S | 095 | 44 | SUM | 154 | 04 | 04 | 213 | 43 | RCL |
| 037 | 42 | STO | 096 | 02 | 02 | 155 | 85 | + | 214 | 00 | 00 |
| 038 | 01 | 01 | 097 | 01 | 1 | 156 | 43 | RCL | 215 | 95 | = |
| 039 | 42 | STO | 098 | 44 | SUM | 157 | 00 | 00 | 216 | 44 | SUM |
| 040 | 02 | 02 | 099 | 04 | 04 | 158 | 95 | = | 217 | 02 | 02 |
| 041 | 85 | + | 100 | 97 | DSZ | 159 | 42 | STO | 218 | 97 | DSZ |
| 042 | 43 | RCL | 101 | 08 | 08 | 160 | 05 | 05 | 219 | 09 | 09 |
| 043 | 00 | 00 | 102 | 13 | C | 161 | 42 | STO | 220 | 19 | D' |
| 044 | 33 | X² | 103 | 43 | RCL | 162 | 06 | 06 | 221 | 43 | RCL |
| 045 | 85 | + | 104 | 00 | 00 | 163 | 43 | RCL | 222 | 00 | 00 |
| 046 | 43 | RCL | 105 | 42 | STO | 164 | 00 | 00 | 223 | 22 | INV |
| 047 | 00 | 00 | 106 | 09 | 09 | 165 | 42 | STO | 224 | 44 | SUM |
| 048 | 95 | = | 107 | 33 | X² | 166 | 09 | 09 | 225 | 05 | 05 |
| 049 | 42 | STO | 108 | 85 | + | 167 | 76 | LBL | 226 | 42 | STO |
| 050 | 03 | 03 | 109 | 43 | RCL | 168 | 19 | D' | 227 | 09 | 09 |
| 051 | 85 | + | 110 | 01 | 01 | 169 | 73 | RC* | 228 | 76 | LBL |
| 052 | 43 | RCL | 111 | 95 | = | 170 | 05 | 05 | 229 | 18 | C' |
| 053 | 00 | 00 | 112 | 42 | STO | 171 | 94 | +/- | 230 | 73 | RC* |
| 054 | 95 | = | 113 | 03 | 03 | 172 | 55 | ÷ | 231 | 05 | 05 |
| 055 | 42 | STO | 114 | 85 | + | 173 | 73 | RC* | 232 | 50 | I×I |
| 056 | 04 | 04 | 115 | 02 | 2 | 174 | 02 | 02 | 233 | 77 | GE |
| 057 | 76 | LBL | 116 | 65 | × | 175 | 95 | = | 234 | 10 | E' |
| 058 | 13 | C | 117 | 43 | RCL | 176 | 42 | STO | 235 | 01 | 1 |

| | | | |
|---|---|---|---|
| 236 | 44 | SUM | |
| 237 | 05 | 05 | |
| 238 | 97 | DSZ | |
| 239 | 09 | 09 | |
| 240 | 18 | C' | |
| 241 | 43 | RCL | |
| 242 | 01 | 01 | |
| 243 | 85 | + | |

| | | |
|---|---|---|
| 244 | 43 | RCL |
| 245 | 00 | 00 |
| 246 | 33 | X² |
| 247 | 85 | + |
| 248 | 43 | RCL |
| 249 | 00 | 00 |
| 250 | 95 | = |
| 251 | 42 | STO |

| | | |
|---|---|---|
| 252 | 04 | 04 |
| 253 | 43 | RCL |
| 254 | 00 | 00 |
| 255 | 42 | STO |
| 256 | 09 | 09 |
| 257 | 76 | LBL |
| 258 | 17 | B' |
| 259 | 73 | RC* |

| | | |
|---|---|---|
| 260 | 04 | 04 |
| 261 | 91 | R/S |
| 262 | 01 | 1 |
| 263 | 44 | SUM |
| 264 | 04 | 04 |
| 265 | 97 | DSZ |
| 266 | 09 | 09 |
| 267 | 17 | B' |
| 268 | 91 | R/S |

# 2.9 Methode des verstärkten Abstiegs

Diese Methode zur Lösung eines linearen Gleichungssystems $Ax = a$ mit symmetrischer und positiv-definiter n,n-Matrix A ist ein Relaxationsverfahren (siehe 2.8 „Zyklische Relaxation"), bei dem die Näherungslösung $p$ nicht koordinatenweise, sondern in Richtung des Residuen-vektors $r = Ap - a$ geändert wird. Der Algorithmus endet, wenn die euklidische Norm des Residuums $r$ eine vorgegebene Toleranz $\sigma > 0$ unterschreitet.

Das Programm gestattet die Bearbeitung von linearen Gleichungssystemen bis zur Ordnung $n = 5$, bei Änderung der Speicherbereichsverteilung auf 70 Datenspeicher mittels der Tasten-folge 7 2nd Op 17 auch der Ordnung $n = 6$.

## Programminstruktionen

| | Verfahren | Eingabe | Taste | Anzeige |
|---|---|---|---|---|
| 1 | Magnetkarte einlesen (Block 1, 2) | | | 2 |
| 2 | Programmbeginn | | A | 2 |
| 3 | Eingabe der Nummer des ersten zu belegenden Speicherplatzes $k \geq 10$ | k | R/S | 1 |
| 4 | Eingabe der Matrix [A, a, p] spaltenweise | $a_{11}$ | R/S | 2 |
| | | $a_{21}$ | R/S | 3 |
| | | $\vdots$ | $\vdots$ | $\vdots$ |
| | | $a_{nn}$ | R/S | $n^2+1$ |
| | | $a_1$ | R/S | $n^2+2$ |
| | | $\vdots$ | $\vdots$ | $\vdots$ |
| | | $a_n$ | R/S | $n^2+n+1$ |
| | | $p_1$ | R/S | $n^2+n+2$ |
| | | $\vdots$ | $\vdots$ | $\vdots$ |
| | | $p_n$ | R/S | $n^2+2n+1$ |

| | Verfahren | Eingabe | Taste | Anzeige |
|---|---|---|---|---|
| 5 | Ende der Koeffizienteneingabe | | B | 0 |
| 6 | Eingabe von $\sigma$, n, k | $\sigma$ | R/S | 0 |
| | | n | R/S | 0 |
| | | k | R/S | |
| 7 | Ergebnisanzeige | | | $\bar{x}_1$ |
| | | | R/S | $\bar{x}_2$ |
| | | | $\vdots$ | $\vdots$ |
| | | | R/S | $\bar{x}_n$ |

## Registerinhalte

$R_{00}, \ldots, R_{09}$ : Programmzeiger

$R_k, \ldots, R_{k+n^2-1}$ : $a_{11}, \ldots, a_{nn}$

$R_{k+n^2}, \ldots, R_{k+n^2+n-1}$ : $a_1, \ldots, a_n$

$R_{k+n^2+n}, \ldots, R_{k+n^2+2n-1}$ : $p_1, \ldots, p_n$

$R_{k+n^2+2n}, \ldots, R_{k+n^2+3n-1}$ : $r_1, \ldots, r_n$

## Beispiel

Zu dem linearen Gleichungssystem $Ax = a$ mit $A = \begin{bmatrix} 2 & 1 & 0 \\ 1 & 4 & 1 \\ 0 & 1 & 2 \end{bmatrix}$ und $a = \begin{bmatrix} 2 \\ 8 \\ 2 \end{bmatrix}$ sei die

Näherungslösung $p = \begin{bmatrix} 0.5 \\ 1.2 \\ -0.7 \end{bmatrix}$ gegeben. Gesucht ist eine verbesserte Näherung $\bar{x}$ mit

$\|r\|_2 = \|A\bar{x} - a\|_2 < 0.005$ .

| Anmerkungen | Eingabe | Taste | Anzeige |
|---|---|---|---|
| Magnetkarte einlesen (Block 1, 2) | | | 2 |
| Programmbeginn | | A | 2 |
| Eingabe von:   k | 10 | R/S | 1 |
| $a_{11}$ | 2 | R/S | 2 |
| $a_{21}$ | 1 | R/S | 3 |
| $a_{31}$ | 0 | R/S | 4 |
| $a_{12}$ | 1 | R/S | 5 |
| $a_{22}$ | 4 | R/S | 6 |
| $a_{32}$ | 1 | R/S | 7 |
| $a_{13}$ | 0 | R/S | 8 |
| $a_{23}$ | 1 | R/S | 9 |
| $a_{33}$ | 2 | R/S | 10 |

| Anmerkungen | Eingabe | Taste | Anzeige |
|---|---|---|---|
| $a_1$ | 2 | R/S | 11 |
| $a_2$ | 8 | R/S | 12 |
| $a_3$ | 2 | R/S | 13 |
| $p_1$ | 0.5 | R/S | 14 |
| $p_2$ | 1.2 | R/S | 15 |
| $p_3$ | −0.7 | R/S | 16 |
| Ende der Koeffizienteneingabe | | B | 0 |
| Eingabe von: $\sigma$ | 0.005 | R/S | 0 |
| n | 3 | R/S | 0 |
| k | 10 | R/S | |
| Anzeige von: $\bar{x}_1$ | | | .0009332064 |
| $\bar{x}_2$ | | R/S | 1.998317586 |
| $\bar{x}_3$ | | R/S | .0009243247 |

Die exakte Lösung ist $\mathbf{x} = \begin{bmatrix} 0 \\ 2 \\ 0 \end{bmatrix}$.

| Programm 2.9 | Methode des stärksten Abstiegs |
|---|---|

| | | | | | | | | | | | |
|---|---|---|---|---|---|---|---|---|---|---|---|
| 000 | 76 | LBL | 026 | 25 | CLR | 052 | 33 | X² | 078 | 73 | RC* |
| 001 | 11 | A | 027 | 91 | R/S | 053 | 43 | RCL | 079 | 07 | 07 |
| 002 | 91 | R/S | 028 | 42 | STO | 054 | 00 | 00 | 080 | 94 | +/− |
| 003 | 42 | STO | 029 | 00 | 00 | 055 | 42 | STO | 081 | 72 | ST* |
| 004 | 02 | 02 | 030 | 42 | STO | 056 | 03 | 03 | 082 | 07 | 07 |
| 005 | 01 | 1 | 031 | 02 | 02 | 057 | 76 | LBL | 083 | 01 | 1 |
| 006 | 42 | STO | 032 | 25 | CLR | 058 | 34 | ΓX | 084 | 44 | SUM |
| 007 | 03 | 03 | 033 | 91 | R/S | 059 | 73 | RC* | 085 | 07 | 07 |
| 008 | 43 | RCL | 034 | 42 | STO | 060 | 06 | 06 | 086 | 43 | RCL |
| 009 | 03 | 03 | 035 | 01 | 01 | 061 | 65 | × | 087 | 00 | 00 |
| 010 | 91 | R/S | 036 | 42 | STO | 062 | 73 | RC* | 088 | 22 | INV |
| 011 | 72 | ST* | 037 | 06 | 06 | 063 | 08 | 08 | 089 | 44 | SUM |
| 012 | 02 | 02 | 038 | 85 | + | 064 | 95 | = | 090 | 08 | 08 |
| 013 | 01 | 1 | 039 | 43 | RCL | 065 | 22 | INV | 091 | 33 | X² |
| 014 | 44 | SUM | 040 | 00 | 00 | 066 | 74 | SM* | 092 | 75 | − |
| 015 | 02 | 02 | 041 | 33 | X² | 067 | 07 | 07 | 093 | 01 | 1 |
| 016 | 44 | SUM | 042 | 95 | = | 068 | 43 | RCL | 094 | 95 | = |
| 017 | 03 | 03 | 043 | 42 | STO | 069 | 00 | 00 | 095 | 22 | INV |
| 018 | 61 | GTO | 044 | 07 | 07 | 070 | 44 | SUM | 096 | 44 | SUM |
| 019 | 00 | 00 | 045 | 85 | + | 071 | 06 | 06 | 097 | 06 | 06 |
| 020 | 08 | 08 | 046 | 43 | RCL | 072 | 01 | 1 | 098 | 97 | DSZ |
| 021 | 76 | LBL | 047 | 00 | 00 | 073 | 44 | SUM | 099 | 02 | 02 |
| 022 | 12 | B | 048 | 95 | = | 074 | 08 | 08 | 100 | 33 | X² |
| 023 | 25 | CLR | 049 | 42 | STO | 075 | 97 | DSZ | 101 | 76 | LBL |
| 024 | 91 | R/S | 050 | 08 | 08 | 076 | 03 | 03 | 102 | 13 | C |
| 025 | 32 | X:T | 051 | 76 | LBL | 077 | 34 | ΓX | 103 | 43 | RCL |

| | | | | | | | | | | | |
|---|---|---|---|---|---|---|---|---|---|---|---|
| 104 | 00 | 00 | 163 | 95 | = | 222 | 42 | STO | 281 | 43 | RCL |
| 105 | 42 | STO | 164 | 22 | INV | 223 | 43 | RCL | 282 | 00 | 00 |
| 106 | 02 | 02 | 165 | 44 | SUM | 224 | 05 | 05 | 283 | 42 | STO |
| 107 | 43 | RCL | 166 | 06 | 06 | 225 | 22 | INV | 284 | 02 | 02 |
| 108 | 01 | 01 | 167 | 01 | 1 | 226 | 49 | PRD | 285 | 33 | X² |
| 109 | 42 | STO | 168 | 44 | SUM | 227 | 09 | 09 | 286 | 85 | + |
| 110 | 06 | 06 | 169 | 08 | 08 | 228 | 43 | RCL | 287 | 43 | RCL |
| 111 | 85 | + | 170 | 97 | DSZ | 229 | 00 | 00 | 288 | 01 | 01 |
| 112 | 43 | RCL | 171 | 02 | 02 | 230 | 42 | STO | 289 | 95 | = |
| 113 | 00 | 00 | 172 | 35 | 1/X | 231 | 02 | 02 | 290 | 42 | STO |
| 114 | 33 | X² | 173 | 43 | RCL | 232 | 43 | RCL | 291 | 03 | 03 |
| 115 | 95 | = | 174 | 01 | 01 | 233 | 01 | 01 | 292 | 00 | 0 |
| 116 | 42 | STO | 175 | 85 | + | 234 | 85 | + | 293 | 42 | STO |
| 117 | 07 | 07 | 176 | 43 | RCL | 235 | 43 | RCL | 294 | 05 | 05 |
| 118 | 85 | + | 177 | 00 | 00 | 236 | 00 | 00 | 295 | 76 | LBL |
| 119 | 02 | 2 | 178 | 33 | X² | 237 | 33 | X² | 296 | 45 | Yˣ |
| 120 | 65 | × | 179 | 95 | = | 238 | 95 | = | 297 | 73 | RC* |
| 121 | 43 | RCL | 180 | 42 | STO | 239 | 42 | STO | 298 | 03 | 03 |
| 122 | 00 | 00 | 181 | 06 | 06 | 240 | 07 | 07 | 299 | 33 | X² |
| 123 | 95 | = | 182 | 85 | + | 241 | 85 | + | 300 | 44 | SUM |
| 124 | 42 | STO | 183 | 02 | 2 | 242 | 43 | RCL | 301 | 05 | 05 |
| 125 | 08 | 08 | 184 | 65 | × | 243 | 00 | 00 | 302 | 01 | 1 |
| 126 | 76 | LBL | 185 | 43 | RCL | 244 | 95 | = | 303 | 44 | SUM |
| 127 | 35 | 1/X | 186 | 00 | 00 | 245 | 42 | STO | 304 | 03 | 03 |
| 128 | 43 | RCL | 187 | 95 | = | 246 | 06 | 06 | 305 | 97 | DSZ |
| 129 | 00 | 00 | 188 | 42 | STO | 247 | 85 | + | 306 | 02 | 02 |
| 130 | 42 | STO | 189 | 07 | 07 | 248 | 43 | RCL | 307 | 45 | Yˣ |
| 131 | 03 | 03 | 190 | 43 | RCL | 249 | 00 | 00 | 308 | 43 | RCL |
| 132 | 00 | 0 | 191 | 00 | 00 | 250 | 95 | = | 309 | 05 | 05 |
| 133 | 72 | ST* | 192 | 42 | STO | 251 | 42 | STO | 310 | 34 | √X |
| 134 | 08 | 08 | 193 | 02 | 02 | 252 | 08 | 08 | 311 | 77 | GE |
| 135 | 76 | LBL | 194 | 00 | 0 | 253 | 76 | LBL | 312 | 13 | C |
| 136 | 43 | RCL | 195 | 42 | STO | 254 | 44 | SUM | 313 | 43 | RCL |
| 137 | 73 | RC* | 196 | 09 | 09 | 255 | 73 | RC* | 314 | 00 | 00 |
| 138 | 06 | 06 | 197 | 42 | STO | 256 | 07 | 07 | 315 | 42 | STO |
| 139 | 65 | × | 198 | 05 | 05 | 257 | 65 | × | 316 | 02 | 02 |
| 140 | 73 | RC* | 199 | 76 | LBL | 258 | 43 | RCL | 317 | 33 | X² |
| 141 | 07 | 07 | 200 | 42 | STO | 259 | 09 | 09 | 318 | 85 | + |
| 142 | 95 | = | 201 | 73 | RC* | 260 | 95 | = | 319 | 43 | RCL |
| 143 | 74 | SM* | 202 | 06 | 06 | 261 | 74 | SM* | 320 | 01 | 01 |
| 144 | 08 | 08 | 203 | 33 | X² | 262 | 06 | 06 | 321 | 85 | + |
| 145 | 43 | RCL | 204 | 44 | SUM | 263 | 73 | RC* | 322 | 43 | RCL |
| 146 | 00 | 00 | 205 | 09 | 09 | 264 | 08 | 08 | 323 | 00 | 00 |
| 147 | 44 | SUM | 206 | 73 | RC* | 265 | 65 | × | 324 | 95 | = |
| 148 | 06 | 06 | 207 | 06 | 06 | 266 | 43 | RCL | 325 | 42 | STO |
| 149 | 01 | 1 | 208 | 65 | × | 267 | 09 | 09 | 326 | 03 | 03 |
| 150 | 44 | SUM | 209 | 73 | RC* | 268 | 95 | = | 327 | 76 | LBL |
| 151 | 07 | 07 | 210 | 07 | 07 | 269 | 74 | SM* | 328 | 52 | EE |
| 152 | 97 | DSZ | 211 | 95 | = | 270 | 07 | 07 | 329 | 73 | RC* |
| 153 | 03 | 03 | 212 | 22 | INV | 271 | 01 | 1 | 330 | 03 | 03 |
| 154 | 43 | RCL | 213 | 44 | SUM | 272 | 44 | SUM | 331 | 91 | R/S |
| 155 | 43 | RCL | 214 | 05 | 05 | 273 | 06 | 06 | 332 | 01 | 1 |
| 156 | 00 | 00 | 215 | 01 | 1 | 274 | 44 | SUM | 333 | 44 | SUM |
| 157 | 22 | INV | 216 | 44 | SUM | 275 | 07 | 07 | 334 | 03 | 03 |
| 158 | 44 | SUM | 217 | 06 | 06 | 276 | 44 | SUM | 335 | 97 | DSZ |
| 159 | 07 | 07 | 218 | 44 | SUM | 277 | 08 | 08 | 336 | 02 | 02 |
| 160 | 33 | X² | 219 | 07 | 07 | 278 | 97 | DSZ | 337 | 52 | EE |
| 161 | 75 | - | 220 | 97 | DSZ | 279 | 02 | 02 | 338 | 91 | R/S |
| 162 | 01 | 1 | 221 | 02 | 02 | 280 | 44 | SUM | | | |

## 2.10 Lineare Optimierung

Das Programm berechnet die Lösung eines linearen Programms in Normalform

$$y_1 \qquad\qquad \geq 0$$
$$y_2 = B\,y_1 + b \geq 0$$
$$z = c^T y_1 + c \to \max$$

nach dem Simplexverfahren. Dabei sind $y_1$ und $c$ m-Spalten, $y_2$ und $b$ n-Spalten und B ist eine n,m-Matrix. Das lineare Programm wird spaltenweise als eine Matrix L der folgenden Form eingegeben:

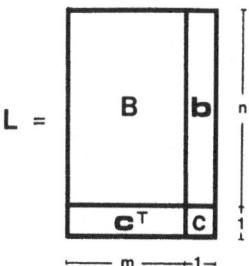

Das Programm wurde in drei Teile zerlegt. Es gestattet die Lösung solcher Optimierungsprobleme, deren Formate in der folgenden Tabelle mit „+" gekennzeichnet sind.

| m \ n | 2 | 3 | 4 | 5 | 6 | 7 | 8 | 9 |
|---|---|---|---|---|---|---|---|---|
| 2 | + | + | + | + | + | + | + | + |
| 3 | + | + | + | + | + | + |   |   |
| 4 | + | + | + | + | + |   |   |   |
| 5 | + | + | + | + |   |   |   |   |
| 6 | + | + | + |   |   |   |   |   |
| 7 | + | + |   |   |   |   |   |   |
| 8 | + |   |   |   |   |   |   |   |
| 9 | + |   |   |   |   |   |   |   |

## Programminstruktionen

| | Verfahren | Eingabe | Taste | Anzeige |
|---|---|---|---|---|
| 1 | „Teil 1" einlesen (Block 1) | | | 1 |
| 2 | Programmbeginn „Teil 1" | | A | 1 |
| 3 | Eingabe von n und m | n | R/S | n |
| | | m | R/S | m |
| 4 | Eingabe der Nummer des ersten zu belegenden Speicherplatzes $k \geq 13$ | k | R/S | 1 |
| 5 | Eingabe der Matrix $L = \left[\begin{array}{c\|c} B & b \\ \hline c^T & c \end{array}\right]$ spaltenweise | $b_{11}$ | R/S | 2 |
| | | $\vdots$ | $\vdots$ | $\vdots$ |
| | | $b_{n1}$ | R/S | n+1 |
| | | $c_1$ | R/S | n+2 |
| | | $b_{12}$ | R/S | n+3 |
| | | $\vdots$ | $\vdots$ | $\vdots$ |
| | | $b_{nm}$ | R/S | m(n+1) |
| | | $c_m$ | R/S | m(n+1)+1 |
| | | $b_1$ | R/S | m(n+1)+2 |
| | | $\vdots$ | $\vdots$ | $\vdots$ |
| | | $b_n$ | R/S | (m+1) (n+1) |
| | | c | R/S | 0 |
| 6 | „Teil 2" einlesen (Block 1, 2) | | | 2 |
| 7 | Programmbeginn „Teil 2" | | B | 0 |
| 8 | „Teil 3" einlesen (Block 1) | | | 1 |
| 9 | Ausgabe der primalen Lösung $y_1$ | | C | |
| 10 | Ergebnisanzeige | | | $z_{max}$ |
| | | | R/S | $y_1$ |
| | | | $\vdots$ | $\vdots$ |
| | | | R/S | $y_m$ |

## Registerinhalte

$R_{00}, \ldots, R_{12}$: Programmzeiger

$R_k, \ldots, R_{k+m+n-1}$: Zeilen- und Spaltenindizes

$R_{k+m+n}, \ldots, R_{k+2m+2n+mn}$: Koeffizienten von $L = \left[\begin{array}{c\|c} B & b \\ \hline c^T & c \end{array}\right]$

## Bemerkungen

1. Ist man nicht an der Lösung des primalen, sondern des dualen linearen Programms

$$v_2 \leq 0$$
$$v_1 = -B^T v_2 + c \leq 0$$
$$w = -b^T v_2 + c \to \min$$

interessiert, so wird Schritt 9 der Programminstruktionen ersetzt durch Schritt 9a

| 9a | Ausgabe der dualen Lösung $v_2$ | | D | |

Auch in diesem Fall wird die Matrix $L = \left[\begin{array}{c|c} B & b \\ \hline c^T & c \end{array}\right]$ eingegeben.

2. Existiert keine optimale Lösung, weil die Menge der zulässigen Lösungen unbeschränkt ist, hält das Programm und der Rechner zeigt dies durch eine blinkende Anzeige an.

## Beispiel

Gegeben ist das lineare Optimierungsproblem

$$y_1 \geq 0, \quad y_2 \geq 0$$
$$y_1 + y_2 \leq 10$$
$$3y_1 + 2y_2 \leq 24$$
$$y_1 \leq 6$$
$$2y_1 + y_2 \to \max$$

Die Normalform lautet

$$\begin{bmatrix} y_1 \\ y_2 \end{bmatrix} \geq 0, \quad \begin{bmatrix} -1 & -1 \\ -3 & -2 \\ -1 & 0 \end{bmatrix} \begin{bmatrix} y_1 \\ y_2 \end{bmatrix} + \begin{bmatrix} 10 \\ 24 \\ 6 \end{bmatrix} \geq 0, \quad z = 2y_1 + y_2 + 0 \to \max ;$$

also $L = \left[\begin{array}{cc|c} -1 & -1 & 10 \\ -3 & -2 & 24 \\ -1 & 0 & 6 \\ \hline 2 & 1 & 0 \end{array}\right]$ .

| Anmerkungen | Eingabe | Taste | Anzeige |
|---|---|---|---|
| „Teil 1" einlesen (Block 1) | | | 1 |
| Programmbeginn „Teil 1" | | A | 1 |
| Eingabe von:  n | 3 | R/S | 3 |
| m | 2 | R/S | 2 |
| k | 13 | R/S | |
| | | | 1 |

| Anmerkungen | Eingabe | Taste | Anzeige |
|---|---|---|---|
| $b_{11}$ | −1 | R/S | 2 |
| $b_{21}$ | −3 | R/S | 3 |
| $b_{31}$ | −1 | R/S | 4 |
| $c_1$ | 2 | R/S | 5 |
| $b_{12}$ | −1 | R/S | 6 |
| $b_{22}$ | −2 | R/S | 7 |
| $b_{32}$ | 0 | R/S | 8 |
| $c_2$ | 1 | R/S | 9 |
| $b_1$ | 10 | R/S | 10 |
| $b_2$ | 24 | R/S | 11 |
| $b_3$ | 6 | R/S | 12 |
| c | 0 | R/S | 0 |
| „Teil 2" einlesen (Block 1, 2) | | | 2 |
| Programmbeginn „Teil 2" | | B | |
| | | | 0 |
| „Teil 3" einlesen (Block 1) | | | 1 |
| Ausgabe der primalen Lösung | | C | |
| Anzeige von: $z_{max}$ | | | 15 |
| $y_1$ | | R/S | 6 |
| $y_2$ | | R/S | 3 |

| Programm 2.10 | Lineare Optimierung |
|---|---|

| Teil 1 | |
|---|---|

```
000  76 LBL      022  43 RCL      044  01  1      066  85  +
001  11  A       023  06  06      045  44 SUM      067  01  1
002  91 R/S      024  72 ST*      046  05  05      068  54  )
003  42 STO      025  05  05      047  44 SUM      069  95  =
004  00  00      026  01  1       048  06  06      070  42 STO
005  42 STO      027  44 SUM      049  97 DSZ      071  04  04
006  03  03      028  05  05      050  03  03      072  76 LBL
007  91 R/S      029  44 SUM      051  23 LNX      073  24 CE
008  42 STO      030  06  06      052  01  1       074  43 RCL
009  01  01      031  97 DSZ      053  42 STO      075  03  03
010  42 STO      032  04  04      054  03  03      076  91 R/S
011  04  04      033  22 INV      055  00  0       077  72 ST*
012  91 R/S      034  01  1       056  53  (       078  05  05
013  42 STO      035  42 STO      057  43 RCL      079  01  1
014  02  02      036  06  06      058  00  00      080  44 SUM
015  42 STO      037  76 LBL      059  85  +       081  03  03
016  05  05      038  23 LNX      060  01  1       082  44 SUM
017  01  1       039  43 RCL      061  54  )       083  05  05
018  42 STO      040  06  06      062  65  ×       084  97 DSZ
019  06  06      041  94 +/-      063  53  (       085  04  04
020  76 LBL      042  72 ST*      064  43 RCL      086  24 CE
021  22 INV      043  05  05      065  01  01      087  25 CLR
                                                   088  91 R/S
```

## Teil 2

| | | | | | | | | | | |
|---|---|---|---|---|---|---|---|---|---|---|
| 000 | 76 | LBL | 058 | 65 | × | 116 | 87 | IFF | 174 | 05 | 05 |
| 001 | 12 | B | 059 | 43 | RCL | 117 | 06 | 06 | 175 | 95 | = |
| 002 | 43 | RCL | 060 | 01 | 01 | 118 | 42 | STO | 176 | 42 | STO |
| 003 | 01 | 01 | 061 | 95 | = | 119 | 42 | STO | 177 | 03 | 03 |
| 004 | 42 | STO | 062 | 42 | STO | 120 | 08 | 08 | 178 | 75 | - |
| 005 | 04 | 04 | 063 | 03 | 03 | 121 | 22 | INV | 179 | 43 | RCL |
| 006 | 85 | + | 064 | 43 | RCL | 122 | 86 | STF | 180 | 05 | 05 |
| 007 | 02 | 2 | 065 | 02 | 02 | 123 | 06 | 06 | 181 | 85 | + |
| 008 | 65 | × | 066 | 85 | + | 124 | 43 | RCL | 182 | 43 | RCL |
| 009 | 43 | RCL | 067 | 43 | RCL | 125 | 09 | 09 | 183 | 01 | 01 |
| 010 | 00 | 00 | 068 | 01 | 01 | 126 | 42 | STO | 184 | 85 | + |
| 011 | 85 | + | 069 | 85 | + | 127 | 06 | 06 | 185 | 43 | RCL |
| 012 | 43 | RCL | 070 | 43 | RCL | 128 | 61 | GTO | 186 | 06 | 06 |
| 013 | 02 | 02 | 071 | 00 | 00 | 129 | 35 | 1/X | 187 | 95 | = |
| 014 | 95 | = | 072 | 65 | × | 130 | 76 | LBL | 188 | 42 | STO |
| 015 | 42 | STO | 073 | 43 | RCL | 131 | 42 | STO | 189 | 04 | 04 |
| 016 | 03 | 03 | 074 | 05 | 05 | 132 | 43 | RCL | 190 | 73 | RC* |
| 017 | 29 | CP | 075 | 85 | + | 133 | 10 | 10 | 191 | 03 | 03 |
| 018 | 01 | 1 | 076 | 43 | RCL | 134 | 75 | - | 192 | 63 | EX* |
| 019 | 42 | STO | 077 | 05 | 05 | 135 | 43 | RCL | 193 | 04 | 04 |
| 020 | 05 | 05 | 078 | 75 | - | 136 | 08 | 08 | 194 | 63 | EX* |
| 021 | 76 | LBL | 079 | 01 | 1 | 137 | 95 | = | 195 | 03 | 03 |
| 022 | 25 | CLR | 080 | 95 | = | 138 | 77 | GE | 196 | 43 | RCL |
| 023 | 73 | RC* | 081 | 42 | STO | 139 | 35 | 1/X | 197 | 00 | 00 |
| 024 | 03 | 03 | 082 | 04 | 04 | 140 | 43 | RCL | 198 | 85 | + |
| 025 | 94 | +/- | 083 | 01 | 1 | 141 | 10 | 10 | 199 | 01 | 1 |
| 026 | 22 | INV | 084 | 42 | STO | 142 | 42 | STO | 200 | 95 | = |
| 027 | 77 | GE | 085 | 09 | 09 | 143 | 08 | 08 | 201 | 42 | STO |
| 028 | 32 | X:T | 086 | 43 | RCL | 144 | 43 | RCL | 202 | 03 | 03 |
| 029 | 01 | 1 | 087 | 00 | 00 | 145 | 09 | 09 | 203 | 43 | RCL |
| 030 | 44 | SUM | 088 | 42 | STO | 146 | 42 | STO | 204 | 02 | 02 |
| 031 | 05 | 05 | 089 | 07 | 07 | 147 | 06 | 06 | 205 | 85 | + |
| 032 | 85 | + | 090 | 00 | 0 | 148 | 76 | LBL | 206 | 43 | RCL |
| 033 | 43 | RCL | 091 | 42 | STO | 149 | 35 | 1/X | 207 | 01 | 01 |
| 034 | 00 | 00 | 092 | 08 | 08 | 150 | 01 | 1 | 208 | 85 | + |
| 035 | 95 | = | 093 | 86 | STF | 151 | 44 | SUM | 209 | 43 | RCL |
| 036 | 44 | SUM | 094 | 06 | 06 | 152 | 03 | 03 | 210 | 05 | 05 |
| 037 | 03 | 03 | 095 | 76 | LBL | 153 | 44 | SUM | 211 | 65 | × |
| 038 | 97 | DSZ | 096 | 33 | X² | 154 | 04 | 04 | 212 | 43 | RCL |
| 039 | 04 | 04 | 097 | 73 | RC* | 155 | 44 | SUM | 213 | 00 | 00 |
| 040 | 25 | CLR | 098 | 04 | 04 | 156 | 09 | 09 | 214 | 85 | + |
| 041 | 25 | CLR | 099 | 22 | INV | 157 | 97 | DSZ | 215 | 43 | RCL |
| 042 | 91 | R/S | 100 | 77 | GE | 158 | 07 | 07 | 216 | 05 | 05 |
| 043 | 76 | LBL | 101 | 34 | ГX | 159 | 33 | X² | 217 | 75 | - |
| 044 | 32 | X:T | 102 | 61 | GTO | 160 | 22 | INV | 218 | 01 | 1 |
| 045 | 43 | RCL | 103 | 35 | 1/X | 161 | 87 | IFF | 219 | 95 | = |
| 046 | 02 | 02 | 104 | 76 | LBL | 162 | 06 | 06 | 220 | 42 | STO |
| 047 | 85 | + | 105 | 34 | ГX | 163 | 43 | RCL | 221 | 09 | 09 |
| 048 | 43 | RCL | 106 | 73 | RC* | 164 | 61 | GTO | 222 | 85 | + |
| 049 | 00 | 00 | 107 | 03 | 03 | 165 | 16 | A' | 223 | 43 | RCL |
| 050 | 85 | + | 108 | 55 | ÷ | 166 | 76 | LBL | 224 | 06 | 06 |
| 051 | 43 | RCL | 109 | 73 | RC* | 167 | 43 | RCL | 225 | 75 | - |
| 052 | 00 | 00 | 110 | 04 | 04 | 168 | 43 | RCL | 226 | 01 | 1 |
| 053 | 65 | × | 111 | 95 | = | 169 | 02 | 02 | 227 | 95 | = |
| 054 | 43 | RCL | 112 | 94 | +/- | 170 | 75 | - | 228 | 42 | STO |
| 055 | 01 | 01 | 113 | 42 | STO | 171 | 01 | 1 | 229 | 07 | 07 |
| 056 | 85 | + | 114 | 10 | 10 | 172 | 85 | + | 230 | 73 | RC* |
| 057 | 02 | 2 | 115 | 22 | INV | 173 | 43 | RCL | 231 | 07 | 07 |

| | | |
|---|---|---|
| 232 | 42 | STO |
| 233 | 07 | 07 |
| 234 | 01 | 1 |
| 235 | 75 | - |
| 236 | 43 | RCL |
| 237 | 06 | 06 |
| 238 | 95 | = |
| 239 | 42 | STO |
| 240 | 11 | 11 |
| 241 | 76 | LBL |
| 242 | 44 | SUM |
| 243 | 43 | RCL |
| 244 | 11 | 11 |
| 245 | 67 | EQ |
| 246 | 45 | Y× |
| 247 | 43 | RCL |
| 248 | 01 | 01 |
| 249 | 85 | + |
| 250 | 01 | 1 |
| 251 | 95 | = |
| 252 | 42 | STO |
| 253 | 04 | 04 |
| 254 | 75 | - |
| 255 | 02 | 2 |
| 256 | 85 | + |
| 257 | 43 | RCL |
| 258 | 02 | 02 |
| 259 | 85 | + |
| 260 | 43 | RCL |
| 261 | 00 | 00 |
| 262 | 85 | + |
| 263 | 43 | RCL |
| 264 | 06 | 06 |
| 265 | 95 | = |
| 266 | 42 | STO |
| 267 | 10 | 10 |
| 268 | 43 | RCL |
| 269 | 02 | 02 |
| 270 | 85 | + |
| 271 | 43 | RCL |
| 272 | 01 | 01 |
| 273 | 85 | + |
| 274 | 02 | 2 |
| 275 | 65 | × |
| 276 | 43 | RCL |
| 277 | 00 | 00 |
| 278 | 75 | - |
| 279 | 43 | RCL |
| 280 | 03 | 03 |
| 281 | 85 | + |
| 282 | 01 | 1 |
| 283 | 95 | = |
| 284 | 42 | STO |
| 285 | 08 | 08 |
| 286 | 01 | 1 |
| 287 | 75 | - |
| 288 | 43 | RCL |
| 289 | 05 | 05 |
| 290 | 95 | = |
| 291 | 42 | STO |
| 292 | 12 | 12 |

| | | |
|---|---|---|
| 293 | 76 | LBL |
| 294 | 52 | EE |
| 295 | 43 | RCL |
| 296 | 12 | 12 |
| 297 | 67 | EQ |
| 298 | 53 | ( |
| 299 | 73 | RC* |
| 300 | 09 | 09 |
| 301 | 65 | × |
| 302 | 73 | RC* |
| 303 | 10 | 10 |
| 304 | 55 | ÷ |
| 305 | 43 | RCL |
| 306 | 07 | 07 |
| 307 | 95 | = |
| 308 | 22 | INV |
| 309 | 74 | SM* |
| 310 | 08 | 08 |
| 311 | 76 | LBL |
| 312 | 53 | ( |
| 313 | 43 | RCL |
| 314 | 00 | 00 |
| 315 | 85 | + |
| 316 | 01 | 1 |
| 317 | 95 | = |
| 318 | 44 | SUM |
| 319 | 08 | 08 |
| 320 | 44 | SUM |
| 321 | 10 | 10 |
| 322 | 01 | 1 |
| 323 | 44 | SUM |
| 324 | 12 | 12 |
| 325 | 97 | DSZ |
| 326 | 04 | 04 |
| 327 | 52 | EE |
| 328 | 76 | LBL |
| 329 | 45 | Y× |
| 330 | 01 | 1 |
| 331 | 44 | SUM |
| 332 | 11 | 11 |
| 333 | 44 | SUM |
| 334 | 09 | 09 |
| 335 | 97 | DSZ |
| 336 | 03 | 03 |
| 337 | 44 | SUM |
| 338 | 43 | RCL |
| 339 | 01 | 01 |
| 340 | 85 | + |
| 341 | 01 | 1 |
| 342 | 95 | = |
| 343 | 42 | STO |
| 344 | 03 | 03 |
| 345 | 43 | RCL |
| 346 | 02 | 02 |
| 347 | 85 | + |
| 348 | 43 | RCL |
| 349 | 01 | 01 |
| 350 | 85 | + |
| 351 | 43 | RCL |
| 352 | 00 | 00 |
| 353 | 85 | + |

| | | |
|---|---|---|
| 354 | 43 | RCL |
| 355 | 06 | 06 |
| 356 | 75 | - |
| 357 | 01 | 1 |
| 358 | 95 | = |
| 359 | 42 | STO |
| 360 | 10 | 10 |
| 361 | 01 | 1 |
| 362 | 75 | - |
| 363 | 43 | RCL |
| 364 | 05 | 05 |
| 365 | 95 | = |
| 366 | 42 | STO |
| 367 | 09 | 09 |
| 368 | 76 | LBL |
| 369 | 54 | ) |
| 370 | 43 | RCL |
| 371 | 09 | 09 |
| 372 | 67 | EQ |
| 373 | 55 | ÷ |
| 374 | 43 | RCL |
| 375 | 07 | 07 |
| 376 | 94 | +/- |
| 377 | 22 | INV |
| 378 | 64 | PD* |
| 379 | 10 | 10 |
| 380 | 76 | LBL |
| 381 | 55 | ÷ |
| 382 | 01 | 1 |
| 383 | 44 | SUM |
| 384 | 09 | 09 |
| 385 | 85 | + |
| 386 | 43 | RCL |
| 387 | 00 | 00 |
| 388 | 95 | = |
| 389 | 44 | SUM |
| 390 | 10 | 10 |
| 391 | 97 | DSZ |
| 392 | 03 | 03 |
| 393 | 54 | ) |
| 394 | 43 | RCL |
| 395 | 00 | 00 |
| 396 | 85 | + |
| 397 | 01 | 1 |
| 398 | 95 | = |
| 399 | 42 | STO |
| 400 | 03 | 03 |
| 401 | 43 | RCL |
| 402 | 02 | 02 |
| 403 | 85 | + |
| 404 | 43 | RCL |
| 405 | 01 | 01 |
| 406 | 85 | + |
| 407 | 43 | RCL |
| 408 | 00 | 00 |
| 409 | 65 | × |
| 410 | 43 | RCL |
| 411 | 05 | 05 |
| 412 | 85 | + |
| 413 | 43 | RCL |
| 414 | 05 | 05 |

| | | |
|---|---|---|
| 415 | 75 | - |
| 416 | 01 | 1 |
| 417 | 95 | = |
| 418 | 42 | STO |
| 419 | 09 | 09 |
| 420 | 01 | 1 |
| 421 | 75 | - |
| 422 | 43 | RCL |
| 423 | 06 | 06 |
| 424 | 95 | = |
| 425 | 42 | STO |
| 426 | 10 | 10 |
| 427 | 76 | LBL |
| 428 | 61 | GTO |
| 429 | 43 | RCL |
| 430 | 10 | 10 |
| 431 | 67 | EQ |
| 432 | 65 | × |
| 433 | 43 | RCL |
| 434 | 07 | 07 |
| 435 | 22 | INV |
| 436 | 64 | PD* |
| 437 | 09 | 09 |
| 438 | 76 | LBL |
| 439 | 65 | × |
| 440 | 01 | 1 |
| 441 | 44 | SUM |
| 442 | 09 | 09 |
| 443 | 44 | SUM |
| 444 | 10 | 10 |
| 445 | 97 | DSZ |
| 446 | 03 | 03 |
| 447 | 61 | GTO |
| 448 | 43 | RCL |
| 449 | 02 | 02 |
| 450 | 85 | + |
| 451 | 43 | RCL |
| 452 | 01 | 01 |
| 453 | 85 | + |
| 454 | 43 | RCL |
| 455 | 00 | 00 |
| 456 | 65 | × |
| 457 | 43 | RCL |
| 458 | 05 | 05 |
| 459 | 85 | + |
| 460 | 43 | RCL |
| 461 | 05 | 05 |
| 462 | 75 | - |
| 463 | 02 | 2 |
| 464 | 85 | + |
| 465 | 43 | RCL |
| 466 | 06 | 06 |
| 467 | 95 | = |
| 468 | 42 | STO |
| 469 | 08 | 08 |
| 470 | 43 | RCL |
| 471 | 07 | 07 |
| 472 | 35 | 1/X |
| 473 | 72 | ST* |
| 474 | 08 | 08 |
| 475 | 12 | B |
| 476 | 25 | CLR |

## Teil 3

| | | | | | | | | | | | |
|---|---|---|---|---|---|---|---|---|---|---|---|
| 000 | 76 | LBL | 052 | 43 | RCL | 104 | 65 | × | 156 | 78 | Σ+ |
| 001 | 13 | C | 053 | 04 | 04 | 105 | 53 | ( | 157 | 00 | 0 |
| 002 | 43 | RCL | 054 | 95 | = | 106 | 43 | RCL | 158 | 91 | R/S |
| 003 | 02 | 02 | 055 | 67 | EQ | 107 | 01 | 01 | 159 | 61 | GTO |
| 004 | 85 | + | 056 | 81 | RST | 108 | 85 | + | 160 | 70 | RAD |
| 005 | 02 | 2 | 057 | 01 | 1 | 109 | 43 | RCL | 161 | 76 | LBL |
| 006 | 65 | × | 058 | 44 | SUM | 110 | 00 | 00 | 162 | 79 | x̄ |
| 007 | 53 | ( | 059 | 05 | 05 | 111 | 54 | ) | 163 | 43 | RCL |
| 008 | 43 | RCL | 060 | 97 | DSZ | 112 | 85 | + | 164 | 02 | 02 |
| 009 | 01 | 01 | 061 | 06 | 06 | 113 | 43 | RCL | 165 | 85 | + |
| 010 | 85 | + | 062 | 75 | - | 114 | 00 | 00 | 166 | 53 | ( |
| 011 | 43 | RCL | 063 | 00 | 0 | 115 | 65 | × | 167 | 01 | 1 |
| 012 | 00 | 00 | 064 | 91 | R/S | 116 | 43 | RCL | 168 | 85 | + |
| 013 | 54 | ) | 065 | 61 | GTO | 117 | 01 | 01 | 169 | 43 | RCL |
| 014 | 85 | + | 066 | 85 | + | 118 | 95 | = | 170 | 05 | 05 |
| 015 | 43 | RCL | 067 | 76 | LBL | 119 | 42 | STO | 171 | 75 | - |
| 016 | 00 | 00 | 068 | 81 | RST | 120 | 07 | 07 | 172 | 43 | RCL |
| 017 | 65 | × | 069 | 43 | RCL | 121 | 73 | RC* | 173 | 02 | 02 |
| 018 | 43 | RCL | 070 | 05 | 05 | 122 | 07 | 07 | 174 | 54 | ) |
| 019 | 01 | 01 | 071 | 85 | + | 123 | 91 | R/S | 175 | 65 | × |
| 020 | 95 | = | 072 | 43 | RCL | 124 | 43 | RCL | 176 | 53 | ( |
| 021 | 42 | STO | 073 | 00 | 00 | 125 | 00 | 00 | 177 | 43 | RCL |
| 022 | 07 | 07 | 074 | 85 | + | 126 | 42 | STO | 178 | 00 | 00 |
| 023 | 73 | RC* | 075 | 43 | RCL | 127 | 03 | 03 | 179 | 85 | + |
| 024 | 07 | 07 | 076 | 01 | 01 | 128 | 01 | 1 | 180 | 01 | 1 |
| 025 | 91 | R/S | 077 | 65 | × | 129 | 42 | STO | 181 | 54 | ) |
| 026 | 43 | RCL | 078 | 43 | RCL | 130 | 04 | 04 | 182 | 85 | + |
| 027 | 01 | 01 | 079 | 00 | 00 | 131 | 76 | LBL | 183 | 43 | RCL |
| 028 | 42 | STO | 080 | 85 | + | 132 | 77 | GE | 184 | 00 | 00 |
| 029 | 03 | 03 | 081 | 43 | RCL | 133 | 43 | RCL | 185 | 85 | + |
| 030 | 01 | 1 | 082 | 01 | 01 | 134 | 02 | 02 | 186 | 43 | RCL |
| 031 | 42 | STO | 083 | 95 | = | 135 | 42 | STO | 187 | 01 | 01 |
| 032 | 04 | 04 | 084 | 42 | STO | 136 | 05 | 05 | 188 | 75 | - |
| 033 | 76 | LBL | 085 | 07 | 07 | 137 | 43 | RCL | 189 | 01 | 1 |
| 034 | 71 | SBR | 086 | 73 | RC* | 138 | 01 | 01 | 190 | 95 | = |
| 035 | 43 | RCL | 087 | 07 | 07 | 139 | 42 | STO | 191 | 42 | STO |
| 036 | 02 | 02 | 088 | 91 | R/S | 140 | 06 | 06 | 192 | 07 | 07 |
| 037 | 85 | + | 089 | 76 | LBL | 141 | 76 | LBL | 193 | 73 | RC* |
| 038 | 43 | RCL | 090 | 85 | + | 142 | 78 | Σ+ | 194 | 07 | 07 |
| 039 | 01 | 01 | 091 | 01 | 1 | 143 | 73 | RC* | 195 | 94 | +/- |
| 040 | 95 | = | 092 | 44 | SUM | 144 | 05 | 05 | 196 | 91 | R/S |
| 041 | 42 | STO | 093 | 04 | 04 | 145 | 85 | + | 197 | 76 | LBL |
| 042 | 05 | 05 | 094 | 97 | DSZ | 146 | 43 | RCL | 198 | 70 | RAD |
| 043 | 43 | RCL | 095 | 03 | 03 | 147 | 04 | 04 | 199 | 01 | 1 |
| 044 | 00 | 00 | 096 | 71 | SBR | 148 | 95 | = | 200 | 44 | SUM |
| 045 | 42 | STO | 097 | 91 | R/S | 149 | 67 | EQ | 201 | 04 | 04 |
| 046 | 06 | 06 | 098 | 76 | LBL | 150 | 79 | x̄ | 202 | 97 | DSZ |
| 047 | 76 | LBL | 099 | 14 | D | 151 | 01 | 1 | 203 | 03 | 03 |
| 048 | 73 | RC* | 100 | 43 | RCL | 152 | 44 | SUM | 204 | 77 | GE |
| 049 | 05 | 05 | 101 | 02 | 02 | 153 | 05 | 05 | 205 | 91 | R/S |
| 050 | 75 | - | 102 | 85 | + | 154 | 97 | DSZ | | | |
| 051 | 75 | - | 103 | 02 | 2 | 155 | 06 | 06 | | | |

# 3 Iteration

## 3.1 Vektoriteration nach von Mises

Verfügt man über einen geeigneten Startvektor $y_0$ und besitzt die n,n-Matrix A einen betrags-größten Eigenwert $\lambda_1$, so konvergiert die Iterationsfolge

$$y_i = A \cdot y_{i-1} \cdot \frac{1}{\|y_{i-1}\|_\infty}; \quad i = 1, 2, \ldots$$

gegen den Eigenvektor $x_1$ von A und die Folge

$$\frac{y_i^T y_i}{y_i^T y_{i-1}}; \quad i = 1, 2, \ldots$$

gegen den Eigenwert $\lambda_1$. Das Programm bricht ab, wenn

$$\|y_i - y_{i-1} \cdot \|y_i\|_\infty\|_\infty < \epsilon$$

ist ($\epsilon > 0$ Toleranz) oder die vorzugebende Maximalzahl N von Iterationen durchgeführt worden ist. Es bearbeitet Matrizen bis zur Ordnung $n = 6$.

### Programminstruktionen

| | Verfahren | Eingabe | Taste | Anzeige |
|---|---|---|---|---|
| 1 | Magnetkarte einlesen (Block 1, 2) | | | 2 |
| 2 | Programmbeginn | | A | 2 |
| 3 | Eingabe der Nummer des ersten zu belegenden Speicherplatzes $k \geq 11$ | k | R/S | 1 |
| 4 | Eingabe der Matrix $[A, y_0]$ spaltenweise | $a_{11}$ | R/S | 2 |
| | | $a_{21}$ | R/S | 3 |
| | | $\vdots$ | $\vdots$ | $\vdots$ |
| | | $a_{nn}$ | R/S | $n^2+1$ |
| | | $y_1^{(0)}$ | R/S | $n^2+2$ |
| | | $\vdots$ | $\vdots$ | $\vdots$ |
| | | $y_n^{(0)}$ | R/S | $n^2+n+1$ |

| | Verfahren | Eingabe | Taste | Anzeige |
|---|---|---|---|---|
| 5 | Ende der Koeffizienteneingabe | | B | 0 |
| 6 | Eingabe von n, k, $\epsilon$, N | n | R/S | 0 |
| | | k | R/S | 0 |
| | | $\epsilon$ | R/S | 0 |
| | | N | R/S | |
| 7 | Anzeige von $\lambda_1$ und $x_1$ | | | $\lambda_1$ |
| | | | R/S | $x_1$ |
| | | | $\vdots$ | $\vdots$ |
| | | | R/S | $x_n$ |

## Registerinhalte

$R_{00}, \ldots, R_{10}$: Programmzeiger

$R_k, \ldots, R_{k+n^2-1}$: $a_{11}, \ldots, a_{nn}$

$R_{k+n^2}, \ldots, R_{k+n^2+n-1}$: $y_1^{(i)}, \ldots, y_n^{(i)}$

$R_{k+n^2+n}, \ldots, R_{k+n^2+2n-1}$: $y_1^{(i-1)}, \ldots, y_n^{(i-1)}$

## Beispiel

Mit höchstens N = 5 Iterationsschritten, der Toleranz $\epsilon$ = 0.1 und dem Startvektor
$y_0 = [1, 0, 0]^T$ soll der betragsgrößte Eigenwert $\lambda_1$ und der zugehörige Eigenvektor $x_1$
der Matrix

$$A = \begin{bmatrix} 3 & 2 & -1 \\ 2 & 6 & -2 \\ 0 & 0 & 2 \end{bmatrix}$$

näherungsweise bestimmt werden.

| Anmerkungen | Eingabe | Taste | Anzeige |
|---|---|---|---|
| Magnetkarte einlesen (Block 1, 2) | | | 2 |
| Programmbeginn | | A | 2 |
| Eingabe von: k | 11 | R/S | 1 |
| $a_{11}$ | 3 | R/S | 2 |
| $a_{21}$ | 2 | R/S | 3 |
| $a_{31}$ | 0 | R/S | 4 |
| $a_{12}$ | 2 | R/S | 5 |

| Anmerkungen | Eingabe | Taste | Anzeige |
|---|---|---|---|
| $a_{22}$ | 6 | R/S | 6 |
| $a_{32}$ | 0 | R/S | 7 |
| $a_{13}$ | −1 | R/S | 8 |
| $a_{23}$ | −2 | R/S | 9 |
| $a_{33}$ | 2 | R/S | 10 |
| $y_1^{(0)}$ | 1 | R/S | 11 |
| $y_2^{(0)}$ | 0 | R/S | 12 |
| $y_3^{(0)}$ | 0 | R/S | 13 |
| Ende der Koeffizienteneingabe | | B | 0 |
| Eingabe von: n | 3 | R/S | 0 |
| k | 11 | R/S | 0 |
| $\epsilon$ | 0.1 | R/S | 0 |
| N | 5 | R/S | |
| Anzeige von: $\lambda_1$ | | | 6.999746256 |
| $x_1$ | | R/S | 5047690015 |
| $x_2$ | | R/S | 1 |
| $x_3$ | | R/S | 0 |

Die exakte Lösung ist $\lambda_1 = 7$ und $x_1 = \begin{bmatrix} 0.5 \\ 1 \\ 0 \end{bmatrix}$.

| Programm 3.1 | Vektoriteration nach von Mises |
|---|---|

```
000  76 LBL     019  00   00     038  42 STO     057  73 RC*
001  11  A      020  08   08     039  06   06     058  02   02
002  91 R/S     021  76 LBL      040  25 CLR     059  42 STO
003  42 STO     022  12  B       041  91 R/S     060  10   10
004  00   00    023  25 CLR      042  42 STO     061  76 LBL
005  01   1     024  91 R/S      043  05   05     062  22 INV
006  42 STO     025  42 STO      044  43 RCL     063  01   1
007  01   01    026  00   00     045  00   00     064  44 SUM
008  43 RCL     027  75   -      046  33 X²      065  02   02
009  01   01    028  01   1      047  85   +      066  73 RC*
010  91 R/S     029  95   =      048  43 RCL     067  02   02
011  72 ST*     030  42 STO      049  01   01     068  50 IxI
012  00   00    031  09   09     050  95   =      069  22 INV
013  01   1     032  25 CLR      051  42 STO     070  77  GE
014  44 SUM     033  91 R/S      052  02   02     071  23 LNX
015  00   00    034  42 STO      053  73 RC*     072  67  EQ
016  44 SUM     035  01   01     054  02   02     073  23 LNX
017  01   01    036  25 CLR      055  50 IxI     074  32 X:T
018  61 GTO     037  91 R/S      056  32 X:T     075  73 RC*
```

| | | | | | | | | | | |
|---|---|---|---|---|---|---|---|---|---|---|---|
| 076 | 02 | 02 | 138 | 95 | = | 200 | 75 | − | 262 | 73 | RC* |
| 077 | 42 | STO | 139 | 42 | STO | 201 | 01 | 1 | 263 | 03 | 03 |
| 078 | 10 | 10 | 140 | 03 | 03 | 202 | 95 | = | 264 | 65 | × |
| 079 | 76 | LBL | 141 | 43 | RCL | 203 | 42 | STO | 265 | 43 | RCL |
| 080 | 23 | LNX | 142 | 00 | 00 | 204 | 09 | 09 | 266 | 10 | 10 |
| 081 | 97 | DSZ | 143 | 42 | STO | 205 | 73 | RC* | 267 | 54 | ) |
| 082 | 09 | 09 | 144 | 08 | 08 | 206 | 02 | 02 | 268 | 50 | I×I |
| 083 | 22 | INV | 145 | 76 | LBL | 207 | 50 | I×I | 269 | 77 | GE |
| 084 | 76 | LBL | 146 | 10 | E' | 208 | 32 | X:T | 270 | 25 | CLR |
| 085 | 34 | ⌈X | 147 | 43 | RCL | 209 | 73 | RC* | 271 | 01 | 1 |
| 086 | 43 | RCL | 148 | 00 | 00 | 210 | 02 | 02 | 272 | 44 | SUM |
| 087 | 00 | 00 | 149 | 42 | STO | 211 | 42 | STO | 273 | 02 | 02 |
| 088 | 42 | STO | 150 | 09 | 09 | 212 | 10 | 10 | 274 | 44 | SUM |
| 089 | 09 | 09 | 151 | 76 | LBL | 213 | 76 | LBL | 275 | 03 | 03 |
| 090 | 33 | X² | 152 | 19 | D' | 214 | 18 | C' | 276 | 97 | DSZ |
| 091 | 85 | + | 153 | 73 | RC* | 215 | 01 | 1 | 277 | 09 | 09 |
| 092 | 43 | RCL | 154 | 02 | 02 | 216 | 44 | SUM | 278 | 17 | B' |
| 093 | 01 | 01 | 155 | 65 | × | 217 | 02 | 02 | 279 | 61 | GTO |
| 094 | 95 | = | 156 | 73 | RC* | 218 | 73 | RC* | 280 | 13 | C |
| 095 | 42 | STO | 157 | 03 | 03 | 219 | 02 | 02 | 281 | 76 | LBL |
| 096 | 02 | 02 | 158 | 95 | = | 220 | 50 | I×I | 282 | 25 | CLR |
| 097 | 85 | + | 159 | 74 | SM* | 221 | 22 | INV | 283 | 97 | DSZ |
| 098 | 43 | RCL | 160 | 04 | 04 | 222 | 77 | GE | 284 | 05 | 05 |
| 099 | 00 | 00 | 161 | 01 | 1 | 223 | 24 | CE | 285 | 34 | ⌈X |
| 100 | 95 | = | 162 | 44 | SUM | 224 | 67 | EQ | 286 | 76 | LBL |
| 101 | 42 | STO | 163 | 03 | 03 | 225 | 24 | CE | 287 | 13 | C |
| 102 | 03 | 03 | 164 | 43 | RCL | 226 | 32 | X:T | 288 | 43 | RCL |
| 103 | 76 | LBL | 165 | 00 | 00 | 227 | 73 | RC* | 289 | 00 | 00 |
| 104 | 15 | E | 166 | 44 | SUM | 228 | 02 | 02 | 290 | 42 | STO |
| 105 | 73 | RC* | 167 | 02 | 02 | 229 | 42 | STO | 291 | 09 | 09 |
| 106 | 02 | 02 | 168 | 97 | DSZ | 230 | 10 | 10 | 292 | 33 | X² |
| 107 | 55 | ÷ | 169 | 09 | 09 | 231 | 76 | LBL | 293 | 85 | + |
| 108 | 43 | RCL | 170 | 19 | D' | 232 | 24 | CE | 294 | 43 | RCL |
| 109 | 10 | 10 | 171 | 43 | RCL | 233 | 97 | DSZ | 295 | 01 | 01 |
| 110 | 95 | = | 172 | 00 | 00 | 234 | 09 | 09 | 296 | 95 | = |
| 111 | 72 | ST* | 173 | 22 | INV | 235 | 18 | C' | 297 | 42 | STO |
| 112 | 03 | 03 | 174 | 44 | SUM | 236 | 43 | RCL | 298 | 02 | 02 |
| 113 | 00 | 0 | 175 | 03 | 03 | 237 | 00 | 00 | 299 | 85 | + |
| 114 | 72 | ST* | 176 | 33 | X² | 238 | 42 | STO | 300 | 43 | RCL |
| 115 | 02 | 02 | 177 | 75 | − | 239 | 09 | 09 | 301 | 00 | 00 |
| 116 | 01 | 1 | 178 | 01 | 1 | 240 | 33 | X² | 302 | 95 | = |
| 117 | 44 | SUM | 179 | 95 | = | 241 | 85 | + | 303 | 42 | STO |
| 118 | 02 | 02 | 180 | 22 | INV | 242 | 43 | RCL | 304 | 03 | 03 |
| 119 | 44 | SUM | 181 | 44 | SUM | 243 | 01 | 01 | 305 | 00 | 0 |
| 120 | 03 | 03 | 182 | 02 | 02 | 244 | 95 | = | 306 | 42 | STO |
| 121 | 97 | DSZ | 183 | 01 | 1 | 245 | 42 | STO | 307 | 08 | 08 |
| 122 | 09 | 09 | 184 | 44 | SUM | 246 | 02 | 02 | 308 | 42 | STO |
| 123 | 15 | E | 185 | 04 | 04 | 247 | 85 | + | 309 | 07 | 07 |
| 124 | 43 | RCL | 186 | 97 | DSZ | 248 | 43 | RCL | 310 | 76 | LBL |
| 125 | 01 | 01 | 187 | 08 | 08 | 249 | 00 | 00 | 311 | 16 | A' |
| 126 | 42 | STO | 188 | 10 | E' | 250 | 95 | = | 312 | 73 | RC* |
| 127 | 02 | 02 | 189 | 43 | RCL | 251 | 42 | STO | 313 | 02 | 02 |
| 128 | 85 | + | 190 | 00 | 00 | 252 | 03 | 03 | 314 | 33 | X² |
| 129 | 43 | RCL | 191 | 33 | X² | 253 | 43 | RCL | 315 | 44 | SUM |
| 130 | 00 | 00 | 192 | 85 | + | 254 | 06 | 06 | 316 | 08 | 08 |
| 131 | 33 | X² | 193 | 43 | RCL | 255 | 32 | X:T | 317 | 73 | RC* |
| 132 | 95 | = | 194 | 01 | 01 | 256 | 76 | LBL | 318 | 02 | 02 |
| 133 | 42 | STO | 195 | 95 | = | 257 | 17 | B' | 319 | 65 | × |
| 134 | 04 | 04 | 196 | 42 | STO | 258 | 53 | ( | 320 | 73 | RC* |
| 135 | 85 | + | 197 | 02 | 02 | 259 | 73 | RC* | 321 | 03 | 03 |
| 136 | 43 | RCL | 198 | 43 | RCL | 260 | 02 | 02 | 322 | 95 | = |
| 137 | 00 | 00 | 199 | 00 | 00 | 261 | 75 | − | 323 | 44 | SUM |

| 324 | 07 | 07 | 335 | 97 | DSZ | 346 | 43 | RCL | 357 | 33 | X² |
|-----|----|----|-----|----|-----|-----|----|-----|-----|----|----|
| 325 | 43 | RCL | 336 | 09 | 09 | 347 | 00 | 00 | 358 | 73 | RC* |
| 326 | 10 | 10 | 337 | 16 | A' | 348 | 42 | STD | 359 | 02 | 02 |
| 327 | 22 | INV | 338 | 43 | RCL | 349 | 09 | 09 | 360 | 91 | R/S |
| 328 | 64 | PD* | 339 | 08 | 08 | 350 | 22 | INV | 361 | 01 | 1 |
| 329 | 02 | 02 | 340 | 55 | ÷ | 351 | 44 | SUM | 362 | 44 | SUM |
| 330 | 01 | 1 | 341 | 43 | RCL | 352 | 02 | 02 | 363 | 02 | 02 |
| 331 | 44 | SUM | 342 | 07 | 07 | 353 | 43 | RCL | 364 | 97 | DSZ |
| 332 | 02 | 02 | 343 | 95 | = | 354 | 10 | 10 | 365 | 09 | 09 |
| 333 | 44 | SUM | 344 | 42 | STD | 355 | 91 | R/S | 366 | 33 | X² |
| 334 | 03 | 03 | 345 | 10 | 10 | 356 | 76 | LBL | 367 | 91 | R/S |

## 3.2 Inverse Iteration

Das Programm berechnet den betragskleinsten Eigenwert $\lambda_n$ der n,n-Matrix A als betrags-größten Eigenwert $\lambda_n^{-1}$ von $A^{-1}$. Dabei wird die Iterationsvorschrift

$$y_i = A^{-1} y_{i-1}$$

ersetzt durch das Lösen des linearen Gleichungssystems

$$L R y_i = y_{i-1} \, ,$$

wobei die LR-Zerlegung von A vorher durch das Programm 2.4 „Die LR-Zerlegung mit Pivotsuche" bereitgestellt wird. Das Programm bricht die Iteration ab, wenn der Wert

$$\|y_i - y_{i-1}\| \, \|y_i\|_\infty \|_\infty$$

eine vorzugebende Toleranz $\epsilon > 0$ unterschreitet oder die Höchstzahl N von Schritten durchgeführt wurde. Es ist in drei Teile zerlegt und auf Matrizen bis zur Ordnung n = 5 anwendbar. Damit die Speicherbelegung übereinstimmt, muß beim Programm „Die LR-Zerlegung mit Pivotsuche" die Nummer des ersten zu belegenden Speicherplatzes k = 14 gewählt werden.

### Programminstruktionen

| | Verfahren | Eingabe | Taste | Anzeige |
|---|-----------|---------|-------|---------|
| 1 | „LR-Zerlegung mit Pivotsuche — Teil 1" einlesen (Block 1) | | | 1 |
| 2 | Programmbeginn „Teil 1" | | A | 1 |
| 3 | Eingabe der Nummer des ersten zu belegenden Speicherplatzes k = 14 | 14 | R/S | 1 |
| 4 | Eingabe von A spaltenweise | $a_{11}$ | R/S | 2 |
| | | $a_{21}$ | R/S | 3 |
| | | $\vdots$ | $\vdots$ | $\vdots$ |
| | | $a_{nn}$ | R/S | $n^2+1$ |

| | Verfahren | Eingabe | Taste | Anzeige |
|---|---|---|---|---|
| 5 | Ende der Koeffizienteneingabe | | B | $n^2+1$ |
| 6 | Eingabe von n und k | n | R/S | n |
| | | k | R/S | |
| | | | | 0 |
| 7 | „LR-Zerlegung mit Pivotsuche — Teil 2" einlesen (Block 1, 2) | | | 2 |
| 8 | Programmbeginn „Teil 2" | | C | |
| | | | | 0 |
| 9 | „Inverse Iteration — Teil 1" einlesen (Block 1) | | | 1 |
| 10 | Programmbeginn „Teil 1" | | A | 1 |
| 11 | Eingabe des Startvektors $y_0$ | $y_1^{(0)}$ | R/S | 2 |
| | | $\vdots$ | $\vdots$ | $\vdots$ |
| | | $y_n^{(0)}$ | R/S | n+1 |
| 12 | Ende der Koeffizienteneingabe | | B | 0 |
| 13 | Eingabe von N und $\epsilon$ | N | R/S | N |
| | | $\epsilon$ | R/S | |
| | | | | 0 |
| 14 | „Inverse Iteration — Teil 2" einlesen (Block 1, 2) | | | 2 |
| 15 | Programmbeginn „Teil 2" | | C | |
| | | | | 0 |
| 16 | „Inverse Iteration — Teil 3" einlesen (Block 1) | | | 1 |
| 17 | Programmbeginn „Teil 3" | | D | |
| 18 | Anzeige des Eigenwerts $\lambda_n$ und des Eigenvektors x | | | $\lambda_n$ |
| | | | R/S | $x_1$ |
| | | | $\vdots$ | $\vdots$ |
| | | | R/S | $x_n$ |

## Registerinhalte

$R_{00}, ..., R_{13}$: Programmzeiger
$R_{14}, ..., R_{n^2+13}$: Koeffizienten der LR-Zerlegung von A
$R_{n^2+14}, ..., R_{n^2+n+13}$: $y_1^{(i)}, ..., y_n^{(i)}$
$R_{n^2+n+14}, ..., R_{n^2+2n+13}$: Zeilenindizes
$R_{n^2+2n+14}, ..., R_{n^2+3n+13}$: $y_1^{(i-1)}, ..., y_n^{(i-1)}$
$R_{n^2+3n+14}, ..., R_{n^2+4n+13}$: Zeilenindizes

## Beispiel

Gesucht ist der betragskleinste Eigenwert $\lambda_3$ der Matrix $A = \begin{bmatrix} 1 & 0 & 1 \\ 0 & 4 & 2 \\ 1 & 2 & 3 \end{bmatrix}$ und der zuge-

hörige Eigenvektor $x$. Dabei sei $y_0 = [1, 0, 0]^T$, $N = 10$ und $\epsilon = 0.0001$.

| Anmerkungen | Eingabe | Taste | Anzeige |
|---|---|---|---|
| „LR-Zerlegung mit Pivotsuche − Teil 1'' einlesen (Block 1) | | | 1 |
| Programmbeginn „Teil 1'' | | A | 1 |
| Eingabe von:  k | 14 | R/S | 1 |
| $\quad\quad\quad a_{11}$ | 1 | R/S | 2 |
| $\quad\quad\quad a_{21}$ | 0 | R/S | 3 |
| $\quad\quad\quad a_{31}$ | 1 | R/S | 4 |
| $\quad\quad\quad a_{12}$ | 0 | R/S | 5 |
| $\quad\quad\quad a_{22}$ | 4 | R/S | 6 |
| $\quad\quad\quad a_{32}$ | 2 | R/S | 7 |
| $\quad\quad\quad a_{13}$ | 1 | R/S | 8 |
| $\quad\quad\quad a_{23}$ | 2 | R/S | 9 |
| $\quad\quad\quad a_{33}$ | 3 | R/S | 10 |
| Ende der Koeffizienteneingabe | | B | 10 |
| Eingabe von:  n | 3 | R/S | 3 |
| $\quad\quad\quad$ k | 14 | R/S | |
| | | | 0 |
| „LR-Zerlegung mit Pivotsuche − Teil 2'' einlesen (Block 1, 2) | | | 2 |
| Programmbeginn „Teil 2'' | | C | |
| | | | 0 |
| „Inverse Iteration − Teil 1'' einlesen (Block 1) | | | 1 |
| Programmbeginn „Teil 1'' | | A | 1 |
| Eingabe von:  $y_1^{(0)}$ | 1 | R/S | 2 |
| $\quad\quad\quad y_2^{(0)}$ | 0 | R/S | 3 |
| $\quad\quad\quad y_3^{(0)}$ | 0 | R/S | 4 |
| Ende der Koeffizienteneingabe | | B | 0 |
| Eingabe von:  N | 10 | R/S | 10 |
| $\quad\quad\quad \epsilon$ | 0.0001 | R/S | |
| | | | 0 |

| Anmerkungen | Eingabe | Taste | Anzeige |
|---|---|---|---|
| „Inverse Iteration – Teil 2" einlesen (Block 1, 2) | | | 2 |
| Programmbeginn „Teil 2" | | C | |
| | | | 0 |
| „Inverse Iteration – Teil 3" einlesen (Block 1) | | | 1 |
| Programmbeginn „Teil 3" | | D | |
| Anzeige von: $\lambda_3$ | | | .354248689 |
| $x_1$ | | R/S | 1 |
| $x_2$ | | R/S | .3542448811 |
| $x_3$ | | R/S | −.6457466823 |

| Programm 3.2 | Inverse Iteration |
|---|---|

## Teil 1

| | | | | | | | | | | | |
|---|---|---|---|---|---|---|---|---|---|---|---|
| 000 | 76 | LBL | 021 | 72 | ST* | 042 | 01 | 1 | 063 | 01 | 1 |
| 001 | 11 | A | 022 | 02 | 02 | 043 | 95 | = | 064 | 44 | SUM |
| 002 | 01 | 1 | 023 | 01 | 1 | 044 | 42 | STD | 065 | 05 | 05 |
| 003 | 04 | 4 | 024 | 44 | SUM | 045 | 04 | 04 | 066 | 73 | RC* |
| 004 | 42 | STD | 025 | 02 | 02 | 046 | 43 | RCL | 067 | 05 | 05 |
| 005 | 01 | 01 | 026 | 44 | SUM | 047 | 01 | 01 | 068 | 50 | I×I |
| 006 | 85 | + | 027 | 03 | 03 | 048 | 85 | + | 069 | 22 | INV |
| 007 | 43 | RCL | 028 | 61 | GTD | 049 | 43 | RCL | 070 | 77 | GE |
| 008 | 00 | 00 | 029 | 22 | INV | 050 | 00 | 00 | 071 | 24 | CE |
| 009 | 33 | X² | 030 | 76 | LBL | 051 | 33 | X² | 072 | 67 | EQ |
| 010 | 95 | = | 031 | 12 | B | 052 | 95 | = | 073 | 24 | CE |
| 011 | 42 | STD | 032 | 25 | CLR | 053 | 42 | STD | 074 | 42 | STD |
| 012 | 02 | 02 | 033 | 91 | R/S | 054 | 05 | 05 | 075 | 06 | 06 |
| 013 | 01 | 1 | 034 | 42 | STD | 055 | 73 | RC* | 076 | 32 | X:T |
| 014 | 42 | STD | 035 | 02 | 02 | 056 | 05 | 05 | 077 | 76 | LBL |
| 015 | 03 | 03 | 036 | 91 | R/S | 057 | 50 | I×I | 078 | 24 | CE |
| 016 | 76 | LBL | 037 | 42 | STD | 058 | 42 | STD | 079 | 97 | DSZ |
| 017 | 22 | INV | 038 | 03 | 03 | 059 | 06 | 06 | 080 | 04 | 04 |
| 018 | 43 | RCL | 039 | 43 | RCL | 060 | 32 | X:T | 081 | 23 | LNX |
| 019 | 03 | 03 | 040 | 00 | 00 | 061 | 76 | LBL | 082 | 25 | CLR |
| 020 | 91 | R/S | 041 | 75 | − | 062 | 23 | LNX | 083 | 91 | R/S |

## Teil 2

| | | | | | | | | | | | |
|---|---|---|---|---|---|---|---|---|---|---|---|
| 000 | 76 | LBL | 008 | 16 | A' | 016 | 95 | = | 024 | 43 | RCL |
| 001 | 13 | C | 009 | 42 | STD | 017 | 42 | STD | 025 | 06 | 06 |
| 002 | 29 | CP | 010 | 05 | 05 | 018 | 07 | 07 | 026 | 95 | = |
| 003 | 43 | RCL | 011 | 85 | + | 019 | 76 | LBL | 027 | 72 | ST* |
| 004 | 00 | 00 | 012 | 02 | 2 | 020 | 33 | X² | 028 | 05 | 05 |
| 005 | 42 | STD | 013 | 65 | × | 021 | 73 | RC* | 029 | 72 | ST* |
| 006 | 04 | 04 | 014 | 43 | RCL | 022 | 05 | 05 | 030 | 07 | 07 |
| 007 | 71 | SBR | 015 | 00 | 00 | 023 | 55 | ÷ | 031 | 01 | 1 |

| | | | | | | | | | | |
|---|---|---|---|---|---|---|---|---|---|---|---|
| 032 | 44 | SUM | 094 | 23 | LNX | 156 | 44 | SUM | 218 | 44 | SUM |
| 033 | 05 | 05 | 095 | 71 | SBR | 157 | 06 | 06 | 219 | 05 | 05 |
| 034 | 44 | SUM | 096 | 16 | A' | 158 | 44 | SUM | 220 | 71 | SBR |
| 035 | 07 | 07 | 097 | 42 | STO | 159 | 07 | 07 | 221 | 16 | A' |
| 036 | 97 | DSZ | 098 | 10 | 10 | 160 | 97 | DSZ | 222 | 42 | STO |
| 037 | 04 | 04 | 099 | 85 | + | 161 | 08 | 08 | 223 | 07 | 07 |
| 038 | 33 | X² | 100 | 03 | 3 | 162 | 23 | LNX | 224 | 43 | RCL |
| 039 | 01 | 1 | 101 | 65 | × | 163 | 71 | SBR | 225 | 01 | 01 |
| 040 | 42 | STO | 102 | 43 | RCL | 164 | 16 | A' | 226 | 85 | + |
| 041 | 04 | 04 | 103 | 00 | 00 | 165 | 42 | STO | 227 | 43 | RCL |
| 042 | 43 | RCL | 104 | 95 | = | 166 | 07 | 07 | 228 | 00 | 00 |
| 043 | 00 | 00 | 105 | 42 | STO | 167 | 85 | + | 229 | 75 | - |
| 044 | 42 | STO | 106 | 05 | 05 | 168 | 01 | 1 | 230 | 43 | RCL |
| 045 | 05 | 05 | 107 | 43 | RCL | 169 | 95 | = | 231 | 09 | 09 |
| 046 | 65 | × | 108 | 00 | 00 | 170 | 42 | STO | 232 | 85 | + |
| 047 | 03 | 3 | 109 | 42 | STO | 171 | 05 | 05 | 233 | 01 | 1 |
| 048 | 85 | + | 110 | 09 | 09 | 172 | 43 | RCL | 234 | 95 | = |
| 049 | 71 | SBR | 111 | 76 | LBL | 173 | 01 | 01 | 235 | 42 | STO |
| 050 | 16 | A' | 112 | 24 | CE | 174 | 85 | + | 236 | 04 | 04 |
| 051 | 95 | = | 113 | 73 | RC* | 175 | 01 | 1 | 237 | 97 | DSZ |
| 052 | 42 | STO | 114 | 04 | 04 | 176 | 95 | = | 238 | 09 | 09 |
| 053 | 07 | 07 | 115 | 75 | - | 177 | 42 | STO | 239 | 35 | 1/X |
| 054 | 76 | LBL | 116 | 73 | RC* | 178 | 04 | 04 | 240 | 16 | A' |
| 055 | 22 | INV | 117 | 05 | 05 | 179 | 43 | RCL | 241 | 85 | + |
| 056 | 43 | RCL | 118 | 95 | = | 180 | 00 | 00 | 242 | 43 | RCL |
| 057 | 04 | 04 | 119 | 67 | EQ | 181 | 75 | - | 243 | 00 | 00 |
| 058 | 72 | ST* | 120 | 25 | CLR | 182 | 01 | 1 | 244 | 75 | - |
| 059 | 07 | 07 | 121 | 01 | 1 | 183 | 95 | = | 245 | 01 | 1 |
| 060 | 01 | 1 | 122 | 44 | SUM | 184 | 42 | STO | 246 | 95 | = |
| 061 | 44 | SUM | 123 | 05 | 05 | 185 | 09 | 09 | 247 | 42 | STO |
| 062 | 04 | 04 | 124 | 44 | SUM | 186 | 76 | LBL | 248 | 10 | 10 |
| 063 | 44 | SUM | 125 | 10 | 10 | 187 | 35 | 1/X | 249 | 71 | SBR |
| 064 | 07 | 07 | 126 | 97 | DSZ | 188 | 43 | RCL | 250 | 16 | A' |
| 065 | 97 | DSZ | 127 | 09 | 09 | 189 | 00 | 00 | 251 | 75 | - |
| 066 | 05 | 05 | 128 | 24 | CE | 190 | 75 | - | 252 | 01 | 1 |
| 067 | 22 | INV | 129 | 76 | LBL | 191 | 43 | RCL | 253 | 95 | = |
| 068 | 71 | SBR | 130 | 25 | CLR | 192 | 09 | 09 | 254 | 42 | STO |
| 069 | 16 | A' | 131 | 43 | RCL | 193 | 95 | = | 255 | 07 | 07 |
| 070 | 42 | STO | 132 | 07 | 07 | 194 | 42 | STO | 256 | 73 | RC* |
| 071 | 07 | 07 | 133 | 75 | - | 195 | 08 | 08 | 257 | 07 | 07 |
| 072 | 85 | + | 134 | 43 | RCL | 196 | 76 | LBL | 258 | 22 | INV |
| 073 | 43 | RCL | 135 | 10 | 10 | 197 | 42 | STO | 259 | 64 | PD* |
| 074 | 00 | 00 | 136 | 95 | = | 198 | 73 | RC* | 260 | 10 | 10 |
| 075 | 95 | = | 137 | 67 | EQ | 199 | 04 | 04 | 261 | 01 | 1 |
| 076 | 42 | STO | 138 | 32 | X:T | 200 | 65 | × | 262 | 22 | INV |
| 077 | 04 | 04 | 139 | 73 | RC* | 201 | 73 | RC* | 263 | 44 | SUM |
| 078 | 85 | + | 140 | 07 | 07 | 202 | 07 | 07 | 264 | 10 | 10 |
| 079 | 02 | 2 | 141 | 63 | EX* | 203 | 95 | = | 265 | 43 | RCL |
| 080 | 65 | × | 142 | 10 | 10 | 204 | 22 | INV | 266 | 00 | 00 |
| 081 | 43 | RCL | 143 | 63 | EX* | 205 | 74 | SM* | 267 | 85 | + |
| 082 | 00 | 00 | 144 | 07 | 07 | 206 | 05 | 05 | 268 | 01 | 1 |
| 083 | 95 | = | 145 | 73 | RC* | 207 | 43 | RCL | 269 | 95 | = |
| 084 | 42 | STO | 146 | 06 | 06 | 208 | 00 | 00 | 270 | 22 | INV |
| 085 | 06 | 06 | 147 | 63 | EX* | 209 | 44 | SUM | 271 | 44 | SUM |
| 086 | 43 | RCL | 148 | 05 | 05 | 210 | 04 | 04 | 272 | 07 | 07 |
| 087 | 00 | 00 | 149 | 63 | EX* | 211 | 01 | 1 | 273 | 43 | RCL |
| 088 | 75 | - | 150 | 06 | 06 | 212 | 44 | SUM | 274 | 10 | 10 |
| 089 | 01 | 1 | 151 | 76 | LBL | 213 | 07 | 07 | 275 | 75 | - |
| 090 | 95 | = | 152 | 32 | X:T | 214 | 97 | DSZ | 276 | 43 | RCL |
| 091 | 42 | STO | 153 | 01 | 1 | 215 | 08 | 08 | 277 | 00 | 00 |
| 092 | 08 | 08 | 154 | 44 | SUM | 216 | 42 | STO | 278 | 95 | = |
| 093 | 76 | LBL | 155 | 04 | 04 | 217 | 01 | 1 | 279 | 42 | STO |

| | | | | | | | | | | |
|---|---|---|---|---|---|---|---|---|---|---|
| 280 | 04 | 04 | 327 | 44 | SUM | 374 | 95 | = | 422 | 32 | X:T |
| 281 | 43 | RCL | 328 | 73 | RC* | 375 | 42 | STD | 423 | 76 | LBL |
| 282 | 10 | 10 | 329 | 07 | 07 | 376 | 09 | 09 | 424 | 53 | ( |
| 283 | 85 | + | 330 | 22 | INV | 377 | 73 | RC* | 425 | 53 | ( |
| 284 | 01 | 1 | 331 | 64 | PD* | 378 | 10 | 10 | 426 | 73 | RC* |
| 285 | 95 | = | 332 | 10 | 10 | 379 | 50 | I×I | 427 | 10 | 10 |
| 286 | 42 | STD | 333 | 43 | RCL | 380 | 42 | STD | 428 | 50 | I×I |
| 287 | 05 | 05 | 334 | 00 | 00 | 381 | 06 | 06 | 429 | 75 | - |
| 288 | 43 | RCL | 335 | 85 | + | 382 | 32 | X:T | 430 | 73 | RC* |
| 289 | 00 | 00 | 336 | 01 | 1 | 383 | 76 | LBL | 431 | 07 | 07 |
| 290 | 75 | - | 337 | 95 | = | 384 | 45 | Y× | 432 | 50 | I×I |
| 291 | 01 | 1 | 338 | 22 | INV | 385 | 01 | 1 | 433 | 65 | × |
| 292 | 95 | = | 339 | 44 | SUM | 386 | 44 | SUM | 434 | 43 | RCL |
| 293 | 42 | STD | 340 | 07 | 07 | 387 | 10 | 10 | 435 | 06 | 06 |
| 294 | 09 | 09 | 341 | 01 | 1 | 388 | 73 | RC* | 436 | 54 | ) |
| 295 | 76 | LBL | 342 | 22 | INV | 389 | 10 | 10 | 437 | 50 | I×I |
| 296 | 43 | RCL | 343 | 44 | SUM | 390 | 50 | I×I | 438 | 77 | GE |
| 297 | 43 | RCL | 344 | 10 | 10 | 391 | 22 | INV | 439 | 54 | ) |
| 298 | 00 | 00 | 345 | 43 | RCL | 392 | 77 | GE | 440 | 01 | 1 |
| 299 | 75 | - | 346 | 10 | 10 | 393 | 52 | EE | 441 | 44 | SUM |
| 300 | 43 | RCL | 347 | 75 | - | 394 | 67 | EQ | 442 | 10 | 10 |
| 301 | 09 | 09 | 348 | 43 | RCL | 395 | 52 | EE | 443 | 44 | SUM |
| 302 | 95 | = | 349 | 00 | 00 | 396 | 42 | STD | 444 | 07 | 07 |
| 303 | 42 | STD | 350 | 95 | = | 397 | 06 | 06 | 445 | 97 | DSZ |
| 304 | 08 | 08 | 351 | 42 | STD | 398 | 32 | X:T | 446 | 09 | 09 |
| 305 | 76 | LBL | 352 | 04 | 04 | 399 | 76 | LBL | 447 | 53 | ( |
| 306 | 44 | SUM | 353 | 71 | SBR | 400 | 52 | EE | 448 | 61 | GTD |
| 307 | 73 | RC* | 354 | 16 | A' | 401 | 97 | DSZ | 449 | 55 | ÷ |
| 308 | 04 | 04 | 355 | 85 | + | 402 | 09 | 09 | 450 | 76 | LBL |
| 309 | 65 | × | 356 | 43 | RCL | 403 | 45 | Y× | 451 | 54 | ) |
| 310 | 73 | RC* | 357 | 00 | 00 | 404 | 43 | RCL | 452 | 97 | DSZ |
| 311 | 05 | 05 | 358 | 75 | - | 405 | 00 | 00 | 453 | 02 | 02 |
| 312 | 95 | = | 359 | 01 | 1 | 406 | 42 | STD | 454 | 13 | C |
| 313 | 22 | INV | 360 | 95 | = | 407 | 09 | 09 | 455 | 76 | LBL |
| 314 | 74 | SM* | 361 | 42 | STD | 408 | 71 | SBR | 456 | 55 | ÷ |
| 315 | 10 | 10 | 362 | 05 | 05 | 409 | 16 | A' | 457 | 25 | CLR |
| 316 | 43 | RCL | 363 | 97 | DSZ | 410 | 42 | STD | 458 | 91 | R/S |
| 317 | 00 | 00 | 364 | 09 | 09 | 411 | 10 | 10 | 459 | 76 | LBL |
| 318 | 22 | INV | 365 | 71 | SBR | 412 | 85 | + | 460 | 16 | A' |
| 319 | 44 | SUM | 366 | 16 | A' | 413 | 02 | 2 | 461 | 53 | ( |
| 320 | 04 | 04 | 367 | 42 | STD | 414 | 65 | × | 462 | 43 | RCL |
| 321 | 01 | 1 | 368 | 10 | 10 | 415 | 43 | RCL | 463 | 00 | 00 |
| 322 | 22 | INV | 369 | 43 | RCL | 416 | 00 | 00 | 464 | 33 | X² |
| 323 | 44 | SUM | 370 | 00 | 00 | 417 | 95 | = | 465 | 85 | + |
| 324 | 05 | 05 | 371 | 75 | - | 418 | 42 | STD | 466 | 43 | RCL |
| 325 | 97 | DSZ | 372 | 01 | 1 | 419 | 07 | 07 | 467 | 01 | 01 |
| 326 | 08 | 08 | 373 | 01 | 1 | 420 | 43 | RCL | 468 | 54 | ) |
| | | | | | | 421 | 03 | 03 | 469 | 92 | RTN |

## Teil 3

| | | | | | | | | | | |
|---|---|---|---|---|---|---|---|---|---|---|
| 000 | 76 | LBL | 008 | 43 | RCL | 016 | 43 | RCL | 024 | 42 | STD |
| 001 | 14 | D | 009 | 01 | 01 | 017 | 00 | 00 | 025 | 05 | 05 |
| 002 | 43 | RCL | 010 | 95 | = | 018 | 95 | = | 026 | 76 | LBL |
| 003 | 00 | 00 | 011 | 42 | STD | 019 | 42 | STD | 027 | 65 | × |
| 004 | 42 | STD | 012 | 10 | 10 | 020 | 07 | 07 | 028 | 73 | RC* |
| 005 | 09 | 09 | 013 | 85 | + | 021 | 00 | 0 | 029 | 10 | 10 |
| 006 | 33 | X² | 014 | 02 | 2 | 022 | 42 | STD | 030 | 33 | X² |
| 007 | 85 | + | 015 | 65 | × | 023 | 08 | 08 | 031 | 44 | SUM |

| | | | | | | | | | | |
|---|---|---|---|---|---|---|---|---|---|---|
| 032 | 08 | 08 | 044 | 64 | PD* | 056 | 22 | INV | 068 | 91 R/S |
| 033 | 73 | RC* | 045 | 10 | 10 | 057 | 49 | PRD | 069 | 76 LBL |
| 034 | 10 | 10 | 046 | 01 | 1 | 058 | 05 | 05 | 070 | 85 + |
| 035 | 65 | × | 047 | 44 | SUM | 059 | 43 | RCL | 071 | 73 RC* |
| 036 | 73 | RC* | 048 | 10 | 10 | 060 | 00 | 00 | 072 | 10 10 |
| 037 | 07 | 07 | 049 | 44 | SUM | 061 | 42 | STD | 073 | 91 R/S |
| 038 | 95 | = | 050 | 07 | 07 | 062 | 09 | 09 | 074 | 01 1 |
| 039 | 44 | SUM | 051 | 97 | DSZ | 063 | 22 | INV | 075 | 44 SUM |
| 040 | 05 | 05 | 052 | 09 | 09 | 064 | 44 | SUM | 076 | 10 10 |
| 041 | 43 | RCL | 053 | 65 | × | 065 | 10 | 10 | 077 | 97 DSZ |
| 042 | 06 | 06 | 054 | 43 | RCL | 066 | 43 | RCL | 078 | 09 09 |
| 043 | 22 | INV | 055 | 08 | 08 | 067 | 05 | 05 | 079 | 85 + |
| | | | | | | | | | 080 | 91 R/S |

## 3.3 Der LR-Algorithmus

Der Algorithmus von Rutishauser zur Bestimmung der Eigenwerte der regulären n,n-Matrix A beruht darauf, die Faktoren der LR-Zerlegung von A in umgekehrter Reihenfolge zu multiplizieren und dieses Vorgehen zu wiederholen:

$$A \quad =: A_1 \quad = L_1 \cdot R_1$$
$$R_1 \cdot L_1 =: A_2 \quad = L_2 \cdot R_2$$
$$\vdots \qquad \vdots \qquad \vdots$$
$$R_i \cdot L_i \ =: A_{i+1} = L_{i+1} \cdot R_{i+1}$$
$$\vdots \qquad \vdots \qquad \vdots$$

Existiert die LR-Zerlegung jeder Matrix $A_i$ und sind alle Eigenwerte von A von verschiedenem Betrag, so konvergieren die $L_i$ gegen die Einheitsmatrix E und die $R_i$ gegen eine obere Dreiecksmatrix R, in deren Hauptdiagonalen die Eigenwerte der Matrix A stehen.

Das Programm führt maximal eine vorzugebende Anzahl N von Iterationsschritten durch oder bricht vorher ab, falls

$$\|L_i - E\|_\infty \le \epsilon \cdot \|A\|_\infty$$

ist, wobei $\epsilon$ eine vorzugebende Toleranzschranke ist. Vor Einlesen der Magnetkarten ist die Speicherbereichsverteilung mittels der Tastenfolge 3 2nd Op 17 auf 720 Programmspeicherstellen zu ändern. Das Programm bearbeitet Matrizen bis zur Ordnung n = 3.

## Programminstruktionen

| | Verfahren | Eingabe | Taste | Anzeige |
|---|---|---|---|---|
| 1 | Änderung der Speicherbereichsverteilung | 3 | 2nd Op | |
| | | 17 | | 719.29 |
| | | | CLR | 0 |

| | Verfahren | Eingabe | Taste | Anzeige |
|---|---|---|---|---|
| 2 | Magnetkarten einlesen (Block 1, 2, 3) | | | 3 |
| 3 | Programmbeginn | | A | 3 |
| 4 | Eingabe der Nummer des ersten zu belegenden Speicherplatzes $k = 15$ | 15 | R/S | 1 |
| 5 | Eingabe der Matrix A spaltenweise | $a_{11}$ | R/S | 2 |
| | | $a_{21}$ | R/S | 3 |
| | | $\vdots$ | $\vdots$ | $\vdots$ |
| | | $a_{nn}$ | R/S | $n^2+1$ |
| 6 | Ende der Koeffizienteneingabe | | B | $n^2+1$ |
| 7 | Eingabe von n, k, N und $\epsilon$ | n | R/S | n |
| | | 15 | R/S | 15 |
| | | N | R/S | N |
| | | $\epsilon$ | R/S | |
| 8 | Anzeige der Eigenwerte $\lambda_i$ | | | $\lambda_1$ |
| | | | R/S | $\lambda_2$ |
| | | | $\vdots$ | $\vdots$ |
| | | | R/S | $\lambda_n$ |

## Registerinhalte

$R_{00}, \ldots, R_{14}$: Programmzeiger
$R_{15}, \ldots, R_{n^2+14}$: $a_{11}, \ldots, a_{nn}$
$R_{n^2+15}, \ldots, R_{n(2n-1)+14}$: Zwischenergebnisse

## Bemerkung

Ist eine LR-Zerlegung von $A_i$ nicht möglich, so hält das Programm und der Rechner zeigt dies durch eine blinkende Anzeige an. Nach Drücken der Tasten CLR und C erfolgt dann die Anzeige der Diagonalelemente von $R_{i-1}$.

## Beispiel

Gesucht sind in höchstens $N = 5$ Schritten mit der Toleranz $\epsilon = 0.001$ die Eigenwerte

der Matrix $A = \begin{bmatrix} 6 & 2 & -1 \\ 2 & 6 & -3 \\ 0 & 0 & 2 \end{bmatrix}$.

| Anmerkungen | Eingabe | Taste | Anzeige |
|---|---|---|---|
| Änderung der Speicherbereichsverteilung | 3 | 2nd Op | |
| | 17 | | 719.29 |
| | | CLR | 0 |
| Magnetkarten einlesen (Block 1, 2, 3) | | | 3 |
| Programmbeginn | | A | 3 |
| Eingabe von: k | 15 | R/S | 1 |
| $a_{11}$ | 6 | R/S | 2 |
| $a_{21}$ | 2 | R/S | 3 |
| $a_{31}$ | 0 | R/S | 4 |
| $a_{12}$ | 2 | R/S | 5 |
| $a_{22}$ | 6 | R/S | 6 |
| $a_{32}$ | 0 | R/S | 7 |
| $a_{13}$ | −1 | R/S | 8 |
| $a_{23}$ | −3 | R/S | 9 |
| $a_{33}$ | 2 | R/S | 10 |
| Ende der Koeffizienteneingabe | | B | 10 |
| Eingabe von: n | 3 | R/S | 3 |
| k | 15 | R/S | 15 |
| N | 5 | R/S | 5 |
| $\epsilon$ | 0.001 | R/S | |
| Anzeige von: $\lambda_1$ | | | 7.878787879 |
| $\lambda_2$ | | R/S | 4.121212121 |
| $\lambda_3$ | | R/S | 2 |

Die exakten Eigenwerte sind $\lambda_1 = 8$, $\lambda_2 = 4$, $\lambda_3 = 2$.

| Programm 3.3 | Der LR-Algorithmus |
|---|---|

**3 2nd Op 17**

```
000   76  LBL      012   00   00      024   42  STO      036   91  R/S
001   11   A       013   01    1      025   00   00      037   42  STO
002   91  R/S      014   44  SUM      026   42  STO      038   12   12
003   42  STO      015   00   00      027   09   09      039   76  LBL
004   00   00      016   44  SUM      028   91  R/S      040   22  INV
005   01    1      017   01   01      029   42  STO      041   43  RCL
006   42  STO      018   61  GTO      030   01   01      042   00   00
007   01   01      019   00   00      031   42  STO      043   42  STO
008   43  RCL      020   08   08      032   03   03      044   08   08
009   01   01      021   76  LBL      033   91  R/S      045   76  LBL
010   91  R/S      022   12    B      034   42  STO      046   23  LNX
011   72  ST*      023   91  R/S      035   02   02      047   73  RC*
```

| | | | | | | | | | | |
|---|---|---|---|---|---|---|---|---|---|---|
| 048 | 03 | 03 | 110 | 22 | INV | 172 | 73 | RC* | 234 | 03 | 03 |
| 049 | 50 | I×I | 111 | 64 | PD* | 173 | 04 | 04 | 235 | 65 | × |
| 050 | 44 | SUM | 112 | 03 | 03 | 174 | 95 | = | 236 | 73 | RC* |
| 051 | 11 | 11 | 113 | 01 | 1 | 175 | 22 | INV | 237 | 04 | 04 |
| 052 | 01 | 1 | 114 | 44 | SUM | 176 | 74 | SM* | 238 | 95 | = |
| 053 | 44 | SUM | 115 | 03 | 03 | 177 | 05 | 05 | 239 | 22 | INV |
| 054 | 03 | 03 | 116 | 97 | DSZ | 178 | 43 | RCL | 240 | 74 | SM* |
| 055 | 97 | DSZ | 117 | 04 | 04 | 179 | 00 | 00 | 241 | 05 | 05 |
| 056 | 08 | 08 | 118 | 25 | CLR | 180 | 44 | SUM | 242 | 43 | RCL |
| 057 | 23 | LNX | 119 | 43 | RCL | 181 | 03 | 03 | 243 | 00 | 00 |
| 058 | 43 | RCL | 120 | 01 | 01 | 182 | 01 | 1 | 244 | 44 | SUM |
| 059 | 11 | 11 | 121 | 85 | + | 183 | 44 | SUM | 245 | 03 | 03 |
| 060 | 77 | GE | 122 | 43 | RCL | 184 | 04 | 04 | 246 | 01 | 1 |
| 061 | 00 | 00 | 123 | 00 | 00 | 185 | 97 | DSZ | 247 | 44 | SUM |
| 062 | 69 | 69 | 124 | 95 | = | 186 | 09 | 09 | 248 | 04 | 04 |
| 063 | 00 | 0 | 125 | 42 | STO | 187 | 34 | ГX | 249 | 97 | DSZ |
| 064 | 42 | STO | 126 | 04 | 04 | 188 | 43 | RCL | 250 | 09 | 09 |
| 065 | 11 | 11 | 127 | 85 | + | 189 | 10 | 10 | 251 | 42 | STO |
| 066 | 61 | GTO | 128 | 01 | 1 | 190 | 65 | × | 252 | 73 | RC* |
| 067 | 00 | 00 | 129 | 95 | = | 191 | 43 | RCL | 253 | 06 | 06 |
| 068 | 73 | 73 | 130 | 42 | STO | 192 | 00 | 00 | 254 | 22 | INV |
| 069 | 32 | X:T | 131 | 05 | 05 | 193 | 75 | - | 255 | 67 | EQ |
| 070 | 00 | 0 | 132 | 42 | STO | 194 | 01 | 1 | 256 | 39 | COS |
| 071 | 42 | STO | 133 | 06 | 06 | 195 | 95 | = | 257 | 14 | D |
| 072 | 11 | 11 | 134 | 43 | RCL | 196 | 22 | INV | 258 | 91 | R/S |
| 073 | 97 | DSZ | 135 | 01 | 01 | 197 | 44 | SUM | 259 | 76 | LBL |
| 074 | 09 | 09 | 136 | 85 | + | 198 | 03 | 03 | 260 | 39 | COS |
| 075 | 22 | INV | 137 | 01 | 1 | 199 | 43 | RCL | 261 | 22 | INV |
| 076 | 32 | X:T | 138 | 95 | = | 200 | 10 | 10 | 262 | 64 | PD* |
| 077 | 42 | STO | 139 | 42 | STO | 201 | 22 | INV | 263 | 05 | 05 |
| 078 | 11 | 11 | 140 | 03 | 03 | 202 | 44 | SUM | 264 | 53 | ( |
| 079 | 76 | LBL | 141 | 43 | RCL | 203 | 04 | 04 | 265 | 43 | RCL |
| 080 | 24 | CE | 142 | 00 | 00 | 204 | 01 | 1 | 266 | 03 | 03 |
| 081 | 43 | RCL | 143 | 75 | - | 205 | 44 | SUM | 267 | 75 | - |
| 082 | 00 | 00 | 144 | 01 | 1 | 206 | 05 | 05 | 268 | 43 | RCL |
| 083 | 75 | - | 145 | 95 | = | 207 | 44 | SUM | 269 | 07 | 07 |
| 084 | 01 | 1 | 146 | 42 | STO | 208 | 10 | 10 | 270 | 54 | ) |
| 085 | 95 | = | 147 | 07 | 07 | 209 | 97 | DSZ | 271 | 22 | INV |
| 086 | 42 | STO | 148 | 76 | LBL | 210 | 08 | 08 | 272 | 44 | SUM |
| 087 | 04 | 04 | 149 | 32 | X:T | 211 | 33 | X² | 273 | 04 | 04 |
| 088 | 43 | RCL | 150 | 43 | RCL | 212 | 43 | RCL | 274 | 65 | × |
| 089 | 01 | 01 | 151 | 00 | 00 | 213 | 07 | 07 | 275 | 43 | RCL |
| 090 | 42 | STO | 152 | 75 | - | 214 | 75 | - | 276 | 00 | 00 |
| 091 | 05 | 05 | 153 | 43 | RCL | 215 | 01 | 1 | 277 | 75 | - |
| 092 | 85 | + | 154 | 07 | 07 | 216 | 95 | = | 278 | 01 | 1 |
| 093 | 01 | 1 | 155 | 95 | = | 217 | 42 | STO | 279 | 95 | = |
| 094 | 95 | = | 156 | 42 | STO | 218 | 08 | 08 | 280 | 22 | INV |
| 095 | 42 | STO | 157 | 08 | 08 | 219 | 67 | EQ | 281 | 44 | SUM |
| 096 | 03 | 03 | 158 | 01 | 1 | 220 | 77 | GE | 282 | 03 | 03 |
| 097 | 00 | 0 | 159 | 42 | STO | 221 | 76 | LBL | 283 | 01 | 1 |
| 098 | 32 | X:T | 160 | 10 | 10 | 222 | 35 | 1/X | 284 | 44 | SUM |
| 099 | 73 | RC* | 161 | 76 | LBL | 223 | 43 | RCL | 285 | 05 | 05 |
| 100 | 05 | 05 | 162 | 33 | X² | 224 | 00 | 00 | 286 | 97 | DSZ |
| 101 | 22 | INV | 163 | 43 | RCL | 225 | 75 | - | 287 | 08 | 08 |
| 102 | 67 | EQ | 164 | 10 | 10 | 226 | 43 | RCL | 288 | 35 | 1/X |
| 103 | 25 | CLR | 165 | 42 | STO | 227 | 07 | 07 | 289 | 43 | RCL |
| 104 | 99 | PRT | 166 | 09 | 09 | 228 | 95 | = | 290 | 05 | 05 |
| 105 | 91 | R/S | 167 | 76 | LBL | 229 | 42 | STO | 291 | 42 | STO |
| 106 | 76 | LBL | 168 | 34 | ГX | 230 | 09 | 09 | 292 | 04 | 04 |
| 107 | 25 | CLR | 169 | 73 | RC* | 231 | 76 | LBL | 293 | 01 | 1 |
| 108 | 73 | RC* | 170 | 03 | 03 | 232 | 42 | STO | 294 | 44 | SUM |
| 109 | 05 | 05 | 171 | 65 | × | 233 | 73 | RC* | 295 | 05 | 05 |

| | | | | | | | | | | |
|---|---|---|---|---|---|---|---|---|---|---|---|
| 296 | 43 | RCL | 358 | 13 | 13 | 420 | 05 | 05 | 482 | 01 | 1 |
| 297 | 01 | 01 | 359 | 61 | GTO | 421 | 01 | 1 | 483 | 22 | INV |
| 298 | 85 | + | 360 | 91 | R/S | 422 | 42 | STO | 484 | 44 | SUM |
| 299 | 01 | 1 | 361 | 76 | LBL | 423 | 06 | 06 | 485 | 04 | 04 |
| 300 | 95 | = | 362 | 81 | RST | 424 | 42 | STO | 486 | 97 | DSZ |
| 301 | 42 | STO | 363 | 32 | X!T | 425 | 14 | 14 | 487 | 09 | 09 |
| 302 | 03 | 03 | 364 | 00 | 0 | 426 | 43 | RCL | 488 | 52 | EE |
| 303 | 43 | RCL | 365 | 42 | STO | 427 | 00 | 00 | 489 | 43 | RCL |
| 304 | 00 | 00 | 366 | 13 | 13 | 428 | 42 | STO | 490 | 10 | 10 |
| 305 | 85 | + | 367 | 76 | LBL | 429 | 07 | 07 | 491 | 44 | SUM |
| 306 | 01 | 1 | 368 | 91 | R/S | 430 | 75 | - | 492 | 04 | 04 |
| 307 | 95 | = | 369 | 43 | RCL | 431 | 01 | 1 | 493 | 65 | × |
| 308 | 44 | SUM | 370 | 00 | 00 | 432 | 95 | = | 494 | 43 | RCL |
| 309 | 06 | 06 | 371 | 85 | + | 433 | 42 | STO | 495 | 00 | 00 |
| 310 | 97 | DSZ | 372 | 01 | 1 | 434 | 08 | 08 | 496 | 95 | = |
| 311 | 07 | 07 | 373 | 75 | - | 435 | 00 | 0 | 497 | 44 | SUM |
| 312 | 32 | X!T | 374 | 43 | RCL | 436 | 32 | X!T | 498 | 03 | 03 |
| 313 | 76 | LBL | 375 | 08 | 08 | 437 | 76 | LBL | 499 | 01 | 1 |
| 314 | 77 | GE | 376 | 95 | = | 438 | 45 | Y× | 500 | 44 | SUM |
| 315 | 00 | 0 | 377 | 44 | SUM | 439 | 00 | 0 | 501 | 14 | 14 |
| 316 | 42 | STO | 378 | 03 | 03 | 440 | 72 | ST* | 502 | 43 | RCL |
| 317 | 13 | 13 | 379 | 97 | DSZ | 441 | 05 | 05 | 503 | 00 | 00 |
| 318 | 43 | RCL | 380 | 08 | 08 | 442 | 43 | RCL | 504 | 22 | INV |
| 319 | 00 | 00 | 381 | 43 | RCL | 443 | 06 | 06 | 505 | 44 | SUM |
| 320 | 75 | - | 382 | 32 | X!T | 444 | 75 | - | 506 | 04 | 04 |
| 321 | 01 | 1 | 383 | 42 | STO | 445 | 43 | RCL | 507 | 22 | INV |
| 322 | 95 | = | 384 | 13 | 13 | 446 | 14 | 14 | 508 | 44 | SUM |
| 323 | 42 | STO | 385 | 43 | RCL | 447 | 95 | = | 509 | 05 | 05 |
| 324 | 08 | 08 | 386 | 11 | 11 | 448 | 22 | INV | 510 | 97 | DSZ |
| 325 | 43 | RCL | 387 | 65 | × | 449 | 77 | GE | 511 | 08 | 08 |
| 326 | 01 | 01 | 388 | 43 | RCL | 450 | 38 | SIN | 512 | 45 | Y× |
| 327 | 85 | + | 389 | 12 | 12 | 451 | 43 | RCL | 513 | 01 | 1 |
| 328 | 01 | 1 | 390 | 95 | = | 452 | 14 | 14 | 514 | 42 | STO |
| 329 | 95 | = | 391 | 32 | X!T | 453 | 42 | STO | 515 | 14 | 14 |
| 330 | 42 | STO | 392 | 43 | RCL | 454 | 09 | 09 | 516 | 44 | SUM |
| 331 | 03 | 03 | 393 | 13 | 13 | 455 | 42 | STO | 517 | 06 | 06 |
| 332 | 76 | LBL | 394 | 22 | INV | 456 | 10 | 10 | 518 | 22 | INV |
| 333 | 43 | RCL | 395 | 77 | GE | 457 | 61 | GTO | 519 | 44 | SUM |
| 334 | 43 | RCL | 396 | 13 | C | 458 | 52 | EE | 520 | 03 | 03 |
| 335 | 08 | 08 | 397 | 43 | RCL | 459 | 76 | LBL | 521 | 75 | - |
| 336 | 42 | STO | 398 | 01 | 01 | 460 | 38 | SIN | 522 | 43 | RCL |
| 337 | 09 | 09 | 399 | 85 | + | 461 | 43 | RCL | 523 | 00 | 00 |
| 338 | 76 | LBL | 400 | 43 | RCL | 462 | 06 | 06 | 524 | 33 | X² |
| 339 | 44 | SUM | 401 | 00 | 00 | 463 | 42 | STO | 525 | 85 | + |
| 340 | 73 | RC* | 402 | 33 | X² | 464 | 09 | 09 | 526 | 43 | RCL |
| 341 | 03 | 03 | 403 | 75 | - | 465 | 42 | STO | 527 | 00 | 00 |
| 342 | 50 | I×I | 404 | 01 | 1 | 466 | 10 | 10 | 528 | 95 | = |
| 343 | 44 | SUM | 405 | 95 | = | 467 | 76 | LBL | 529 | 22 | INV |
| 344 | 13 | 13 | 406 | 42 | STO | 468 | 52 | EE | 530 | 44 | SUM |
| 345 | 01 | 1 | 407 | 03 | 03 | 469 | 73 | RC* | 531 | 05 | 05 |
| 346 | 44 | SUM | 408 | 75 | - | 470 | 03 | 03 | 532 | 43 | RCL |
| 347 | 03 | 03 | 409 | 43 | RCL | 471 | 65 | × | 533 | 01 | 01 |
| 348 | 97 | DSZ | 410 | 00 | 00 | 472 | 73 | RC* | 534 | 85 | + |
| 349 | 09 | 09 | 411 | 95 | = | 473 | 04 | 04 | 535 | 43 | RCL |
| 350 | 44 | SUM | 412 | 42 | STO | 474 | 95 | = | 536 | 00 | 00 |
| 351 | 43 | RCL | 413 | 04 | 04 | 475 | 74 | SM* | 537 | 33 | X² |
| 352 | 13 | 13 | 414 | 85 | + | 476 | 05 | 05 | 538 | 75 | - |
| 353 | 77 | GE | 415 | 43 | RCL | 477 | 43 | RCL | 539 | 43 | RCL |
| 354 | 81 | RST | 416 | 00 | 00 | 478 | 00 | 00 | 540 | 00 | 00 |
| 355 | 00 | 0 | 417 | 33 | X² | 479 | 22 | INV | 541 | 75 | - |
| 356 | 00 | 0 | 418 | 95 | = | 480 | 44 | SUM | 542 | 01 | 1 |
| 357 | 42 | STO | 419 | 42 | STO | 481 | 03 | 03 | 543 | 95 | = |

| | | | | | | | | | | | |
|---|---|---|---|---|---|---|---|---|---|---|---|
| 544 | 42 | STO | 585 | 73 | RC* | 626 | 01 | 1 | 667 | 95 | = |
| 545 | 04 | 04 | 586 | 04 | 04 | 627 | 95 | = | 668 | 42 | STO |
| 546 | 43 | RCL | 587 | 72 | ST* | 628 | 42 | STO | 669 | 03 | 03 |
| 547 | 00 | 00 | 588 | 03 | 03 | 629 | 08 | 08 | 670 | 85 | + |
| 548 | 75 | - | 589 | 01 | 1 | 630 | 76 | LBL | 671 | 43 | RCL |
| 549 | 01 | 1 | 590 | 44 | SUM | 631 | 55 | ÷ | 672 | 00 | 00 |
| 550 | 95 | = | 591 | 03 | 03 | 632 | 43 | RCL | 673 | 33 | X² |
| 551 | 42 | STO | 592 | 44 | SUM | 633 | 00 | 00 | 674 | 95 | = |
| 552 | 08 | 08 | 593 | 04 | 04 | 634 | 75 | - | 675 | 42 | STO |
| 553 | 97 | DSZ | 594 | 97 | DSZ | 635 | 43 | RCL | 676 | 04 | 04 |
| 554 | 07 | 07 | 595 | 09 | 09 | 636 | 08 | 08 | 677 | 97 | DSZ |
| 555 | 45 | Yˣ | 596 | 54 | ) | 637 | 95 | = | 678 | 08 | 08 |
| 556 | 43 | RCL | 597 | 43 | RCL | 638 | 42 | STO | 679 | 55 | ÷ |
| 557 | 01 | 01 | 598 | 00 | 00 | 639 | 09 | 09 | 680 | 97 | DSZ |
| 558 | 85 | + | 599 | 85 | + | 640 | 76 | LBL | 681 | 02 | 02 |
| 559 | 01 | 1 | 600 | 01 | 1 | 641 | 61 | GTO | 682 | 24 | CE |
| 560 | 95 | = | 601 | 75 | - | 642 | 73 | RC* | 683 | 76 | LBL |
| 561 | 42 | STO | 602 | 43 | RCL | 643 | 04 | 04 | 684 | 13 | C |
| 562 | 03 | 03 | 603 | 08 | 08 | 644 | 74 | SM* | 685 | 43 | RCL |
| 563 | 85 | + | 604 | 95 | = | 645 | 03 | 03 | 686 | 00 | 00 |
| 564 | 43 | RCL | 605 | 44 | SUM | 646 | 01 | 1 | 687 | 42 | STO |
| 565 | 00 | 00 | 606 | 03 | 03 | 647 | 44 | SUM | 688 | 09 | 09 |
| 566 | 33 | X² | 607 | 44 | SUM | 648 | 03 | 03 | 689 | 43 | RCL |
| 567 | 95 | = | 608 | 04 | 04 | 649 | 44 | SUM | 690 | 01 | 01 |
| 568 | 42 | STO | 609 | 97 | DSZ | 650 | 04 | 04 | 691 | 42 | STO |
| 569 | 04 | 04 | 610 | 08 | 08 | 651 | 97 | DSZ | 692 | 03 | 03 |
| 570 | 43 | RCL | 611 | 53 | ( | 652 | 09 | 09 | 693 | 76 | LBL |
| 571 | 00 | 00 | 612 | 43 | RCL | 653 | 61 | GTO | 694 | 94 | +/- |
| 572 | 75 | - | 613 | 01 | 01 | 654 | 43 | RCL | 695 | 73 | RC* |
| 573 | 01 | 1 | 614 | 42 | STO | 655 | 01 | 01 | 696 | 03 | 03 |
| 574 | 95 | = | 615 | 03 | 03 | 656 | 85 | + | 697 | 91 | R/S |
| 575 | 42 | STO | 616 | 85 | + | 657 | 53 | ( | 698 | 01 | 1 |
| 576 | 08 | 08 | 617 | 43 | RCL | 658 | 43 | RCL | 699 | 85 | + |
| 577 | 76 | LBL | 618 | 00 | 00 | 659 | 00 | 00 | 700 | 43 | RCL |
| 578 | 53 | ( | 619 | 33 | X² | 660 | 75 | - | 701 | 00 | 00 |
| 579 | 43 | RCL | 620 | 95 | = | 661 | 43 | RCL | 702 | 95 | = |
| 580 | 08 | 08 | 621 | 42 | STO | 662 | 08 | 08 | 703 | 44 | SUM |
| 581 | 42 | STO | 622 | 04 | 04 | 663 | 54 | ) | 704 | 03 | 03 |
| 582 | 09 | 09 | 623 | 43 | RCL | 664 | 65 | × | 705 | 97 | DSZ |
| 583 | 76 | LBL | 624 | 00 | 00 | 665 | 43 | RCL | 706 | 09 | 09 |
| 584 | 54 | ) | 625 | 75 | - | 666 | 00 | 00 | 707 | 94 | +/- |
| | | | | | | | | | 708 | 91 | R/S |

# 3.4 Iteration in einer Variablen

Gegeben sei eine kontrahierende Abbildung f, die der Lipschitzbedingung

$$|f(x) - f(y)| < L \cdot |x - y|$$

mit $0 < L < 1$ für $x, y \in [a, b]$ genügt. Das Programm liefert den Fixpunkt $s = f(s)$ als Grenzwert der Folge

$$x_{i+1} = f(x_i); \quad i = 0, 1, \ldots$$

für jeden Startwert $x_0 \in [a, b]$. Es bricht ab, falls die Höchstzahl N von Iterationen durchgeführt wurde oder falls für vorzugebendes $\epsilon > 0$ gilt:

$$|x_i - x_{i-1}| \leq \epsilon \cdot \frac{1-L}{L}.$$

Die Abbildung f wird als Unterprogramm eingegeben. Dabei ist folgendes zu beachten:

1. Die Funktionsvorschrift $f(x)$ ist in Klammern einzuschließen.
2. Für x ist RCL 00 zu setzen.
3. Die Taste = darf nicht verwendet werden.
4. Die Eingabe der Funktionsvorschrift ist mit INV SBR abzuschließen.

## Programminstruktionen

| | Verfahren | Eingabe | Taste | Anzeige |
|---|---|---|---|---|
| 1 | Magnetkarte einlesen (Block 1) | | | 1 |
| 2 | Eingabe der Funktionsvorschrift | | GTO | |
| | | | $x^2$ | |
| | | | LRN | 056 00 |
| | | | ( | 057 00 |
| | | | $\vdots$ | $\vdots$ $\vdots$ |
| | | | ) | XXX 00 |
| | | | INV | XXX 00 |
| | | | SBR | XXX 00 |
| | | | LRN | 1 |
| 3 | Programmbeginn | | A | 1 |
| 4 | Eingabe von $x_0$, L, $\epsilon$, N | $x_0$ | R/S | $x_0$ |
| | | L | R/S | L |
| | | $\epsilon$ | R/S | $\epsilon$ |
| | | N | R/S | |
| 5 | Ergebnisanzeige | | | s |

## Registerinhalte

$R_{00}, \ldots, R_{04}$: Programmzeiger

## Beispiel

Gesucht ist $s = f(s)$ mit $f(x) = \frac{\cos x}{2}$ im Intervall $[0, \frac{\pi}{2}]$, $\epsilon = 10^{-10}$ und $N = 10$.

Dabei sei $L = 0.5$, denn es gilt $|f'(x)| = \left| \frac{-\sin x}{2} \right| \leq 0.5$

| Anmerkungen | | Eingabe | Taste | Anzeige |
|---|---|---|---|---|
| Umschalten auf Bogenmaß | | | 2nd | |
| | | | Rad | |
| Magnetkarte einlesen (Block 1) | | | | 1 |
| Eingabe von f (x) | | | GTO | |
| | | | $x^2$ | |
| | | | LRN | 056 00 |
| | | | ( | 057 00 |
| | | | RCL | 058 00 |
| | | | 00 | 059 00 |
| | | | 2nd | 059 00 |
| | | | cos | 060 00 |
| | | | ÷ | 061 00 |
| | | | 2 | 062 00 |
| | | | ) | 063 00 |
| | | | INV | 064 00 |
| | | | SBR | 064 00 |
| | | | LRN | 1 |
| Programmbeginn | | | A | 1 |
| Eingabe von: | $x_0$ | 0.1 | R/S | 0.1 |
| | L | 0.5 | R/S | 0.5 |
| | $\epsilon$ | 1 | EE | 1  00 |
| | | −10 | | 1 −10 |
| | | | R/S | 1 −10 |
| | | | INV | |
| | | | EE | .0000000001 |
| | N | 10 | R/S | |
| Anzeige von:  s | | | | .4501835576 |

| **Programm 3.4** | **Iteration in einer Variablen** |
|---|---|

| | | | | | | | | | | | |
|---|---|---|---|---|---|---|---|---|---|---|---|
| 000 | 76 | LBL | 014 | 43 | RCL | 028 | 76 | LBL | 042 | 43 | RCL |
| 001 | 11 | A | 015 | 02 | 02 | 029 | 13 | C | 043 | 04 | 04 |
| 002 | 91 | R/S | 016 | 65 | × | 030 | 71 | SBR | 044 | 42 | STO |
| 003 | 42 | STO | 017 | 53 | ( | 031 | 33 | X² | 045 | 00 | 00 |
| 004 | 00 | 00 | 018 | 01 | 1 | 032 | 42 | STO | 046 | 97 | DSZ |
| 005 | 91 | R/S | 019 | 75 | − | 033 | 04 | 04 | 047 | 03 | 03 |
| 006 | 42 | STO | 020 | 43 | RCL | 034 | 75 | − | 048 | 13 | C |
| 007 | 01 | 01 | 021 | 03 | 03 | 035 | 43 | RCL | 049 | 76 | LBL |
| 008 | 91 | R/S | 022 | 54 | ) | 036 | 00 | 00 | 050 | 14 | D |
| 009 | 42 | STO | 023 | 55 | ÷ | 037 | 95 | = | 051 | 43 | RCL |
| 010 | 02 | 02 | 024 | 43 | RCL | 038 | 50 | I×I | 052 | 04 | 04 |
| 011 | 91 | R/S | 025 | 03 | 03 | 039 | 22 | INV | 053 | 91 | R/S |
| 012 | 42 | STO | 026 | 95 | = | 040 | 77 | GE | 054 | 76 | LBL |
| 013 | 03 | 03 | 027 | 32 | X:T | 041 | 14 | D | 055 | 33 | X² |

# 3.5 Steffensen-Iteration

Gegeben sei eine in [a, b] kontrahierende Abbildung f. Dann konvergiert die Folge

$$x_{i+1} = x_i - \frac{(f(x_i) - x_i)}{f(f(x_i)) - 2f(x_i) + x_i} \cdot (f(x_i) - x_i) \quad i = 0, 1, \ldots$$

gegen den Fixpunkt s = f(s) von f. Vorzugeben ist eine Toleranz $\eta > 0$ und die Höchstzahl N von Iterationen. Das Programm bricht bereits nach weniger als N Schritten ab, wenn

$$|x_{i+1} - x_i| < \eta$$

ist. Die Abbildung f wird als Unterprogramm eingegeben. Dabei ist folgendes zu beachten:

1. Die Funktionsvorschrift f(x) ist in Klammern einzuschließen.
2. Für x ist RCL 00 zu setzen.
3. Die Taste = darf nicht verwendet werden.
4. Die Eingabe der Funktionsvorschrift ist mit INV SBR abzuschließen.

## Programminstruktionen

| | Verfahren | Eingabe | Taste | Anzeige |
|---|---|---|---|---|
| 1 | Magnetkarte einlesen (Block 1) | | | 1 |
| 2 | Eingabe der Funktionsvorschrift f(x) | | GTO | |
| | | | $x^2$ | |
| | | | LRN | 077 00 |
| | | | ( | 078 00 |
| | | | . | . . |
| | | | . | . . |
| | | | . | . . |
| | | | ) | XXX 00 |
| | | | INV | XXX 00 |
| | | | SBR | XXX 00 |
| | | | LRN | 1 |
| 3 | Programmbeginn | | A | 1 |
| 4 | Eingabe von $x_0$, $\eta$, N | $x_0$ | R/S | $x_0$ |
| | | $\eta$ | R/S | $\eta$ |
| | | N | R/S | |
| 5 | Ergebnisanzeige | | | s |

## Registerinhalte

$R_{00}, \ldots, R_{05}$: Programmzeiger

## Beispiel

Gesucht ist der Fixpunkt s = f(s) von $f(x) = \frac{\cos x}{2}$ im Intervall $[0, \frac{\pi}{2}]$ mit $\eta = 10^{-10}$, N = 10 und dem Startwert $x_0 = 0.1$.

| Anmerkungen | Eingabe | Taste | Anzeige |
|---|---|---|---|
| Umschalten auf Bogenmaß | | 2nd | |
| | | Rad | |
| Magnetkarte einlesen (Block 1) | | | 1 |
| Eingabe der Funktionsvorschrift f(x) | | GTO | |
| | | $x^2$ | |
| | | LRN | 077 00 |
| | | ( | 078 00 |
| | | RCL | 079 00 |
| | | 00 | 080 00 |
| | | 2nd | 080 00 |
| | | cos | 081 00 |
| | | ÷ | 082 00 |
| | | 2 | 083 00 |
| | | ) | 084 00 |
| | | INV | 085 00 |
| | | SBR | 085 00 |
| | | LRN | 1 |
| Programmbeginn | | A | 1 |
| Eingabe von: $x_0$ | 0.1 | R/S | 0.1 |
| $\eta$ | 1 | EE | 1 00 |
| | −10 | R/S | 0 00 |
| | | INV | |
| | | EE | 0 |
| N | 10 | R/S | |
| Anzeige von: s | | | .4501835576 |

| **Programm 3.5** | **Steffensen-Iteration** |
|---|---|

| | | | | | | | | | | | |
|---|---|---|---|---|---|---|---|---|---|---|---|
| 000 | 76 | LBL | | 019 | 04 | 04 | | 038 | 75 | − |
| 001 | 11 | A | | 020 | 42 | STO | | 039 | 02 | 2 |
| 002 | 91 | R/S | | 021 | 03 | 03 | | 040 | 65 | × |
| 003 | 42 | STO | | 022 | 71 | SBR | | 041 | 43 | RCL |
| 004 | 00 | 00 | | 023 | 33 | X² | | 042 | 04 | 04 |
| 005 | 91 | R/S | | 024 | 42 | STO | | 043 | 85 | + |
| 006 | 32 | X⁏T | | 025 | 05 | 05 | | 044 | 43 | RCL |
| 007 | 91 | R/S | | 026 | 53 | ( | | 045 | 00 | 00 |
| 008 | 42 | STO | | 027 | 53 | ( | | 046 | 54 | ) |
| 009 | 02 | 02 | | 028 | 43 | RCL | | 047 | 65 | × |
| 010 | 76 | LBL | | 029 | 04 | 04 | | 048 | 53 | ( |
| 011 | 12 | B | | 030 | 75 | − | | 049 | 43 | RCL |
| 012 | 43 | RCL | | 031 | 43 | RCL | | 050 | 04 | 04 |
| 013 | 00 | 00 | | 032 | 00 | 00 | | 051 | 75 | − |
| 014 | 42 | STO | | 033 | 54 | ) | | 052 | 43 | RCL |
| 015 | 03 | 03 | | 034 | 55 | ÷ | | 053 | 00 | 00 |
| 016 | 71 | SBR | | 035 | 53 | ( | | 054 | 54 | ) |
| 017 | 33 | X² | | 036 | 43 | RCL | | 055 | 54 | ) |
| 018 | 42 | STO | | 037 | 05 | 05 | | 056 | 42 | STO |

| | | |
|---|---|---|
| 057 | 01 | 01 |
| 058 | 22 | INV |
| 059 | 44 | SUM |
| 060 | 00 | 00 |
| 061 | 43 | RCL |
| 062 | 01 | 01 |
| 063 | 50 | I×I |
| 064 | 22 | INV |
| 065 | 77 | GE |
| 066 | 13 | C |
| 067 | 97 | DSZ |
| 068 | 02 | 02 |
| 069 | 12 | B |
| 070 | 76 | LBL |
| 071 | 13 | C· |
| 072 | 43 | RCL |
| 073 | 00 | 00 |
| 074 | 91 | R/S |
| 075 | 76 | LBL |
| 076 | 33 | X² |

## 3.6  Das Newton-Verfahren

Ist s einfache Nullstelle der differenzierbaren Funktion g, so existiert eine Umgebung von s, so daß die Folge

$$x_{i+1} = x_i - \frac{g(x_i)}{g'(x_i)}; \quad i = 0, 1, \ldots$$

für jeden Startwert $x_0$ aus dieser Umgebung gegen s konvergiert. Vorzugeben ist eine Toleranz $\eta > 0$ und die Höchstzahl N von Iterationsschritten. Das Programm bricht bereits nach weniger als N Schritten ab, wenn

$$\left| \frac{g(x_i)}{g'(x_i)} \right| < \eta$$

ist. Die Funktion g/g' wird als Unterprogramm eingegeben. Dabei ist folgendes zu beachten:

1. Die Funktionsvorschrift $g(x)/g'(x)$ ist in Klammern einzuschließen.
2. Für x ist RCL 00 zu setzen.
3. Die Taste = darf nicht verwendet werden.
4. Die Eingabe der Funktionsvorschrift ist mit INV SBR abzuschließen.

### Programminstruktionen

|   | Verfahren | Eingabe | Taste | Anzeige |
|---|-----------|---------|-------|---------|
| 1 | Magnetkarte einlesen (Block 1) | | | 1 |
| 2 | Eingabe der Funktionsvorschrift $g(x)/g'(x)$ | | GTO | |
|   | | | $x^2$ | |
|   | | | LRN | 035 00 |
|   | | | ( | 036 00 |
|   | | | . | . . |
|   | | | . | . . |
|   | | | ) | XXX 00 |
|   | | | INV | XXX 00 |
|   | | | SBR | XXX 00 |
|   | | | LRN | 1 |
| 3 | Programmbeginn | | A | 1 |
| 4 | Eingabe von $x_0, \eta, N$ | $x_0$ | R/S | $x_0$ |
|   | | $\eta$ | R/S | 0 |
|   | | N | R/S | |
| 5 | Ergebnisanzeige | | | s |

### Registerinhalte

$R_{00}, \ldots, R_{02}$: Programmzeiger

**Beispiel**

Gesucht ist eine Nullstelle von $g(x) = x - \cos x$ mit $N = 5$, $x_0 = 0.5$ und $\eta = 10^{-10}$. Es ist

$$\frac{g(x)}{g'(x)} = \frac{x - \cos x}{1 + \sin x}$$

| Anmerkungen | Eingabe | Taste | Anzeige |
|---|---|---|---|
| Umschalten auf Bogenmaß | | 2nd | |
| | | Rad | |
| Magnetkarte einlesen (Block 1) | | | 1 |
| Eingabe der Funktionsvorschrift $g(x)/g'(x)$ | | GTO | |
| | | $x^2$ | |
| | | LRN | 035 00 |
| | | ( | 036 00 |
| | | ( | 037 00 |
| | | RCL | 038 00 |
| | | 00 | 039 00 |
| | | − | 040 00 |
| | | RCL | 041 00 |
| | | 00 | 042 00 |
| | | 2nd | 042 00 |
| | | cos | 043 00 |
| | | ) | 044 00 |
| | | ÷ | 045 00 |
| | | ( | 046 00 |
| | | 1 | 047 00 |
| | | + | 048 00 |
| | | RCL | 049 00 |
| | | 00 | 050 00 |
| | | 2nd | 050 00 |
| | | sin | 051 00 |
| | | ) | 052 00 |
| | | ) | 053 00 |
| | | INV | 054 00 |
| | | SBR | 054 00 |
| | | LRN | 1 |
| Programmbeginn | | A | 1 |
| Eingabe von: $x_0$ | 0.5 | R/S | 0.5 |
| $\eta$ | 1 | EE | 1 00 |
| | −10 | R/S | 0 00 |
| | | INV | |
| | | EE | 0 |
| N | 5 | R/S | |
| Anzeige von: s | | | .7390851332 |

| Programm 3.6 | Das Newton-Verfahren |
|---|---|

| | | | | | | | | | | |
|---|---|---|---|---|---|---|---|---|---|---|
| 000 | 76 | LBL | 009 | 01 | 01 | 018 | 00 | 00 | 027 | 12 | B |
| 001 | 11 | A | 010 | 76 | LBL | 019 | 43 | RCL | 028 | 76 | LBL |
| 002 | 91 | R/S | 011 | 12 | B | 020 | 02 | 02 | 029 | 13 | C |
| 003 | 42 | STO | 012 | 71 | SBR | 021 | 50 | I×I | 030 | 43 | RCL |
| 004 | 00 | 00 | 013 | 33 | X² | 022 | 22 | INV | 031 | 00 | 00 |
| 005 | 91 | R/S | 014 | 42 | STO | 023 | 77 | GE | 032 | 91 | R/S |
| 006 | 32 | X:T | 015 | 02 | 02 | 024 | 13 | C | 033 | 76 | LBL |
| 007 | 91 | R/S | 016 | 22 | INV | 025 | 97 | DSZ | 034 | 33 | X² |
| 008 | 42 | STO | 017 | 44 | SUM | 026 | 01 | 01 | | | |

## 3.7 Regula falsi

Ist s Nullstelle der Funktion g und liegen die Startwerte $x_0$ und $x_1$ genügend nah bei s, so konvergiert die Folge

$$x_{i+1} = x_i - \frac{x_i - x_{i-1}}{g(x_i) - g(x_{i-1})} g(x_i); \quad i = 1, 2, \ldots$$

gegen s. Die Toleranz $\eta > 0$ und die Maximalzahl N von Iterationen sind vorzugeben.
Das Programm bricht ab, wenn

$$\left| \frac{x_i - x_{i-1}}{g(x_i) - g(x_{i-1})} \right| < \eta$$

ist oder N Iterationsschritte durchgeführt wurden. Die Funktion g wird als Unterprogramm eingegeben. Dabei ist folgendes zu beachten:

1. Die Funktionsvorschrift g(x) ist in Klammern einzuschließen.
2. Für x ist RCL 00 zu setzen.
3. Die Taste = darf nicht verwendet werden.
4. Die Eingabe der Funktionsvorschrift ist mit INV SBR abzuschließen.

### Programminstruktionen

| | Verfahren | Eingabe | Taste | Anzeige |
|---|---|---|---|---|
| 1 | Magnetkarte einlesen (Block 1) | | | 1 |
| 2 | Eingabe der Funktionsvorschrift g(x) | | GTO | |
| | | | x² | |
| | | | LRN | 074 00 |
| | | | ( | 075 00 |
| | | | : | : : |
| | | | : | : : |
| | | | ) | XXX 00 |
| | | | INV | XXX 00 |
| | | | SBR | XXX 00 |
| | | | LRN | 1 |

| Verfahren | | Eingabe | Taste | Anzeige |
|---|---|---|---|---|
| 3 | Programmbeginn | | A | 1 |
| 4 | Eingabe von $x_0, x_1, \eta, N$ | $x_0$ | R/S | $x_0$ |
| | | $x_1$ | R/S | $x_1$ |
| | | $\eta$ | R/S | 0 |
| | | N | R/S | |
| 5 | Ergebnisanzeige | | | s |

## Registerinhalte

$R_{00}, ..., R_{04}$: Programmzeiger

## Beispiel

Gesucht ist eine Nullstelle von $g(x) = x - \cos x$ mit $x_0 = 0.4$, $x_1 = 0.5$, $\eta = 10^{-10}$ und $N = 10$.

| Anmerkungen | Eingabe | Taste | Anzeige |
|---|---|---|---|
| Umschalten auf Bogenmaß | | 2nd | |
| | | Rad | |
| Magnetkarte einlesen (Block 1) | | | 1 |
| Eingabe der Funktionsvorschrift $g(x)$ | | GTO | |
| | | $x^2$ | |
| | | LRN | 074 00 |
| | | ( | 075 00 |
| | | RCL | 076 00 |
| | | 00 | 077 00 |
| | | − | 078 00 |
| | | RCL | 079 00 |
| | | 00 | 080 00 |
| | | 2nd | 080 00 |
| | | cos | 081 00 |
| | | ) | 082 00 |
| | | INV | 083 00 |
| | | SBR | 083 00 |
| | | LRN | 1 |
| Programmbeginn | | A | 1 |

| Anmerkungen | Eingabe | Taste | Anzeige |
|---|---|---|---|
| Eingabe von:  $x_0$ | 0.4 | R/S | 0.4 |
|  $x_1$ | 0.5 | R/S | 0.5 |
|  $\eta$ | 1 | EE | 1  00 |
|  | −10 | R/S | 0  00 |
|  |  | INV |  |
|  |  | EE | 0 |
|  N | 10 | R/S |  |
| Anzeige von:  s |  |  | .7390851332 |

| **Programm 3.7** | **Regula falsi** |
|---|---|

| | | | | | | | | | | | |
|---|---|---|---|---|---|---|---|---|---|---|---|
| 000 | 76 | LBL | 019 | 75 | − | 038 | 43 | RCL | 057 | 95 | = |
| 001 | 11 | A | 020 | 43 | RCL | 039 | 03 | 03 | 058 | 42 | STO |
| 002 | 91 | R/S | 021 | 04 | 04 | 040 | 54 | ) | 059 | 04 | 04 |
| 003 | 42 | STO | 022 | 54 | ) | 041 | 42 | STO | 060 | 97 | DSZ |
| 004 | 04 | 04 | 023 | 55 | ÷ | 042 | 03 | 03 | 061 | 02 | 02 |
| 005 | 91 | R/S | 024 | 53 | ( | 043 | 22 | INV | 062 | 12 | B |
| 006 | 42 | STO | 025 | 43 | RCL | 044 | 44 | SUM | 063 | 76 | LBL |
| 007 | 01 | 01 | 026 | 01 | 01 | 045 | 01 | 01 | 064 | 13 | C |
| 008 | 91 | R/S | 027 | 71 | SBR | 046 | 43 | RCL | 065 | 43 | RCL |
| 009 | 32 | X:T | 028 | 34 | ГX | 047 | 03 | 03 | 066 | 01 | 01 |
| 010 | 91 | R/S | 029 | 42 | STO | 048 | 50 | I×I | 067 | 91 | R/S |
| 011 | 42 | STO | 030 | 03 | 03 | 049 | 22 | INV | 068 | 76 | LBL |
| 012 | 02 | 02 | 031 | 75 | − | 050 | 77 | GE | 069 | 34 | ГX |
| 013 | 76 | LBL | 032 | 43 | RCL | 051 | 13 | C | 070 | 42 | STO |
| 014 | 12 | B | 033 | 04 | 04 | 052 | 43 | RCL | 071 | 00 | 00 |
| 015 | 53 | ( | 034 | 71 | SBR | 053 | 01 | 01 | 072 | 76 | LBL |
| 016 | 53 | ( | 035 | 34 | ГX | 054 | 85 | + | 073 | 33 | X² |
| 017 | 43 | RCL | 036 | 54 | ) | 055 | 43 | RCL | | | |
| 018 | 01 | 01 | 037 | 65 | × | 056 | 03 | 03 | | | |

## 3.8  Das Horner-Schema

Zur Auswertung eines Polynoms

$$\mathrm{pol}\,(\lambda) = a_0\lambda^n + a_1\lambda^{n-1} + \ldots + a_n$$

an einer Stelle $\lambda = \lambda_0$ schreibt man zweckmäßigerweise

$$p := \mathrm{pol}\,(\lambda_0) = (\ldots (a_0\lambda_0 + a_1) \cdot \lambda_0 + a_2) \cdot \lambda_0 \ldots + a_{n-1}) \cdot \lambda_0 + a_n$$

und arbeitet die Klammern von innen nach außen ab. Das Programm hat so nur Additionen und Multiplikationen mit dem festen Faktor $\lambda = \lambda_0$ durchzuführen. Eingegeben werden nur die Koeffizienten $a_0, \ldots, a_n$ von $\mathrm{pol}\,(\lambda)$.

Beachte:  $a_0$ ist der Koeffizient von $\lambda^n$!

## Programminstruktionen

| | Verfahren | Eingabe | Taste | Anzeige |
|---|---|---|---|---|
| 1 | Magnetkarte einlesen (Block 1) | | | 1 |
| 2 | Programmbeginn | | A | 1 |
| 3 | Eingabe von $n$; $a_0, a_1, \ldots, a_n$ | $n$ | R/S | 0 |
| | | $a_0$ | R/S | 1 |
| | | $a_1$ | R/S | 2 |
| | | $\vdots$ | $\vdots$ | $\vdots$ |
| | | $a_n$ | R/S | $n+1$ |
| 4 | Ende der Koeffizienteneingabe | | B | $n+1$ |
| 5 | Eingabe von $\lambda_0$ | $\lambda_0$ | R/S | |
| 6 | Ergebnisanzeige | | | $p$ |

## Registerinhalte

$R_{00}, \ldots, R_{05}$: Programmzeiger
$R_{06}, \ldots, R_{n+6}$: $a_0, a_1, \ldots, a_n$

## Beispiel

Zu berechnen ist der Funktionswert des Polynoms

$$pol(\lambda) = -\lambda^3 + 3\lambda^2 + 4\lambda - 2$$

an den Stellen $\lambda_0 = 0.5$ und $\lambda_1 = 1.5$

| Anmerkungen | Eingabe | Taste | Anzeige |
|---|---|---|---|
| Magnetkarte einlesen (Block 1) | | | 1 |
| Programmbeginn | | A | 1 |
| Eingabe von: $n$ | 3 | R/S | 0 |
| $a_0$ | −1 | R/S | 1 |
| $a_1$ | 3 | R/S | 2 |
| $a_2$ | 4 | R/S | 3 |
| $a_3$ | −2 | R/S | 4 |
| Ende der Koeffizienteneingabe | | B | 4 |
| Eingabe von: $\lambda_0$ | 0.5 | R/S | |
| Anzeige von: $p_0 = pol(\lambda_0)$ | | | 0.625 |
| anderes Argument | | B | 0.625 |
| Eingabe von: $\lambda_1$ | 1.5 | R/S | |
| Anzeige von: $p_1 = pol(\lambda_1)$ | | | 7.375 |

| Programm 3.8 | Das Horner-Schema |
|---|---|

```
000  76 LBL        015  91 R/S        030  07  7         045  49 PRD
001  11  A         016  72 ST*        031  42 STD        046  03  03
002  91 R/S        017  05  05        032  04  04        047  73 RC*
003  42 STD        018  01  1         033  43 RCL        048  04  04
004  00  00        019  44 SUM        034  00  00        049  44 SUM
005  00  0         020  05  05        035  42 STD        050  03  03
006  42 STD        021  44 SUM        036  01  01        051  01  1
007  02  02        022  02  02        037  43 RCL        052  44 SUM
008  06  6         023  61 GTD        038  06  06        053  04  04
009  42 STD        024  33 X²         039  42 STD        054  97 DSZ
010  05  05        025  76 LBL        040  03  03        055  01  01
011  76 LBL        026  12  B         041  76 LBL        056  34 ΓX
012  33 X²         027  91 R/S        042  34 ΓX         057  43 RCL
013  43 RCL        028  42 STD        043  43 RCL        058  03  03
014  02  02        029  02  02        044  02  02        059  91 R/S
```

## 3.9  Das erweiterte Horner-Schema

Das erweiterte Horner-Schema liefert außer dem Funktionswert p des Polynoms

$$pol\,(\lambda) = a_0\lambda^n + a_1\lambda^{n-1} + \ldots + a_n$$

(siehe 3.8 „Das Horner-Schema'') auch den Wert der Ableitung $q = pol'\,(\lambda)$ an der Stelle $\lambda = \lambda_0$. Eingegeben werden nur die Koeffizienten $a_0, \ldots, a_n$ von $pol\,(\lambda)$.

Beachte: $a_0$ ist der Koeffizient von $\lambda^n$!

### Programminstruktionen

|   | Verfahren | Eingabe | Taste | Anzeige |
|---|---|---|---|---|
| 1 | Magnetkarte einlesen (Block 1) |  |  | 1 |
| 2 | Programmbeginn |  | A | 1 |
| 3 | Eingabe von n; $a_0, a_1, \ldots, a_n$ | n | R/S | 0 |
|   |  | $a_0$ | R/S | 1 |
|   |  | $a_1$ | R/S | 2 |
|   |  | . | . | . |
|   |  | . | . | . |
|   |  | $a_n$ | R/S | n+1 |
| 4 | Ende der Koeffizienteneingabe |  | B | n+1 |
| 5 | Eingabe von $\lambda_0$ | $\lambda_0$ | R/S |  |
| 6 | Ergebnisanzeige |  |  | p |
|   |  |  | R/S | q |

### Registerinhalte

$R_{00}, \ldots, R_{06}$: Programmzeiger          $R_{07}, \ldots, R_{n+7}$: $a_0, a_1, \ldots, a_n$

## Beispiel

Gesucht sind Funktionswerte und 1. Ableitungen des Polynoms

$$pol(\lambda) = -\lambda^3 + 3\lambda^2 + 4\lambda - 2$$

an den Stellen $\lambda_0 = -1.5$ und $\lambda_1 = 2.5$

| Anmerkungen | Eingabe | Taste | Anzeige |
|---|---|---|---|
| Magnetkarte einlesen (Block 1) | | | 1 |
| Programmbeginn | | A | 1 |
| Eingabe von:  n | 3 | R/S | 0 |
| $a_0$ | −1 | R/S | 1 |
| $a_1$ | 3 | R/S | 2 |
| $a_2$ | 4 | R/S | 3 |
| $a_3$ | −2 | R/S | 4 |
| Ende der Koeffizienteneingabe | | B | 4 |
| Eingabe von: $\lambda_0$ | −1.5 | R/S | |
| Anzeige von: $p_0 = pol(\lambda_0)$ | | | 2.125 |
| $q_0 = pol'(\lambda_0)$ | | R/S | −11.75 |
| anderes Argument | | B | −11.75 |
| Eingabe von: $\lambda_1$ | 2.5 | R/S | |
| Anzeige von: $p_1 = pol(\lambda_1)$ | | | 11.125 |
| $q_1 = pol'(\lambda_1)$ | | R/S | 0.25 |

| Programm 3.9 | Das erweiterte Horner-Schema |
|---|---|

```
000  76 LBL      018  01   1      036  03   03      055  02   02
001  11  A       019  44 SUM      037  08   8       056  49 PRD
002  91 R/S      020  06   06     038  42 STO       057  04   04
003  42 STO      021  44 SUM      039  05   05      058  73 RC*
004  00   00     022  02   02     040  43 RCL       059  05   05
005  00   0      023  61 GTO      041  07   07      060  44 SUM
006  42 STO      024  33 X²       042  42 STO       061  04   04
007  02   02     025  76 LBL      043  04   04      062  01   1
008  07   7      026  12  B       044  76 LBL       063  44 SUM
009  42 STO      027  91 R/S      045  34 ГX        064  05   05
010  06   06     028  42 STO      046  43 RCL       065  97 DSZ
011  76 LBL      029  02   02     047  02   02      066  01   01
012  33 X²       030  43 RCL      048  49 PRD       067  34 ГX
013  43 RCL      031  00   00     049  03   03      068  43 RCL
014  02   02     032  42 STO      050  43 RCL       069  04   04
015  91 R/S      033  01   01     051  04   04      070  91 R/S
016  72 ST*      034  00   0      052  44 SUM       071  43 RCL
017  06   06     035  42 STO      053  03   03      072  03   03
                                  054  43 RCL       073  91 R/S
```

## 3.10 Einfache Nullstellen von Polynomen

Einfache Nullstellen s eines Polynoms

$$pol\,(\lambda) = a_0\lambda^n + a_1\lambda^{n-1} + \dots + a_n$$

bestimmt man durch das Iterationsverfahren von Newton (siehe 3.6 „Das Newton-Verfahren"):

$$\lambda_{i+1} = \lambda_i - \frac{pol\,(\lambda_i)}{pol'\,(\lambda_i)}\,; \quad i = 0, 1, \dots$$

Dabei ist $\lambda_0$ ein geeigneter Startwert. Der Quotient

$$q := \frac{pol\,(\lambda_i)}{pol'\,(\lambda_i)}$$

wird im erweiterten Horner-Schema bestimmt (siehe 3.9 „Das erweiterte Horner-Schema").
Eingegeben werden neben den Koeffizienten $a_0, \dots, a_n$ und dem Startwert $\lambda_0$ eine
Toleranz $\epsilon > 0$ und die Höchstzahl N von Iterationen. Das Programm bricht nach weniger
als N Schritten ab, wenn

$$|q| < \epsilon \qquad \text{ist.}$$

Beachte: $a_0$ ist der Koeffizient von $\lambda^n$!

## Programminstruktionen

|   | Verfahren | Eingabe | Taste | Anzeige |
|---|-----------|---------|-------|---------|
| 1 | Magnetkarte einlesen (Block 1) | | | 1 |
| 2 | Programmbeginn | | A | 1 |
| 3 | Eingabe von $n, \epsilon, a_0, \dots, a_n$ | $n$ | R/S | $n$ |
|   |  | $\epsilon$ | R/S | 0 |
|   |  | $a_0$ | R/S | 1 |
|   |  | $a_1$ | R/S | 2 |
|   |  | $\vdots$ | $\vdots$ | $\vdots$ |
|   |  | $a_n$ | R/S | n+1 |
| 4 | Ende der Koeffizienteneingabe | | B | n+1 |
| 5 | Eingabe von $\lambda_0$ und N | $\lambda_0$ | R/S | $\lambda_0$ |
|   |  | N | R/S | |
| 6 | Ergebnisanzeige | | | s |

## Registerinhalte

$R_{00}, \dots, R_{07}$: Programmzeiger
$R_{08}, \dots, R_{n+8}$: $a_0, a_1, \dots, a_n$

**Beispiel**

Gesucht sind die Nullstellen $s_1, s_2, s_3$ von

$$pol(\lambda) = -\lambda^3 + 3\lambda^2 + 4\lambda - 2$$

und den Startwerten $\lambda_{01} = -1$, $\lambda_{02} = 1$, $\lambda_{03} = 5$ und $\epsilon = 10^{-10}$

| Anmerkungen | Eingabe | Taste | Anzeige |
|---|---|---|---|
| Magnetkarte einlesen (Block 1) | | | 1 |
| Programmbeginn | | A | 1 |
| Eingabe von: n | 3 | R/S | 3 |
| $\epsilon$ | 1 | EE | 1 00 |
| | -10 | R/S | 0 00 |
| | | INV | |
| | | EE | 0 |
| $a_0$ | -1 | R/S | 1 |
| $a_1$ | 3 | R/S | 2 |
| $a_2$ | 4 | R/S | 3 |
| $a_3$ | -2 | R/S | 4 |
| Ende der Koeffizienteneingabe | | B | 4 |
| Eingabe von: $\lambda_{0\,1}$ | -1 | R/S | -1 |
| N | 10 | R/S | |
| Anzeige von: $s_1$ | | | -1.292401585 |
| anderer Startwert | | B | -1.292401585 |
| Eingabe von: $\lambda_{0\,2}$ | 1 | R/S | 1 |
| N | 10 | R/S | |
| Anzeige von: $s_2$ | | | .3972950693 |
| anderer Startwert | | B | .3972950693 |
| Eingabe von: $\lambda_{0\,3}$ | 5 | R/S | 5 |
| N | 10 | R/S | |
| Anzeige von: $s_3$ | | | 3.895106516 |

| Programm 3.10 | Einfache Nullstellen von Polynomen |
|---|---|

| | | | | | | | | | | |
|---|---|---|---|---|---|---|---|---|---|---|
| 000 | 76 | LBL | 008 | 42 | STO | 016 | 02 | 02 | 024 | 02 | 02 |
| 001 | 11 | A | 009 | 02 | 02 | 017 | 91 | R/S | 025 | 61 | GTO |
| 002 | 91 | R/S | 010 | 08 | 8 | 018 | 72 | ST* | 026 | 33 | X² |
| 003 | 42 | STO | 011 | 42 | STO | 019 | 07 | 07 | 027 | 76 | LBL |
| 004 | 00 | 00 | 012 | 07 | 07 | 020 | 01 | 1 | 028 | 12 | B |
| 005 | 91 | R/S | 013 | 76 | LBL | 021 | 44 | SUM | 029 | 91 | R/S |
| 006 | 32 | X⇄T | 014 | 33 | X² | 022 | 07 | 07 | 030 | 42 | STO |
| 007 | 00 | 0 | 015 | 43 | RCL | 023 | 44 | SUM | 031 | 02 | 02 |

```
032  91 R/S        049  42 STO        066  05  05        083  22 INV
033  42 STO        050  04  04        067  44 SUM        084  77  GE
034  06  06        051  76 LBL        068  04  04        085  14  D
035  76 LBL        052  34 ΓX         069  01  1         086  43 RCL
036  13  C         053  43 RCL        070  44 SUM        087  04  04
037  43 RCL        054  02  02        071  05  05        088  22 INV
038  00  00        055  49 PRD        072  97 DSZ        089  44 SUM
039  42 STO        056  03  03        073  01  01        090  02  02
040  01  01        057  43 RCL        074  34 ΓX         091  97 DSZ
041  00  0         058  04  04        075  43 RCL        092  06  06
042  42 STO        059  44 SUM        076  03  03        093  13  C
043  03  03        060  03  03        077  22 INV        094  76 LBL
044  09  9         061  43 RCL        078  49 PRD        095  14  D
045  42 STO        062  02  02        079  04  04        096  43 RCL
046  05  05        063  49 PRD        080  43 RCL        097  02  02
047  43 RCL        064  04  04        081  04  04        098  91 R/S
048  08  08        065  73 RC*        082  50 IXI
```

## 3.11  Das Verfahren von Bairstow

Hat das reelle Polynom

$$\text{pol}(\lambda) = a_0 \lambda^n + a_1 \lambda^{n-1} + \ldots + a_n$$

die komplexe Nullstelle $\mu$, so ist auch die zu $\mu$ konjugiert komplexe Zahl $\overline{\mu}$ Nullstelle von pol ($\lambda$) und $(\lambda - \mu)(\lambda - \overline{\mu})$ ist ein reelles quadratisches Polynom $\lambda^2 - u\lambda - v$, das sich nach dem Euklidischen Algorithmus von pol ($\lambda$) abspalten läßt. Sind $u_0$ und $v_0$ Näherungen für u und v in $\lambda^2 - u\lambda - v$, so liefert das Programm verbesserte Näherungen $u_1 = u_0 + \Delta u$ und $v_1 = v_0 + \Delta v$.

Beachte: $a_0$ ist der Koeffizient von $\lambda^n$!

## Programminstruktionen

| | Verfahren | Eingabe | Taste | Anzeige |
|---|---|---|---|---|
| 1 | Magnetkarte einlesen (Block 1) | | | 1 |
| 2 | Programmbeginn | | A | 1 |
| 3 | Eingabe von $n, u_0, v_0, a_0, a_1, \ldots, a_n$ | n | R/S | n |
| | | $u_0$ | R/S | $u_0$ |
| | | $v_0$ | R/S | 0 |
| | | $a_0$ | R/S | 1 |
| | | $a_1$ | R/S | 2 |
| | | $\vdots$ | $\vdots$ | $\vdots$ |
| | | $a_n$ | R/S | n+1 |
| 4 | Ende der Koeffizienteneingabe | | B | |
| 5 | Anzeige von $u_1$ und $v_1$ | | | $u_1$ |
| | | | R/S | $v_1$ |

## Registerinhalte

$R_{00}, \ldots, R_{10}$: Programmzeiger

$R_{11}, \ldots, R_{n+11}$: $a_0, \ldots, a_n$

$R_{n+12}, \ldots, R_{3n+13}$: Zwischenergebnisse

## Bemerkung

Das Verfahren ist nicht auf Paare konjugiert komplexer Nullstellen beschränkt.

## Beispiel

Die Näherung des quadratischen Faktors

$$\lambda^2 - u_0\lambda - v_0 = \lambda^2 - 1.8\lambda - (-2.3)$$

von

$$\text{pol}(\lambda) = \lambda^4 - \lambda^3 - 6\lambda^2 + 14\lambda - 12$$

soll verbessert werden.

| Anmerkungen | Eingabe | Taste | Anzeige |
|---|---|---|---|
| Magnetkarte einlesen (Block 1) | | | 1 |
| Programmbeginn | | A | 1 |
| Eingabe von:  n | 4 | R/S | 4 |
| $u_0$ | 1.8 | R/S | 1.8 |
| $v_0$ | −2.3 | R/S | 0 |
| $a_0$ | 1 | R/S | 1 |
| $a_1$ | −1 | R/S | 2 |
| $a_2$ | −6 | R/S | 3 |
| $a_3$ | 14 | R/S | 4 |
| $a_4$ | −12 | R/S | 5 |
| Ende der Koeffizienteneingabe | | B | |
| Anzeige von:  $u_1$ | | | 1.941934625 |
| $v_1$ | | R/S | −1.983128031 |

Es ist $u = 2$ und $v = -2$.

| Programm 3.11 | Das Verfahren von Bairstow |
|---|---|

| | | | | | | | | | | | |
|---|---|---|---|---|---|---|---|---|---|---|---|
| 000 | 76 | LBL | | 054 | 03 | 03 | | 108 | 73 | RC* | |
| 001 | 11 | A | | 055 | 01 | 1 | | 109 | 05 | 05 | |
| 002 | 91 | R/S | | 056 | 22 | INV | | 110 | 95 | = | |
| 003 | 42 | STO | | 057 | 44 | SUM | | 111 | 72 | ST* | |
| 004 | 10 | 10 | | 058 | 03 | 03 | | 112 | 06 | 06 | |
| 005 | 91 | R/S | | 059 | 00 | 0 | | 113 | 43 | RCL | |
| 006 | 42 | STO | | 060 | 72 | ST* | | 114 | 02 | 02 | |
| 007 | 01 | 01 | | 061 | 03 | 03 | | 115 | 65 | × | |
| 008 | 91 | R/S | | 062 | 01 | 1 | | 116 | 73 | RC* | |
| 009 | 42 | STO | | 063 | 02 | 2 | | 117 | 07 | 07 | |
| 010 | 02 | 02 | | 064 | 42 | STO | | 118 | 85 | + | |
| 011 | 00 | 0 | | 065 | 05 | 05 | | 119 | 43 | RCL | |
| 012 | 42 | STO | | 066 | 02 | 2 | | 120 | 01 | 01 | |
| 013 | 03 | 03 | | 067 | 65 | × | | 121 | 65 | × | |
| 014 | 01 | 1 | | 068 | 43 | RCL | | 122 | 73 | RC* | |
| 015 | 01 | 1 | | 069 | 00 | 00 | | 123 | 08 | 08 | |
| 016 | 42 | STO | | 070 | 85 | + | | 124 | 85 | + | |
| 017 | 04 | 04 | | 071 | 01 | 1 | | 125 | 73 | RC* | |
| 018 | 76 | LBL | | 072 | 04 | 4 | | 126 | 04 | 04 | |
| 019 | 33 | X² | | 073 | 95 | = | | 127 | 95 | = | |
| 020 | 43 | RCL | | 074 | 42 | STO | | 128 | 72 | ST* | |
| 021 | 03 | 03 | | 075 | 07 | 07 | | 129 | 09 | 09 | |
| 022 | 91 | R/S | | 076 | 00 | 0 | | 130 | 01 | 1 | |
| 023 | 72 | ST* | | 077 | 72 | ST* | | 131 | 44 | SUM | |
| 024 | 04 | 04 | | 078 | 07 | 07 | | 132 | 03 | 03 | |
| 025 | 01 | 1 | | 079 | 43 | RCL | | 133 | 44 | SUM | |
| 026 | 44 | SUM | | 080 | 07 | 07 | | 134 | 04 | 04 | |
| 027 | 03 | 03 | | 081 | 85 | + | | 135 | 44 | SUM | |
| 028 | 44 | SUM | | 082 | 01 | 1 | | 136 | 05 | 05 | |
| 029 | 04 | 04 | | 083 | 95 | = | | 137 | 44 | SUM | |
| 030 | 61 | GTO | | 084 | 42 | STO | | 138 | 06 | 06 | |
| 031 | 33 | X² | | 085 | 08 | 08 | | 139 | 44 | SUM | |
| 032 | 76 | LBL | | 086 | 85 | + | | 140 | 07 | 07 | |
| 033 | 12 | B | | 087 | 01 | 1 | | 141 | 44 | SUM | |
| 034 | 43 | RCL | | 088 | 95 | = | | 142 | 08 | 08 | |
| 035 | 10 | 10 | | 089 | 42 | STO | | 143 | 44 | SUM | |
| 036 | 42 | STO | | 090 | 09 | 09 | | 144 | 09 | 09 | |
| 037 | 00 | 00 | | 091 | 00 | 0 | | 145 | 97 | DSZ | |
| 038 | 85 | + | | 092 | 72 | ST* | | 146 | 00 | 00 | |
| 039 | 01 | 1 | | 093 | 08 | 08 | | 147 | 34 | ГХ | |
| 040 | 03 | 3 | | 094 | 76 | LBL | | 148 | 01 | 1 | |
| 041 | 95 | = | | 095 | 34 | ГХ | | 149 | 94 | +/- | |
| 042 | 42 | STO | | 096 | 43 | RCL | | 150 | 44 | SUM | |
| 043 | 03 | 03 | | 097 | 02 | 02 | | 151 | 06 | 06 | |
| 044 | 42 | STO | | 098 | 65 | × | | 152 | 44 | SUM | |
| 045 | 04 | 04 | | 099 | 73 | RC* | | 153 | 04 | 04 | |
| 046 | 85 | + | | 100 | 03 | 03 | | 154 | 44 | SUM | |
| 047 | 01 | 1 | | 101 | 85 | + | | 155 | 09 | 09 | |
| 048 | 95 | = | | 102 | 43 | RCL | | 156 | 44 | SUM | |
| 049 | 42 | STO | | 103 | 01 | 01 | | 157 | 08 | 08 | |
| 050 | 06 | 06 | | 104 | 65 | × | | 158 | 44 | SUM | |
| 051 | 43 | RCL | | 105 | 73 | RC* | | 159 | 07 | 07 | |
| 052 | 11 | 11 | | 106 | 04 | 04 | | 160 | 73 | RC* | |
| 053 | 72 | ST* | | 107 | 85 | + | | 161 | 09 | 09 | |
| | | | | | | | | 162 | 65 | × | |

| | | |
|---|---|---|
| 163 | 73 | RC* |
| 164 | 07 | 07 |
| 165 | 75 | - |
| 166 | 73 | RC* |
| 167 | 08 | 08 |
| 168 | 33 | X² |
| 169 | 95 | = |
| 170 | 42 | STO |
| 171 | 05 | 05 |
| 172 | 53 | ( |
| 173 | 73 | RC* |
| 174 | 06 | 06 |
| 175 | 65 | × |
| 176 | 73 | RC* |
| 177 | 07 | 07 |
| 178 | 75 | - |
| 179 | 73 | RC* |
| 180 | 04 | 04 |
| 181 | 65 | × |
| 182 | 73 | RC* |
| 183 | 08 | 08 |
| 184 | 54 | ) |
| 185 | 55 | ÷ |
| 186 | 43 | RCL |
| 187 | 05 | 05 |
| 188 | 95 | = |
| 189 | 22 | INV |
| 190 | 44 | SUM |
| 191 | 01 | 01 |
| 192 | 53 | ( |
| 193 | 73 | RC* |
| 194 | 09 | 09 |
| 195 | 65 | × |
| 196 | 73 | RC* |
| 197 | 04 | 04 |
| 198 | 75 | - |
| 199 | 73 | RC* |
| 200 | 06 | 06 |
| 201 | 65 | × |
| 202 | 73 | RC* |
| 203 | 08 | 08 |
| 204 | 54 | ) |
| 205 | 55 | ÷ |
| 206 | 43 | RCL |
| 207 | 05 | 05 |
| 208 | 95 | = |
| 209 | 22 | INV |
| 210 | 44 | SUM |
| 211 | 02 | 02 |
| 212 | 43 | RCL |
| 213 | 01 | 01 |
| 214 | 91 | R/S |
| 215 | 43 | RCL |
| 216 | 02 | 02 |
| 217 | 91 | R/S |

## 3.12 Das Bernoulli-Verfahren

Ist $\text{pol}(\lambda) = \lambda^n + a_1 \lambda^{n-1} + \ldots + a_n$ ein normiertes Polynom ($a_0 = 1$) vom Grad n, so ist $\text{pol}(\lambda)$ das charakteristische Polynom der Matrix

$$
\begin{bmatrix}
0 & 1 & & & \\
& & & & 0 \\
& & \cdot & \cdot & \\
0 & & & \cdot & \\
& & & 0 & 1 \\
-a_n & \cdots & & -a_2 & -a_1
\end{bmatrix}
\quad \text{und es gilt}
$$

$$
\begin{bmatrix}
0 & 1 & & & \\
& & & & 0 \\
& & \cdot & \cdot & \\
0 & & & 0 & 1 \\
-a_n & \cdots & & -a_2 & -a_1
\end{bmatrix}
\begin{bmatrix}
y_k \\
\cdot \\
\cdot \\
\cdot \\
y_{k+n-2} \\
y_{k+n-1}
\end{bmatrix}
=
\begin{bmatrix}
y_{k+1} \\
\cdot \\
\cdot \\
\cdot \\
y_{k+n-1} \\
y_{k+n}
\end{bmatrix}
\quad \text{mit}
$$

$$
y_{k+n} = - \sum_{i=1}^{n} a_{n+1-i} \cdot y_{k+i-1}; \quad k = 0, 1, \ldots
$$

Wählt man einen geeigneten Startvektor $[y_0, \ldots, y_{n-1}]^T$, etwa $[0, \ldots, 0, 1]^T$, und besitzt $\text{pol}(\lambda)$ eine betragsgrößte Nullstelle $\lambda_1$, so konvergiert die Folge der Quotienten $y_{k+1}/y_k$ gegen $\lambda_1$. Das Programm benutzt den oben angegebenen Startvektor und bricht nach der vorzugebenden Anzahl N von Iterationsschritten ab. Es bearbeitet auch Polynome mit $a_0 \neq 1$ und eignet sich zur Bestimmung eines Startwertes für das Programm 3.11 ,,Einfache Nullstellen von Polynomen''.

Beachte: $a_0$ ist der Koeffizient von $\lambda^n$!

### Programminstruktionen

| | Verfahren | Eingabe | Taste | Anzeige |
|---|---|---|---|---|
| 1 | Magnetkarte einlesen (Block 1) | | | 1 |
| 2 | Programmbeginn | | A | 1 |
| 3 | Eingabe von N, $a_0$, $a_1$, ..., $a_n$ | N | R/S | 0 |
| | | $a_0$ | R/S | 1 |
| | | $a_1$ | R/S | 2 |
| | | $\vdots$ | $\vdots$ | $\vdots$ |
| | | $a_n$ | R/S | n+1 |
| 4 | Ende der Koeffizienteneingabe | | B | |
| 5 | Anzeige von $\lambda_1$ | | | $\lambda_1$ |

## Registerinhalte

$R_{00}, ..., R_{06}$: Programmzeiger
$R_{07}, ..., R_{n+7}$: $a_0, a_1, ..., a_n$
$R_{n+8}, ..., R_{2n+7}$: $y_k, ..., y_{k+n-1}$

## Beispiel

Gesucht ist in $N = 5$ Schritten die betragsgrößte Wurzel $\lambda_1$ von

$$\text{pol}(\lambda) = -\lambda^3 + 3\lambda^2 + 4\lambda - 2$$

| Anmerkungen | Eingabe | Taste | Anzeige |
|---|---|---|---|
| Magnetkarte einlesen (Block 1) | | | 1 |
| Programmbeginn | | A | 1 |
| Eingabe von: N | 5 | R/S | 0 |
| $a_0$ | -1 | R/S | 1 |
| $a_1$ | 3 | R/S | 2 |
| $a_2$ | 4 | R/S | 3 |
| $a_3$ | -2 | R/S | 4 |
| Ende der Koeffizienteneingabe | | B | |
| Anzeige von: $\lambda_1$ | | | 3.880829016 |

| **Programm 3.12** | **Das Bernoulli-Verfahren** |
|---|---|

| | | | | | | | | | | | |
|---|---|---|---|---|---|---|---|---|---|---|---|
| 000 | 76 | LBL | 024 | 33 | X² | 048 | 34 | ┌X | 072 | 05 | 05 |
| 001 | 11 | A | 025 | 76 | LBL | 049 | 01 | 1 | 073 | 76 | LBL |
| 002 | 91 | R/S | 026 | 12 | B | 050 | 72 | ST* | 074 | 42 | STO |
| 003 | 42 | STO | 027 | 01 | 1 | 051 | 02 | 02 | 075 | 73 | RC* |
| 004 | 00 | 00 | 028 | 22 | INV | 052 | 76 | LBL | 076 | 02 | 02 |
| 005 | 00 | 0 | 029 | 44 | SUM | 053 | 35 | 1/X | 077 | 65 | × |
| 006 | 42 | STO | 030 | 01 | 01 | 054 | 08 | 8 | 078 | 73 | RC* |
| 007 | 01 | 01 | 031 | 43 | RCL | 055 | 42 | STO | 079 | 03 | 03 |
| 008 | 07 | 7 | 032 | 01 | 01 | 056 | 02 | 02 | 080 | 95 | = |
| 009 | 42 | STO | 033 | 75 | - | 057 | 43 | RCL | 081 | 44 | SUM |
| 010 | 02 | 02 | 034 | 01 | 1 | 058 | 01 | 01 | 082 | 06 | 06 |
| 011 | 76 | LBL | 035 | 95 | = | 059 | 65 | × | 083 | 01 | 1 |
| 012 | 33 | X² | 036 | 42 | STO | 060 | 02 | 2 | 084 | 44 | SUM |
| 013 | 43 | RCL | 037 | 03 | 03 | 061 | 85 | + | 085 | 02 | 02 |
| 014 | 01 | 01 | 038 | 76 | LBL | 062 | 07 | 7 | 086 | 22 | INV |
| 015 | 91 | R/S | 039 | 34 | ┌X | 063 | 95 | = | 087 | 44 | SUM |
| 016 | 72 | ST* | 040 | 00 | 0 | 064 | 42 | STO | 088 | 03 | 03 |
| 017 | 02 | 02 | 041 | 72 | ST* | 065 | 03 | 03 | 089 | 97 | DSZ |
| 018 | 01 | 1 | 042 | 02 | 02 | 066 | 00 | 0 | 090 | 05 | 05 |
| 019 | 44 | SUM | 043 | 01 | 1 | 067 | 42 | STO | 091 | 42 | STO |
| 020 | 01 | 01 | 044 | 44 | SUM | 068 | 06 | 06 | 092 | 43 | RCL |
| 021 | 44 | SUM | 045 | 02 | 02 | 069 | 43 | RCL | 093 | 07 | 07 |
| 022 | 02 | 02 | 046 | 97 | DSZ | 070 | 01 | 01 | 094 | 94 | +/- |
| 023 | 61 | GTO | 047 | 03 | 03 | 071 | 42 | STO | 095 | 22 | INV |

```
096  49 PRD      110  85  +      124  44 SUM      138  75  -
097  06  06      111  01  1      125  03  03      139  01  1
098  43 RCL      112  95  =      126  97 DSZ      140  95  =
099  01  01      113  42 STO     127  05  05      141  42 STO
100  75  -       114  03  03     128  43 RCL      142  03  03
101  01  1       115  76 LBL     129  43 RCL      143  73 RC*
102  95  =       116  43 RCL     130  06  06      144  03  03
103  42 STO      117  73 RC*     131  72 ST*      145  22 INV
104  05  05      118  03  03     132  02  02      146  64 PD*
105  85  +       119  72 ST*     133  97 DSZ      147  02  02
106  09  9       120  02  02     134  00  00      148  73 RC*
107  95  =       121  01  1      135  35 1/X      149  02  02
108  42 STO      122  44 SUM     136  43 RCL      150  91 R/S
109  02  02      123  02  02     137  02  02
```

# 3.13 Das inverse Bernoulli-Verfahren

Ist $\lambda_n \neq 0$ betragsmäßig kleinste Nullstelle von

$$\text{pol}\,(\lambda) = a_0 \lambda^n + a_1 \lambda^{n-1} + \ldots + a_n \,,$$

so ist $\mu_n = 1/\lambda_n$ die betragsmäßig größte Nullstelle von

$$\text{rez}\,(\mu) = \mu^n \,\text{pol}\,\left(\tfrac{1}{\mu}\right) = a_0 + a_1 \mu + \ldots + a_n \mu^n \,.$$

Wendet man die in 3.12 „Das Bernoulli-Verfahren" geschilderte Methode auf rez $(\mu)$ an, so konvergiert die Folge der Quotienten $y_k/y_{k+1}$ gegen $\lambda_n$. Die Anzahl N der vom Programm durchzuführenden Iterationen ist vorzugeben.

Beachte: $a_0$ ist der Koeffizient von $\lambda^n$!

## Programminstruktionen

| | Verfahren | Eingabe | Taste | Anzeige |
|---|---|---|---|---|
| 1 | Magnetkarte einlesen (Block 1) | | | 1 |
| 2 | Programmbeginn | | A | 1 |
| 3 | Eingabe von N, $a_0$, $a_1$, ..., $a_n$ | N | R/S | 0 |
| | | $a_0$ | R/S | 1 |
| | | $a_1$ | R/S | 2 |
| | | . | . | . |
| | | . | . | . |
| | | $a_n$ | R/S | n+1 |
| 4 | Ende der Koeffizienteneingabe | | B | |
| 5 | Ergebnisanzeige | | | $\lambda_n$ |

## Registerinhalte

$R_{00}, \ldots, R_{07}$: Programmzeiger
$R_{08}, \ldots, R_{n+7}$: $a_0, \ldots, a_n$
$R_{n+8}, \ldots, R_{2n+7}$: $y_k, \ldots, y_{k+n-1}$

## Beispiel

Gesucht ist in $N = 5$ Schritten die betragskleinste Wurzel von

$$pol\,(\lambda) = -\lambda^3 + 3\lambda^2 + 4\lambda - 2$$

| Anmerkungen | Eingabe | Taste | Anzeige |
|---|---|---|---|
| Magnetkarte einlesen (Block 1) | | | 1 |
| Programmbeginn | | A | 1 |
| Eingabe von:  N | 5 | R/S | 0 |
| $a_0$ | −1 | R/S | 1 |
| $a_1$ | 3 | R/S | 2 |
| $a_2$ | 4 | R/S | 3 |
| $a_3$ | −2 | R/S | 4 |
| Ende der Koeffizienteneingabe | | B | |
| Anzeige von:  $\lambda_n$ | | | .398255814 |

| **Programm 3.13** | **Das inverse Bernoulli-Verfahren** |
|---|---|

```
000   76 LBL      024   33 X²       048   34 ⌐X       072   02   02
001   11  A       025   76 LBL      049   01   1      073   65   ×
002   91 R/S      026   12  B       050   72 ST*      074   73 RC*
003   42 STD      027   01   1      051   02   02     075   03   03
004   00   00     028   22 INV      052   76 LBL      076   95   =
005   00   0      029   44 SUM      053   35 1/X      077   44 SUM
006   42 STD      030   01   01     054   07   7      078   06   06
007   01   01     031   43 RCL      055   42 STD      079   01   1
008   07   7      032   01   01     056   02   02     080   44 SUM
009   42 STD      033   75   -      057   43 RCL      081   02   02
010   02   02     034   01   1      058   01   01     082   44 SUM
011   76 LBL      035   95   =      059   42 STD      083   03   03
012   33 X²       036   42 STD      060   05   05     084   97 DSZ
013   43 RCL      037   03   03     061   85   +      085   05   05
014   01   01     038   76 LBL      062   08   8      086   42 STD
015   91 R/S      039   34 ⌐X       063   95   =      087   43 RCL
016   72 ST*      040   00   0      064   42 STD      088   01   01
017   02   02     041   72 ST*      065   03   03     089   85   +
018   01   1      042   02   02     066   00   0      090   07   7
019   44 SUM      043   01   1      067   42 STD      091   95   =
020   01   01     044   44 SUM      068   06   06     092   42 STD
021   44 SUM      045   02   02     069   76 LBL      093   02   02
022   02   02     046   97 DSZ      070   42 STD      094   73 RC*
023   61 GTD      047   03   03     071   73 RC*      095   02   02
```

| | | | | | | | | | | |
|---|---|---|---|---|---|---|---|---|---|---|
| 096 | 94 | +/- | 110 | 42 | STO | 124 | 44 | SUM | 138 | 43 | RCL |
| 097 | 22 | INV | 111 | 02 | 02 | 125 | 02 | 02 | 139 | 02 | 02 |
| 098 | 49 | PRD | 112 | 85 | + | 126 | 44 | SUM | 140 | 75 | - |
| 099 | 06 | 06 | 113 | 01 | 1 | 127 | 03 | 03 | 141 | 01 | 1 |
| 100 | 43 | RCL | 114 | 95 | = | 128 | 97 | DSZ | 142 | 95 | = |
| 101 | 01 | 01 | 115 | 42 | STO | 129 | 05 | 05 | 143 | 42 | STO |
| 102 | 75 | - | 116 | 03 | 03 | 130 | 43 | RCL | 144 | 03 | 03 |
| 103 | 01 | 1 | 117 | 76 | LBL | 131 | 43 | RCL | 145 | 73 | RC* |
| 104 | 95 | = | 118 | 43 | RCL | 132 | 06 | 06 | 146 | 02 | 02 |
| 105 | 42 | STO | 119 | 73 | RC* | 133 | 72 | ST* | 147 | 22 | INV |
| 106 | 05 | 05 | 120 | 03 | 03 | 134 | 02 | 02 | 148 | 64 | PD* |
| 107 | 85 | + | 121 | 72 | ST* | 135 | 97 | DSZ | 149 | 03 | 03 |
| 108 | 09 | 9 | 122 | 02 | 02 | 136 | 00 | 00 | 150 | 73 | RC* |
| 109 | 95 | = | 123 | 01 | 1 | 137 | 35 | 1/X | 151 | 03 | 03 |
| | | | | | | | | | 152 | 91 | R/S |

# 3.14 De QD-Algorithmus für tridiagonale Matrizen

Ist A eine tridiagonale Matrix, deren obere Nebendiagonale aus Einsen besteht

$$A = \begin{bmatrix} q_1 & 1 & & & & \\ e_1 q_1 & e_1 + q_2 & 1 & & & 0 \\ & \cdot & \cdot & \cdot & & \\ & & \cdot & \cdot & \cdot & \\ 0 & & \cdot & \cdot & 1 \\ & & e_{n-1} q_{n-1} & e_{n-1} + q_n \end{bmatrix}$$

und existiert die LR-Zerlegung von A, so ist

$$LR = \begin{bmatrix} 1 & & & \\ & \cdot & & 0 \\ e_1 & \cdot & \cdot & \\ & \cdot & \cdot & \\ 0 & \cdot & \cdot & \\ & & e_{n-1} & 1 \end{bmatrix} \begin{bmatrix} q_1 & 1 & & \\ & \cdot & \cdot & 0 \\ & & \cdot & \cdot \\ & & & \cdot & 1 \\ 0 & & & \cdot & q_n \end{bmatrix}$$

Berechnet man nach den Regeln

$$e_{k-1}^{(i+1)} + q_k^{(i+1)} = e_k^{(i)} + q_k^{(i)}$$

und

$$e_k^{(i+1)} q_k^{(i+1)} = e_k^{(i)} q_{k+1}^{(i)}$$

die Folgen $(q_k^{(i)})_{i=1}^{\infty}$ und $(e_k^{(i)})_{i=1}^{\infty}$, so konvergieren die $e_k$ gegen Null und die $q_k$ gegen die Eigenwerte von A, falls die Eigenwerte von A paarweise von verschiedenem Betrag sind. Das Programm führt eine vorzugebende Anzahl N von QD-Schritten durch; dann erfolgt die Ausgabe von $e_1^{(N)}, ..., e_{n-1}^{(N)}; q_1^{(N)}, ..., q_n^{(N)}$. Wird im Verlauf der Rechnung eines der $q_k$ zu Null, so hält das Programm und der Rechner zeigt dies durch eine blinkende Anzeige an. Die Ausgabe der momentanen $e_k$ und $q_k$ erfolgt dann nach Drücken der Taste <u>C</u>.

## Programminstruktionen

| | Verfahren | Eingabe | Taste | Anzeige |
|---|---|---|---|---|
| 1 | Magnetkarte einlesen (Block 1) | | | 1 |
| 2 | Programmbeginn | | A | 1 |
| 3 | Eingabe von $e_1, ..., e_{n-1}$; $q_1, ..., q_n$ | $e_1$ | R/S | 2 |
| | | ⋮ | ⋮ | ⋮ |
| | | $e_{n-1}$ | R/S | n |
| | | $q_1$ | R/S | n+1 |
| | | ⋮ | ⋮ | ⋮ |
| | | $q_n$ | R/S | 2n |
| 4 | Ende der Koeffizienteneingabe | | B | 2n |
| 5 | Eingabe von n und N | n | R/S | 0 |
| | | N | R/S | |
| 6 | Ergebnisanzeige | | | $e_1^{(N)}$ |
| | | | R/S | $e_2^{(N)}$ |
| | | | ⋮ | ⋮ |
| | | | R/S | $e_{n-1}^{(N)}$ |
| | | | R/S | $q_1^{(N)}$ |
| | | | ⋮ | ⋮ |
| | | | R/S | $q_n^{(N)}$ |

## Registerinhalte

$R_{00}, ..., R_{08}$: Programmzeiger
$R_{09}, ..., R_{n+7}$: $e_1, ..., e_{n-1}$
$R_{n+8}, ..., R_{2n+7}$: $q_1, ..., q_n$

## Beispiel

Gesucht sind die Eigenwerte der Matrix

$$A = \begin{bmatrix} 1 & 1 & 0 \\ 1 & 2 & 1 \\ 0 & 2 & 3 \end{bmatrix} = \begin{bmatrix} 1 & 0 & 0 \\ 1 & 1 & 0 \\ 0 & 2 & 1 \end{bmatrix} \begin{bmatrix} 1 & 1 & 0 \\ 0 & 1 & 1 \\ 0 & 0 & 1 \end{bmatrix} = LR.$$

Es ist $e_1 = 1$, $e_2 = 2$, $q_1 = q_2 = q_3 = 1$. Es sollen 20 QD-Schritte durchgeführt werden.

| Anmerkungen | Eingabe | Taste | Anzeige |
|---|---|---|---|
| Magnetkarte einlesen (Block 1) | | | 1 |
| Programmbeginn | | A | 1 |
| Eingabe von:　$e_1$ | 1 | R/S | 2 |
| 　　　　　　　$e_2$ | 2 | R/S | 3 |
| 　　　　　　　$q_1$ | 1 | R/S | 4 |
| 　　　　　　　$q_2$ | 1 | R/S | 5 |
| 　　　　　　　$q_3$ | 1 | R/S | 6 |
| Ende der Koeffizienteneingabe | | B | 6 |
| Eingabe von:　n | 3 | R/S | |
| 　　　　　　　N | 20 | R/S | |
| Anzeige von:　$e_1^{(N)}$ | | | .0000005666 |
| 　　　　　　　$e_2^{(N)}$ | | R/S | 5.2804618 −22 |
| 　　　　　　　$q_1^{(N)}$ | | R/S | 4.114906557 |
| 　　　　　　　$q_2^{(N)}$ | | R/S | 1.745898729 |
| 　　　　　　　$q_3^{(N)}$ | | R/S | .1391941469 |

| Programm 3.14 | Der QD-Algorithmus für tridiagonale Matrizen |
|---|---|

```
000   76 LBL        027   33 X²         054   43 RCL        081   75  -
001   11  A         028   76 LBL        055   02  02        082   73 RC*
002   08  8         029   12  B         056   85  +         083   04  04
003   42 STO        030   91 R/S        057   43 RCL        084   95  =
004   00  00        031   42 STO        058   00  00        085   74 SM*
005   01  1         032   00  00        059   95  =         086   03  03
006   42 STO        033   75  -         060   42 STO        087   73 RC*
007   01  01        034   01  1         061   03  03        088   03  03
008   00  0         035   95  =         062   85  +         089   67 EQ
009   72 ST*        036   42 STO        063   01  1         090   99 PRT
010   00  00        037   01  01        064   95  =         091   73 RC*
011   01  1         038   08  8         065   42 STO        092   06  06
012   44 SUM        039   42 STO        066   06  06        093   55  ÷
013   00  00        040   02  02        067   43 RCL        094   73 RC*
014   76 LBL        041   25 CLR        068   02  02        095   03  03
015   33 X²         042   91 R/S        069   95  =         096   95  =
016   43 RCL        043   42 STO        070   42 STO        097   64 PD*
017   01  01        044   07  07        071   04  04        098   05  05
018   91 R/S        045   76 LBL        072   85  +         099   01  1
019   72 ST*        046   14  D         073   01  1         100   44 SUM
020   00  00        047   43 RCL        074   95  =         101   03  03
021   01  1         048   00  00        075   42 STO        102   44 SUM
022   44 SUM        049   75  -         076   05  05        103   04  04
023   00  00        050   01  1         077   76 LBL        104   44 SUM
024   44 SUM        051   95  =         078   34 √X         105   05  05
025   01  01        052   42 STO        079   73 RC*        106   44 SUM
026   61 GTO        053   01  01        080   05  05        107   06  06
```

| | | | | | | | | | | | |
|---|---|---|---|---|---|---|---|---|---|---|---|
| 108 | 97 | DSZ | 119 | 76 | LBL | 130 | 03 | 03 | 141 | 04 | 04 |
| 109 | 01 | 01 | 120 | 13 | C | 131 | 43 | RCL | 142 | 91 | R/S |
| 110 | 34 | ГX | 121 | 25 | CLR | 132 | 02 | 02 | 143 | 01 | 1 |
| 111 | 73 | RC* | 122 | 02 | 2 | 133 | 85 | + | 144 | 44 | SUM |
| 112 | 04 | 04 | 123 | 65 | × | 134 | 01 | 1 | 145 | 04 | 04 |
| 113 | 22 | INV | 124 | 43 | RCL | 135 | 95 | = | 146 | 97 | DSZ |
| 114 | 74 | SM* | 125 | 00 | 00 | 136 | 42 | STO | 147 | 03 | 03 |
| 115 | 03 | 03 | 126 | 75 | - | 137 | 04 | 04 | 148 | 22 | INV |
| 116 | 97 | DSZ | 127 | 01 | 1 | 138 | 76 | LBL | 149 | 91 | R/S |
| 117 | 07 | 07 | 128 | 95 | = | 139 | 22 | INV | | | |
| 118 | 14 | D | 129 | 42 | STO | 140 | 73 | RC* | | | |

## 3.15 Der QD-Algorithmus für Polynome

Beginnt man zu einem gegebenen Polynom

$$\text{pol}(\lambda) = a_0\lambda^n + a_1\lambda^{n-1} + \ldots + a_n; \quad a_j \neq 0$$

das QD-Schema mit der horizontalen Doppelzeile

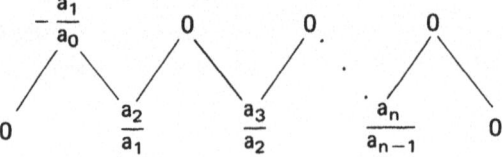

und bestimmt beginnend in der rechten oberen Ecke die Schrägzeilen nach den Rhomben-regeln (siehe 3.14 „Der QD-Algorithmus für tridiagonale Matrizen"), so hat die zu einer voll-ständigen Schrägzeile gehörige Tridiagonalmatrix das gegebene Polynom zum charakteristi-schen Polynom. Das Programm führt nach Bestimmung der ersten vollständigen Schrägzeile eine vorzugebende Anzahl N von QD-Schritten durch; dann erfolgt die Ausgabe von $e_1^{(N)}, \ldots, e_{n-1}^{(N)}$; $q_1^{(N)}, \ldots, q_n^{(N)}$. Sind die Nullstellen von $\text{pol}(\lambda)$ paarweise von verschiedenem Betrag, so konvergieren die $e_k$ gegen Null und die $q_k$ gegen die Nullstellen von $\text{pol}(\lambda)$. Wird im Verlauf der Rechnung eines der $q_k$ zu Null, so hält das Programm und der Rechner zeigt dies durch eine blinkende Anzeige an. Die Ausgabe der momentanen $e_1^{(i)}, \ldots, e_{n-1}^{(i)}$; $q_1^{(i)}, \ldots, q_n^{(i)}$ erfolgt dann nach Drücken der Taste C.

Beachte: $a_0$ ist der Koeffizient von $\lambda^n$!

### Programminstruktionen

| | Verfahren | Eingabe | Taste | Anzeige |
|---|---|---|---|---|
| 1 | Magnetkarte einlesen (Block 1, 2) | | | 2 |
| 2 | Programmbeginn | | A | 0 |
| 3 | Eingabe von $a_0, a_1, \ldots, a_n$ | $a_0$ | R/S | 1 |
| | | $a_1$ | R/S | 2 |
| | | . | . | . |
| | | . | . | . |
| | | . | . | . |
| | | $a_n$ | R/S | n+1 |

| | Verfahren | Eingabe | Taste | Anzeige |
|---|---|---|---|---|
| 4 | Ende der Koeffizienteneingabe | | B | n+1 |
| 5 | Eingabe von n und N | n | R/S | 0 |
| | | N | R/S | |
| 6 | Ergebnisanzeige | | | $e_1^{(N)}$ |
| | | | R/S | $e_2^{(N)}$ |
| | | | ⋮ | ⋮ |
| | | | R/S | $e_{n-1}^{(N)}$ |
| | | | R/S | $q_1^{(N)}$ |
| | | | ⋮ | ⋮ |
| | | | R/S | $q_n^{(N)}$ |

## Registerinhalte

$R_{00}, ..., R_{10}$: Programmzeiger
$R_{11}, ..., R_{n+11}$: $a_0, a_1, ..., a_n$
$R_{n+12}, ..., R_{2n+10}$: $e_1, ..., e_{n-1}$
$R_{2n+11}, ..., R_{3n+10}$: $q_1, ..., q_n$

## Beispiel

Es sollen mit N = 5 QD-Schritten Näherungen für die Nullstellen von

$$\text{pol}(\lambda) = -\lambda^3 + 3\lambda^2 + 4\lambda - 2$$

bestimmt werden.

| Anmerkungen | | Eingabe | Taste | Anzeige |
|---|---|---|---|---|
| Magnetkarte einlesen (Block 1, 2) | | | | 2 |
| Programmbeginn | | | A | 0 |
| Eingabe von: | $a_0$ | −1 | R/S | 1 |
| | $a_1$ | 3 | R/S | 2 |
| | $a_2$ | 4 | R/S | 3 |
| | $a_3$ | −2 | R/S | 4 |
| Ende der Koeffizienteneingabe | | | B | 4 |
| Eingabe von: | n | 3 | R/S | 0 |
| | N | 5 | R/S | |
| Anzeige von: | $e_1$ | | | −.0063368755 |
| | $e_2$ | | R/S | −.0003864977 |
| | $q_1$ | | R/S | 3.899866489 |
| | $q_2$ | | R/S | −1.290529036 |
| | $q_3$ | | R/S | .3973859207 |

| Programm 3.15 | Der QD-Algorithmus für Polynome |
| --- | --- |

```
000  76 LBL      058  85  +        116  95  =        174  94 +/-
001  11  A       059  01  1        117  42 STO       175  44 SUM
002  00  0       060  01  1        118  08  08       176  02  02
003  42 STO      061  95  =        119  43 RCL       177  44 SUM
004  00  00      062  42 STO       120  00  00       178  03  03
005  01  1       063  02  02       121  75  -        179  44 SUM
006  01  1       064  75  -        122  01  1        180  04  04
007  42 STO      065  01  1        123  75  -        181  97 DSZ
008  01  01      066  95  =        124  43 RCL       182  01  01
009  76 LBL      067  42 STO       125  01  01       183  34 ГX
010  33 X²       068  03  03       126  95  =        184  43 RCL
011  43 RCL      069  85  +        127  42 STO       185  00  00
012  00  00      070  43 RCL       128  05  05       186  75  -
013  91 R/S      071  00  00       129  67  EQ       187  01  1
014  72 ST*      072  95  =        130  22 INV       188  95  =
015  01  01      073  42 STO       131  76 LBL       189  42 STO
016  01  1       074  04  04       132  35 1/X       190  01  01
017  44 SUM      075  76 LBL       133  73 RC*       191  01  1
018  00  00      076  34 ГX        134  07  07       192  01  1
019  44 SUM      077  73 RC*       135  75  -        193  85  +
020  01  01      078  02  02       136  73 RC*       194  43 RCL
021  61 GTO      079  55  ÷        137  08  08       195  00  00
022  33 X²       080  73 RC*       138  95  =        196  95  =
023  76 LBL      081  03  03       139  74 SM*       197  42 STO
024  12  B       082  95  =        140  10  10       198  02  02
025  91 R/S      083  72 ST*       141  73 RC*       199  00  0
026  42 STO      084  04  04       142  10  10       200  72 ST*
027  00  00      085  02  2        143  50 IxI       201  02  02
028  75  -       086  65  ×        144  67  EQ       202  76 LBL
029  01  1       087  43 RCL       145  99 PRT       203  14  D
030  95  =       088  00  00       146  73 RC*       204  43 RCL
031  42 STO      089  85  +        147  09  09       205  00  00
032  01  01      090  01  1        148  55  ÷        206  75  -
033  25 CLR      091  01  1        149  73 RC*       207  01  1
034  91 R/S      092  85  +        150  10  10       208  95  =
035  42 STO      093  43 RCL       151  95  =        209  42 STO
036  06  06      094  01  01       152  64 PD*       210  01  01
037  02  2       095  95  =        153  07  07       211  43 RCL
038  65  ×       096  42 STO       154  01  1        212  02  02
039  43 RCL      097  10  10       155  44 SUM       213  85  +
040  00  00      098  85  +        156  10  10       214  43 RCL
041  85  +       099  01  1        157  44 SUM       215  00  00
042  01  1       100  95  =        158  07  07       216  95  =
043  01  1       101  42 STO       159  44 SUM       217  42 STO
044  95  =       102  09  09       160  08  08       218  03  03
045  42 STO      103  43 RCL       161  44 SUM       219  85  +
046  02  02      104  00  00       162  09  09       220  01  1
047  43 RCL      105  85  +        163  97 DSZ       221  95  =
048  12  12      106  01  1        164  05  05       222  42 STO
049  55  ÷       107  02  2        165  35 1/X       223  07  07
050  43 RCL      108  85  +        166  76 LBL       224  43 RCL
051  11  11      109  43 RCL       167  22 INV       225  02  02
052  94 +/-      110  01  01       168  73 RC*       226  95  =
053  95  =       111  95  =        169  08  08       227  42 STO
054  72 ST*      112  42 STO       170  22 INV       228  04  04
055  02  02      113  07  07       171  74 SM*       229  85  +
056  43 RCL      114  75  -        172  10  10       230  01  1
057  00  00      115  01  1        173  01  1        231  95  =
```

| | | | | | | | | | | |
|---|---|---|---|---|---|---|---|---|---|---|---|
| 232 | 42 | STO | 251 | 73 | RC* | 270 | 22 | INV | 289 | 02 | 02 |
| 233 | 05 | 05 | 252 | 03 | 03 | 271 | 74 | SM* | 290 | 85 | + |
| 234 | 76 | LBL | 253 | 95 | = | 272 | 03 | 03 | 291 | 01 | 1 |
| 235 | 23 | LNX | 254 | 64 | PD* | 273 | 97 | DSZ | 292 | 95 | = |
| 236 | 73 | RC* | 255 | 05 | 05 | 274 | 06 | 06 | 293 | 42 | STO |
| 237 | 05 | 05 | 256 | 01 | 1 | 275 | 14 | D | 294 | 04 | 04 |
| 238 | 75 | - | 257 | 44 | SUM | 276 | 76 | LBL | 295 | 76 | LBL |
| 239 | 73 | RC* | 258 | 03 | 03 | 277 | 13 | C | 296 | 24 | CE |
| 240 | 04 | 04 | 259 | 44 | SUM | 278 | 25 | CLR | 297 | 73 | RC* |
| 241 | 95 | = | 260 | 04 | 04 | 279 | 02 | 2 | 298 | 04 | 04 |
| 242 | 74 | SM* | 261 | 44 | SUM | 280 | 65 | × | 299 | 91 | R/S |
| 243 | 03 | 03 | 262 | 05 | 05 | 281 | 43 | RCL | 300 | 01 | 1 |
| 244 | 73 | RC* | 263 | 44 | SUM | 282 | 00 | 00 | 301 | 44 | SUM |
| 245 | 03 | 03 | 264 | 07 | 07 | 283 | 75 | - | 302 | 04 | 04 |
| 246 | 67 | EQ | 265 | 97 | DSZ | 284 | 01 | 1 | 303 | 97 | DSZ |
| 247 | 99 | PRT | 266 | 01 | 01 | 285 | 95 | = | 304 | 03 | 03 |
| 248 | 73 | RC* | 267 | 23 | LNX | 286 | 42 | STO | 305 | 24 | CE |
| 249 | 07 | 07 | 268 | 73 | RC* | 287 | 03 | 03 | 306 | 91 | R/S |
| 250 | 55 | ÷ | 269 | 04 | 04 | 288 | 43 | RCL | | | |

# 4 Interpolation und diskrete Approximation

## 4.1 Lagrange-Interpolation

Zu gegebenen Stützstellen $x_0, \ldots, x_n$ bilden die Lagrange-Polynome

$$l_i(x) = \frac{(x - x_0) \ldots (x - x_{i-1})(x - x_{i+1}) \ldots (x - x_n)}{(x_i - x_0) \ldots (x_i - x_{i-1})(x_i - x_{i+1}) \ldots (x_i - x_n)}$$

eine Basis im Vektorraum der Polynome bis zum Grad n. Es ist

$$l_i(x_k) = \delta_{ik} = \begin{cases} 1 & i = k \\ & \text{für} \\ 0 & i \neq k \end{cases}$$

Sind zu den Stützstellen $x_0, \ldots, x_n$ Stützwerte $f_0, \ldots, f_n$ gegeben, dann hat das Interpolationspolynom durch die Knoten $(x_i, f_i)$ die Form

(*)   $pol(x) = f_0 \cdot l_0(x) + \ldots + f_n \cdot l_n(x)$ ,   denn es ist

$$pol(x_k) = \sum_{i=0}^{n} f_i \cdot l_i(x_k) = \sum_{i=0}^{n} f_i \cdot \delta_{ik} = f_k .$$

Das Programm liefert den Wert des Interpolationspolynoms an der Stelle x durch Auswerten von (*).

### Programminstruktionen

| | Verfahren | Eingabe | Taste | Anzeige |
|---|---|---|---|---|
| 1 | Magnetkarte einlesen (Block 1) | | | 1 |
| 2 | Programmbeginn | | A | 1 |
| 3 | Eingabe von n, $x_0, \ldots, x_n$, $f_0, \ldots, f_n$ | n | R/S | 0 |
| | | $x_0$ | R/S | 1 |
| | | $\vdots$ | $\vdots$ | $\vdots$ |
| | | $x_n$ | R/S | n+1 |
| | | $f_0$ | R/S | n+2 |
| | | $\vdots$ | $\vdots$ | $\vdots$ |
| | | $f_n$ | R/S | 2n+2 |
| 4 | Ende der Koeffizienteneingabe | | B | 2n+2 |
| 5 | Eingabe von x | x | R/S | |
| 6 | Ergebnisanzeige | | | pol (x) |

## Registerinhalte

$R_{00}, ..., R_{06}$: Programmzeiger
$R_{07}, ..., R_{n+7}$: $x_0, ..., x_n$
$R_{n+8}, ..., R_{2n+8}$: $f_0, ..., f_n$
$R_{2n+9}, ..., R_{3n+9}$: Zwischenergebnisse

## Bemerkungen

1. Die Schritte 4 bis 6 der Programminstruktionen lassen sich mit beliebig vielen Argumenten x wiederholen;
2. Wird $x = x_i$ (also eine der Stützstellen) als Argument eingegeben, so hält das Programm und der Rechner zeigt dies durch eine blinkende Anzeige an.

## Beispiel

Das durch die Tabelle

| $x_i$ | 0 | 1 | 2 |
|---|---|---|---|
| $f_i$ | 8 | 5 | 4 |

gegebene Interpolationspolynom soll an den Stellen $x = 3$ und $x' = -1$ ausgewertet werden.

| Anmerkungen | Eingabe | Taste | Anzeige |
|---|---|---|---|
| Magnetkarte einlesen (Block 1) | | | 1 |
| Programmbeginn | | A | 1 |
| Eingabe von: n | 2 | R/S | 0 |
| $x_0$ | 0 | R/S | 1 |
| $x_1$ | 1 | R/S | 2 |
| $x_2$ | 2 | R/S | 3 |
| $f_0$ | 8 | R/S | 4 |
| $f_1$ | 5 | R/S | 5 |
| $f_2$ | 4 | R/S | 6 |
| Ende der Koeffizienteneingabe | | B | 6 |
| Eingabe von: x | 3 | R/S | |
| Anzeige von: pol (x) | | | 5 |
| anderes Argument | | B | 5 |
| Eingabe von: x' | -1 | R/S | |
| Anzeige von: pol (x') | | | 13 |

| Programm 4.1 | Lagrange-Interpolation |
|---|---|

```
000  76 LBL      041  85  +       082  97 DSZ      123  65  ×
001  11  A       042  09  9       083  02  02      124  02  2
002  91 R/S      043  95  =       084  35 1/X      125  85  +
003  42 STO      044  42 STO      085  53  (       126  09  9
004  00  00      045  03  03      086  43 RCL      127  95  =
005  07  7       046  07  7       087  06  06      128  42 STO
006  42 STO      047  42 STO      088  75  -       129  03  03
007  01  01      048  04  04      089  73 RC*      130  00  0
008  00  0       049  76 LBL      090  04  04      131  42 STO
009  42 STO      050  34 ГX       091  54  )       132  04  04
010  02  02      051  43 RCL      092  65  ×       133  42 STO
011  76 LBL      052  00  00      093  73 RC*      134  05  05
012  33 X²       053  85  +       094  03  03      135  76 LBL
013  43 RCL      054  01  1       095  95  =       136  22 INV
014  02  02      055  95  =       096  67 EQ       137  73 RC*
015  91 R/S      056  42 STO      097  99 PRT      138  03  03
016  72 ST*      057  02  02      098  35 1/X      139  44 SUM
017  01  01      058  01  1       099  72 ST*      140  05  05
018  01  1       059  72 ST*      100  03  03      141  65  ×
019  44 SUM      060  03  03      101  01  1       142  73 RC*
020  01  01      061  07  7       102  44 SUM      143  02  02
021  44 SUM      062  42 STO      103  03  03      144  95  =
022  02  02      063  05  05      104  44 SUM      145  44 SUM
023  61 GTO      064  76 LBL      105  04  04      146  04  04
024  33 X²       065  35 1/X      106  97 DSZ      147  01  1
025  76 LBL      066  53  (       107  01  01      148  44 SUM
026  12  B       067  73 RC*      108  34 ГX       149  02  02
027  91 R/S      068  04  04      109  43 RCL      150  44 SUM
028  42 STO      069  75  -       110  00  00      151  03  03
029  06  06      070  73 RC*      111  85  +       152  97 DSZ
030  43 RCL      071  05  05      112  01  1       153  01  01
031  00  00      072  54  )       113  95  =       154  22 INV
032  85  +       073  67 EQ       114  42 STO      155  43 RCL
033  01  1       074  10 E'       115  01  01      156  05  05
034  95  =       075  64 PD*      116  85  +       157  22 INV
035  42 STO      076  03  03      117  07  7       158  49 PRD
036  01  01      077  76 LBL      118  95  =       159  04  04
037  43 RCL      078  10 E'       119  42 STO      160  43 RCL
038  00  00      079  01  1       120  02  02      161  04  04
039  65  ×       080  44 SUM      121  43 RCL      162  91 R/S
040  02  2       081  05  05      122  00  00
```

## 4.2  Das Schema von Neville

Nach dem Lemma von Aitken ergibt sich das Interpolationspolynom $p_{0,\ldots,n}(x)$ durch die Knoten $(x_i, f_i)$, $i = 0, \ldots, n$, durch fortgesetzte lineare Interpolation nach der Rekursion

$$p_{i,\ldots,k}(x) = \frac{(x_k - x)\, p_{i,\ldots,k-1}(x) - (x_i - x)\, p_{i+1,\ldots,k}(x)}{x_k - x_i}.$$

Dabei ist $p_i = f_i$. Das Programm bestimmt den Wert des Interpolationspolynoms an der Stelle x nach dem Schema von Neville.

## Programminstruktionen

| | Verfahren | Eingabe | Taste | Anzeige |
|---|---|---|---|---|
| 1 | Magnetkarte einlesen (Block 1) | | | 1 |
| 2 | Programmbeginn | | A | 1 |
| 3 | Eingabe von $n, x_0, \ldots, x_n, f_0, \ldots, f_n$ | $n$ | R/S | 0 |
| | | $x_0$ | R/S | 1 |
| | | $\vdots$ | $\vdots$ | $\vdots$ |
| | | $x_n$ | R/S | $n+1$ |
| | | $f_0$ | R/S | $n+2$ |
| | | $\vdots$ | $\vdots$ | $\vdots$ |
| | | $f_n$ | R/S | $2n+2$ |
| 4 | Ende der Koeffizienteneingabe | | B | $2n+2$ |
| 5 | Eingabe von $x$ | $x$ | R/S | |
| 6 | Anzeige von $p_{0, \ldots, n}$ | | | $p_{0, \ldots, n}$ |

## Registerinhalte

$R_{00}, \ldots, R_{07}$: Programmzeiger
$R_{08}, \ldots, R_{n+8}$: $x_0, \ldots, x_n$
$R_{n+9}, \ldots, R_{2n+9}$: $p_0, \ldots, p_n$

## Bemerkung

Da die Konstanten $f_0, \ldots, f_n$ „überschrieben" werden, läßt sich das Programm nicht zur Auswertung des Interpolationspolynoms an mehreren Stellen verwenden.

## Beispiel

Das durch die Tabelle $\dfrac{x_i \quad | \quad 0 \quad 1 \quad 2}{f_i \quad | \quad 8 \quad 5 \quad 4}$ gegebene Interpolationspolynom soll an der Stelle $x = 3$ ausgewertet werden.

| Anmerkungen | Eingabe | Taste | Anzeige |
|---|---|---|---|
| Magnetkarte einlesen (Block 1) | | | 1 |
| Programmbeginn | | A | 1 |
| Eingabe von:  n | 2 | R/S | 0 |
| $x_0$ | 0 | R/S | 1 |
| $x_1$ | 1 | R/S | 2 |
| $x_2$ | 2 | R/S | 3 |
| $f_0$ | 8 | R/S | 4 |
| $f_1$ | 5 | R/S | 5 |
| $f_2$ | 4 | R/S | 6 |
| Ende der Koeffizienteneingabe | | B | 6 |
| Eingabe von:  x | 3 | R/S | |
| Anzeige von:  $p_{0,1,2}$ | | | 5 |

| Programm 4.2 | Das Schema von Neville |
|---|---|

| | | | |
|---|---|---|---|
| 000  76 LBL | 033  01   01 | 066  42 STD | 099  73 RC* |
| 001  11   A | 034  76 LBL | 067  06   06 | 100  04   04 |
| 002  91 R/S | 035  35 1/X | 068  76 LBL | 101  54   ) |
| 003  42 STD | 036  43 RCL | 069  34 ГX | 102  95   = |
| 004  00   00 | 037  01   01 | 070  53   ( | 103  72 ST* |
| 005  08   8 | 038  42 STD | 071  53   ( | 104  06   06 |
| 006  42 STD | 039  02   02 | 072  73 RC* | 105  01   1 |
| 007  01   01 | 040  43 RCL | 073  03   03 | 106  94 +/- |
| 008  00   0 | 041  00   00 | 074  75   - | 107  44 SUM |
| 009  42 STD | 042  85   + | 075  43 RCL | 108  03   03 |
| 010  02   02 | 043  08   8 | 076  07   07 | 109  44 SUM |
| 011  76 LBL | 044  95   = | 077  54   ) | 110  04   04 |
| 012  33 X² | 045  42 STD | 078  65   × | 111  44 SUM |
| 013  43 RCL | 046  03   03 | 079  73 RC* | 112  05   05 |
| 014  02   02 | 047  07   7 | 080  05   05 | 113  44 SUM |
| 015  91 R/S | 048  85   + | 081  75   - | 114  06   06 |
| 016  72 ST* | 049  43 RCL | 082  53   ( | 115  97 DSZ |
| 017  01   01 | 050  01   01 | 083  73 RC* | 116  02   02 |
| 018  01   1 | 051  95   = | 084  04   04 | 117  34 ГX |
| 019  44 SUM | 052  42 STD | 085  75   - | 118  97 DSZ |
| 020  01   01 | 053  04   04 | 086  43 RCL | 119  01   01 |
| 021  44 SUM | 054  02   2 | 087  07   07 | 120  35 1/X |
| 022  02   02 | 055  65   × | 088  54   ) | 121  02   2 |
| 023  61 GTD | 056  43 RCL | 089  65   × | 122  65   × |
| 024  33 X² | 057  00   00 | 090  73 RC* | 123  43 RCL |
| 025  76 LBL | 058  85   + | 091  06   06 | 124  00   00 |
| 026  12   B | 059  08   8 | 092  54   ) | 125  85   + |
| 027  91 R/S | 060  95   = | 093  54   ) | 126  09   9 |
| 028  42 STD | 061  42 STD | 094  55   ÷ | 127  95   = |
| 029  07   07 | 062  05   05 | 095  53   ( | 128  42 STD |
| 030  43 RCL | 063  85   + | 096  73 RC* | 129  01   01 |
| 031  00   00 | 064  01   1 | 097  03   03 | 130  73 RC* |
| 032  42 STD | 065  95   = | 098  75   - | 131  01   01 |
| | | | 132  91 R/S |

# 4.3 Entwickeln nach Tschebyscheff-Polynomen

Die Tschebyscheff-Polynome $T_n(x)$ bestimmen sich rekursiv aus den Formeln

$$T_0(x) = 1; \quad T_1(x) = x$$
$$T_{n+1}(x) = 2x \cdot T_n(x) - T_{n-1}(x) \,.$$

Da von allen normierten Polynomen vom Grad $n \geq 1$ das Polynom $2^{1-n}\,T_n(x)$ in $[-1, 1]$ die kleinste Tschebyscheff-Norm besitzt, ist es nützlich, ein gegebenes Polynom

$$\text{pol}(x) = c_0 + c_1 x + \ldots + c_n x^n$$

in Tschebyscheff-Polynomen zu entwickeln, also zu schreiben

$$\text{pol}(x) = a_0 T_0(x) + a_1 T_1(x) + \ldots + a_n T_n(x) \,.$$

Will man $\text{pol}(x)$ nämlich durch ein Polynom vom Grad $n - 1$ annähern, so läßt man das letzte Glied der Tschebyscheff-Entwicklung fort; der maximale Fehler ist dann wegen $\|T_n\|_\infty = 1$ auf $[-1, 1]$ gerade $|a_n|$. Das ist die nach der Tschebyscheff-Norm bestmögliche Approximation eines Polynoms vom Grad n durch ein Polynom vom Grad $n - 1$.

Das Programm entwickelt Polynome bis zum Grad n = 15 in Tschebyscheff-Polynomen und gibt dann die Koeffizienten $a_i$ aus.

Um dieses Programm auf Magnetkarten zu speichern, müssen außer den Programmschritten auch Daten, nämlich die Koeffizienten der Tschebyscheff-Polynome, aufgezeichnet werden. Dazu geht man wie folgt vor:

1. Änderung der Speicherbereichsverteilung auf 100 Datenspeicher mittels der Tastenfolge 10 2nd Op 17.
2. Eingabe der Programmschritte (siehe Programmausdruck).
3. Abspeichern der Konstanten in den jeweiligen Datenspeichern (siehe Ausdruck der Registerinhalte).
4. Beschreiben der Magnetkarten (Block 1, 2, 3, 4).

## Programminstruktionen

| | Verfahren | Eingabe | Taste | Anzeige |
|---|---|---|---|---|
| 1 | Änderung der Speicherbereichsverteilung | 10 | 2nd Op | |
| | | 17 | | 159.99 |
| | | | CLR | 0 |
| 2 | Magnetkarten einlesen (Block 1, 2, 3, 4) | | | 4 |
| 3 | Programmbeginn | | A | 0 |
| 4 | Eingabe von $c_0, c_1, \ldots, c_n$ | $c_0$ | R/S | 1 |
| | | $c_1$ | R/S | 2 |
| | | $\vdots$ | $\vdots$ | $\vdots$ |
| | | $c_n$ | R/S | n+1 |

| | Verfahren | Eingabe | Taste | Anzeige |
|---|---|---|---|---|
| 5 | Ende der Koeffizienteneingabe | | B | |
| 6 | Ergebnisanzeige | | | $a_0$ |
| | | | R/S | $a_1$ |
| | | | ⋮ | ⋮ |
| | | | R/S | $a_n$ |

## Registerinhalte

$R_{00}, \dots, R_{09}$ : Programmzeiger
$R_{10}, \dots, R_{n+10}$ : $c_0, \dots, c_n$
$R_{28}, \dots, R_{99}$ : Koeffizienten der Tschebyscheff-Polynome
                    (siehe Ausdruck der Registerinhalte)

## Beispiel

Das Polynom $\text{pol}(x) = 2 - 9x + 4x^2 + 16x^3 + 8x^4$ soll nach Tschebyscheff-Polynomen entwickelt werden.

| Anmerkungen | Eingabe | Taste | Anzeige |
|---|---|---|---|
| Änderung der Speicherbereichsverteilung | 10 | 2nd Op | |
| | 17 | | 159.99 |
| | | CLR | 0 |
| Magnetkarten einlesen (Block 1, 2, 3, 4) | | | 4 |
| Programmbeginn | | A | 0 |
| Eingabe von:  $c_0$ | 2 | R/S | 1 |
| $c_1$ | −9 | R/S | 2 |
| $c_2$ | 4 | R/S | 3 |
| $c_3$ | 16 | R/S | 4 |
| $c_4$ | 8 | R/S | 5 |
| Ende der Koeffizienteneingabe | | B | |
| Anzeige von:  $a_0$ | | | 7 |
| $a_1$ | | R/S | 3 |
| $a_2$ | | R/S | 6 |
| $a_3$ | | R/S | 4 |
| $a_4$ | | R/S | 1 |

Die gesuchte Tschebyscheff-Entwicklung lautet also

$$\text{pol}(x) = 7 \cdot T_0(x) + 3 \cdot T_1(x) + 6 \cdot T_2(x) + 4 \cdot T_3(x) + T_4(x) \, .$$

| Programm 4.3 | Entwickeln nach Tschebyscheff-Polynomen |
|---|---|

**10 2nd Op 17**

**Programmteil**

| | | | | | | | | | | | |
|---|---|---|---|---|---|---|---|---|---|---|---|
| 000 | 76 | LBL | 033 | 01 | 1 | 066 | 03 | 03 | 099 | 02 | 02 |
| 001 | 11 | A | 034 | 00 | 0 | 067 | 42 | STO | 100 | 02 | 2 |
| 002 | 01 | 1 | 035 | 95 | = | 068 | 05 | 05 | 101 | 22 | INV |
| 003 | 00 | 0 | 036 | 42 | STO | 069 | 01 | 1 | 102 | 44 | SUM |
| 004 | 42 | STO | 037 | 03 | 03 | 070 | 22 | INV | 103 | 03 | 03 |
| 005 | 00 | 00 | 038 | 42 | STO | 071 | 44 | SUM | 104 | 97 | DSZ |
| 006 | 00 | 0 | 039 | 08 | 08 | 072 | 02 | 02 | 105 | 07 | 07 |
| 007 | 42 | STO | 040 | 53 | ( | 073 | 02 | 2 | 106 | 35 | 1/X |
| 008 | 01 | 01 | 041 | 43 | RCL | 074 | 22 | INV | 107 | 01 | 1 |
| 009 | 76 | LBL | 042 | 00 | 00 | 075 | 44 | SUM | 108 | 22 | INV |
| 010 | 33 | X² | 043 | 55 | ÷ | 076 | 03 | 03 | 109 | 44 | SUM |
| 011 | 43 | RCL | 044 | 04 | 4 | 077 | 43 | RCL | 110 | 08 | 08 |
| 012 | 01 | 01 | 045 | 85 | + | 078 | 06 | 06 | 111 | 43 | RCL |
| 013 | 91 | R/S | 046 | 01 | 1 | 079 | 55 | ÷ | 112 | 08 | 08 |
| 014 | 72 | ST* | 047 | 54 | ) | 080 | 02 | 2 | 113 | 42 | STO |
| 015 | 00 | 00 | 048 | 65 | × | 081 | 95 | = | 114 | 03 | 03 |
| 016 | 01 | 1 | 049 | 43 | RCL | 082 | 59 | INT | 115 | 97 | DSZ |
| 017 | 44 | SUM | 050 | 00 | 00 | 083 | 42 | STO | 116 | 06 | 06 |
| 018 | 00 | 00 | 051 | 85 | + | 084 | 07 | 07 | 117 | 13 | C |
| 019 | 44 | SUM | 052 | 02 | 2 | 085 | 76 | LBL | 118 | 01 | 1 |
| 020 | 01 | 01 | 053 | 08 | 8 | 086 | 35 | 1/X | 119 | 00 | 0 |
| 021 | 61 | GTO | 054 | 95 | = | 087 | 43 | RCL | 120 | 42 | STO |
| 022 | 33 | X² | 055 | 42 | STO | 088 | 05 | 05 | 121 | 09 | 09 |
| 023 | 76 | LBL | 056 | 02 | 02 | 089 | 65 | × | 122 | 76 | LBL |
| 024 | 12 | B | 057 | 76 | LBL | 090 | 73 | RC* | 123 | 22 | INV |
| 025 | 75 | - | 058 | 13 | C | 091 | 02 | 02 | 124 | 73 | RC* |
| 026 | 01 | 1 | 059 | 73 | RC* | 092 | 95 | = | 125 | 09 | 09 |
| 027 | 95 | = | 060 | 03 | 03 | 093 | 22 | INV | 126 | 91 | R/S |
| 028 | 42 | STO | 061 | 55 | ÷ | 094 | 74 | SM* | 127 | 01 | 1 |
| 029 | 00 | 00 | 062 | 73 | RC* | 095 | 03 | 03 | 128 | 44 | SUM |
| 030 | 42 | STO | 063 | 02 | 02 | 096 | 01 | 1 | 129 | 09 | 09 |
| 031 | 06 | 06 | 064 | 95 | = | 097 | 22 | INV | 130 | 61 | GTO |
| 032 | 85 | + | 065 | 72 | ST* | 098 | 44 | SUM | 131 | 22 | INV |
| | | | | | | | | | 132 | 91 | R/S |

**Datenteil**

| | | | | | | | |
|---|---|---|---|---|---|---|---|
| 0. | 00 | 0. | 14 | 1. | 28 | -48. | 42 |
| 0. | 01 | 0. | 15 | 1. | 29 | 32. | 43 |
| 0. | 02 | 0. | 16 | -1. | 30 | -7. | 44 |
| 0. | 03 | 0. | 17 | 2. | 31 | 56. | 45 |
| 0. | 04 | 0. | 18 | -3. | 32 | -112. | 46 |
| 0. | 05 | 0. | 19 | 4. | 33 | 64. | 47 |
| 0. | 06 | 0. | 20 | 1. | 34 | 1. | 48 |
| 0. | 07 | 0. | 21 | -8. | 35 | -32. | 49 |
| 0. | 08 | 0. | 22 | 8. | 36 | 160. | 50 |
| 0. | 09 | 0. | 23 | 5. | 37 | -256. | 51 |
| 0. | 10 | 0. | 24 | -20. | 38 | 128. | 52 |
| 0. | 11 | 0. | 25 | 16. | 39 | 9. | 53 |
| 0. | 12 | 0. | 26 | -1. | 40 | -120. | 54 |
| 0. | 13 | 0. | 27 | 18. | 41 | 432. | 55 |

| | | | | | | | |
|---:|---:|---:|---:|---:|---:|---:|---:|
| -576. | 56 | 2816. | 67 | -364. | 78 | 39424. | 89 |
| 256. | 57 | -2816. | 68 | 2912. | 79 | -28672. | 90 |
| -1. | 58 | 1024. | 69 | -9984. | 80 | 8192. | 91 |
| 50. | 59 | 1. | 70 | 16640. | 81 | -15. | 92 |
| -400. | 60 | -72. | 71 | -13312. | 82 | 560. | 93 |
| 1120. | 61 | 840. | 72 | 4096. | 83 | -6048. | 94 |
| -1280. | 62 | -3584. | 73 | -1. | 84 | 28800. | 95 |
| 512. | 63 | 6912. | 74 | 98. | 85 | -70400. | 96 |
| -11. | 64 | -6144. | 75 | -1568. | 86 | 92160. | 97 |
| 220. | 65 | 2048. | 76 | 9408. | 87 | -61440. | 98 |
| -1232. | 66 | 13. | 77 | -26880. | 88 | 16384. | 99 |

# 4.4 Ökonomisieren eines Polynoms

Die Tschebyscheff-Entwicklung eines Polynoms ist besonders nützlich, um seinen Grad zu ökonomisieren. Wegen $\|T_n\|_\infty = 1$ in $[-1, 1]$ ist der maximale Fehler, der durch Fortlassen des letzten Gliedes entsteht, höchstens $|a_n|$. Will man das Polynom

$$\text{pol}(x) = c_0 + c_1 x + \ldots + c_n x^n$$

durch ein Polynom möglichst niedrigen Grades approximieren und dabei höchstens den Fehler $\epsilon > 0$ begehen, so streicht man in der Tschebyscheff-Entwicklung

$$\text{pol}(x) = a_0 T_0(x) + \ldots + a_n T_n(x)$$

solange das jeweils letzte Glied, bis

$$\sum_{i=k}^{n} |a_i| > \epsilon$$

ist.

Das Approximationspolynom ist dann

$$\text{app}(x) = \text{pol}(x) - \sum_{i=k+1}^{n} a_i T_i(x) = \sum_{i=1}^{k} b_i x^i$$

mit dem Grad $k$. Das Programm liefert die Koeffizienten $b_i$ von app$(x)$ in der gewöhnlichen Basis 1, $x$, ..., $x^k$. Es ökonomisiert Polynome bis zum Grad $n = 15$.

Um dieses Programm auf Magnetkarten zu speichern, müssen außer den Programmschritten auch Daten, nämlich die Koeffizienten der Tschebyscheff-Polynome, aufgezeichnet werden. Dazu geht man wie folgt vor:

1. Änderung der Speicherbereichsverteilung auf 100 Datenspeicher mittels der Tastenfolge 10 2nd Op 17.
2. Eingabe der Programmschritte (siehe Programmausdruck).
3. Abspeichern der Konstanten in den jeweiligen Datenspeichern (siehe Ausdruck der Registerinhalte).
4. Beschreiben der Magnetkarten (Block 1, 2, 3, 4).

## Programminstruktionen

| | Verfahren | Eingabe | Taste | Anzeige |
|---|---|---|---|---|
| 1 | Änderung der Speicherbereichsverteilung | 10 | 2nd Op | |
| | | 17 | | 159.99 |
| | | | CLR | 0 |
| 2 | Magnetkarten einlesen (Block 1, 2, 3, 4) | | | 4 |
| 3 | Programmbeginn | | A | 0 |
| 4 | Eingabe von $\epsilon, c_0, \ldots, c_n$ | $\epsilon$ | R/S | 0 |
| | | $c_0$ | R/S | 1 |
| | | $\vdots$ | $\vdots$ | $\vdots$ |
| | | $c_n$ | R/S | n+1 |
| 6 | Ende der Koeffizienteneingabe | | B | |
| 7 | Anzeige von k = Grad app (x) | | | k |
| 8 | Anzeige von $b_0, \ldots, b_k$ | | R/S | $b_0$ |
| | | | $\vdots$ | $\vdots$ |
| | | | R/S | $b_k$ |

## Registerinhalte

$R_{00}, \ldots, R_{09}$: Programmzeiger
$R_{10}, \ldots, R_{n+10}$: $c_0, \ldots, c_n$
$R_{27}$: $a_i$
$R_{28}, \ldots, R_{99}$: Koeffizienten der Tschebyscheff-Polynome
$\qquad\qquad\quad$ (siehe Ausdruck der Registerinhalte)

## Beispiel

Das Polynom pol (x) = $1.571\,x - 0.646\,x^3 + 0.08\,x^5$ soll durch ein Polynom app (x) niedrigeren Grades approximiert werden, so daß

$$\|\text{pol}(x) - \text{app}(x)\|_\infty < 0.01$$

ist.

| Anmerkungen | Eingabe | Taste | Anzeige |
|---|---|---|---|
| Änderung der Speicherbereichsverteilung | 10 | 2nd Op | |
| | 17 | | 159.99 |
| | | CLR | 0 |
| Magnetkarten einlesen (Block 1, 2, 3, 4) | | | 4 |
| Programmbeginn | | A | 0 |
| Eingabe von: $\epsilon$ | 0.01 | R/S | 0 |
| $c_0$ | 0 | R/S | 1 |
| $c_1$ | 1.571 | R/S | 2 |
| $c_2$ | 0 | R/S | 3 |
| $c_3$ | −0.646 | R/S | 4 |
| $c_4$ | 0 | R/S | 5 |
| $c_5$ | 0.08 | R/S | 6 |
| Ende der Koeffizienteneingabe | | B | |
| Anzeige von: k | | | 3 |
| $b_0$ | | R/S | 0 |
| $b_1$ | | R/S | 1.546 |
| $b_2$ | | R/S | 0 |
| $b_3$ | | R/S | −0.546 |

Also ist $\text{app}(x) = 1.546\, x - 0.546\, x^3$.

| Programm 4.4 | Ökonomisieren eines Polynoms |
|---|---|

**10 2nd Op 17**

**Programmteil**

```
000  76 LBL      017  00  00      034  06  06      051  65  x
001  11  A       018  01   1      035  85   +      052  43 RCL
002  01   1      019  44 SUM      036  01   1      053  00  00
003  00   0      020  00  00      037  00   0      054  85   +
004  42 STO      021  44 SUM      038  95   =      055  02   2
005  00  00      022  01  01      039  42 STO      056  08   8
006  00   0      023  61 GTO      040  03  03      057  95   =
007  42 STO      024  00  00      041  42 STO      058  42 STO
008  01  01      025  13  13      042  08  08      059  02  02
009  42 STO      026  76 LBL      043  53  (       060  76 LBL
010  27  27      027  12  B       044  43 RCL      061  13  C
011  91 R/S      028  75  -       045  00  00      062  73 RC*
012  32 X:T      029  01   1      046  55  ÷       063  03  03
013  43 RCL      030  95   =      047  04   4      064  55  ÷
014  01  01      031  42 STO      048  85   +      065  73 RC*
015  91 R/S      032  00  00      049  01   1      066  02  02
016  72 ST*      033  42 STO      050  54  )       067  95   =
```

| | | | | | | | | | | |
|---|---|---|---|---|---|---|---|---|---|---|
| 068 | 72 | ST* | 091 | 95 | = | 114 | 97 | DSZ | 137 | 73 | RC* |
| 069 | 03 | 03 | 092 | 59 | INT | 115 | 07 | 07 | 138 | 09 | 09 |
| 070 | 42 | STO | 093 | 42 | STO | 116 | 35 | 1/X | 139 | 91 | R/S |
| 071 | 05 | 05 | 094 | 07 | 07 | 117 | 01 | 1 | 140 | 01 | 1 |
| 072 | 50 | I×I | 095 | 76 | LBL | 118 | 22 | INV | 141 | 44 | SUM |
| 073 | 44 | SUM | 096 | 35 | 1/X | 119 | 44 | SUM | 142 | 09 | 09 |
| 074 | 27 | 27 | 097 | 43 | RCL | 120 | 08 | 08 | 143 | 97 | DSZ |
| 075 | 43 | RCL | 098 | 05 | 05 | 121 | 43 | RCL | 144 | 06 | 06 |
| 076 | 27 | 27 | 099 | 65 | × | 122 | 08 | 08 | 145 | 22 | INV |
| 077 | 77 | GE | 100 | 73 | RC* | 123 | 42 | STO | 146 | 91 | R/S |
| 078 | 34 | ΓX | 101 | 02 | 02 | 124 | 03 | 03 | 147 | 76 | LBL |
| 079 | 01 | 1 | 102 | 95 | = | 125 | 97 | DSZ | 148 | 34 | ΓX |
| 080 | 22 | INV | 103 | 22 | INV | 126 | 06 | 06 | 149 | 73 | RC* |
| 081 | 44 | SUM | 104 | 74 | SM* | 127 | 13 | C | 150 | 02 | 02 |
| 082 | 02 | 02 | 105 | 03 | 03 | 128 | 16 | A' | 151 | 64 | PD* |
| 083 | 02 | 2 | 106 | 01 | 1 | 129 | 76 | LBL | 152 | 03 | 03 |
| 084 | 22 | INV | 107 | 22 | INV | 130 | 17 | B' | 153 | 43 | RCL |
| 085 | 44 | SUM | 108 | 44 | SUM | 131 | 01 | 1 | 154 | 06 | 06 |
| 086 | 03 | 03 | 109 | 02 | 02 | 132 | 00 | 0 | 155 | 91 | R/S |
| 087 | 43 | RCL | 110 | 02 | 2 | 133 | 42 | STO | 156 | 01 | 1 |
| 088 | 06 | 06 | 111 | 22 | INV | 134 | 09 | 09 | 157 | 44 | SUM |
| 089 | 55 | ÷ | 112 | 44 | SUM | 135 | 76 | LBL | 158 | 06 | 06 |
| 090 | 02 | 2 | 113 | 03 | 03 | 136 | 22 | INV | 159 | 17 | B' |

## Datenteil

| | | | | | | | |
|---|---|---|---|---|---|---|---|
| 0. | 00 | 0. | 25 | 160. | 50 | -6144. | 75 |
| 0. | 01 | 0. | 26 | -256. | 51 | 2048. | 76 |
| 0. | 02 | 0. | 27 | 128. | 52 | 13. | 77 |
| 0. | 03 | 1. | 28 | 9. | 53 | -364. | 78 |
| 0. | 04 | 1. | 29 | -120. | 54 | 2912. | 79 |
| 0. | 05 | -1. | 30 | 432. | 55 | -9984. | 80 |
| 0. | 06 | 2. | 31 | -576. | 56 | 16640. | 81 |
| 0. | 07 | -3. | 32 | 256. | 57 | -13312. | 82 |
| 0. | 08 | 4. | 33 | -1. | 58 | 4096. | 83 |
| 0. | 09 | 1. | 34 | 50. | 59 | -1. | 84 |
| 0. | 10 | -8. | 35 | -400. | 60 | 98. | 85 |
| 0. | 11 | 8. | 36 | 1120. | 61 | -1568. | 86 |
| 0. | 12 | 5. | 37 | -1280. | 62 | 9408. | 87 |
| 0. | 13 | -20. | 38 | 512. | 63 | -26880. | 88 |
| 0. | 14 | 16. | 39 | -11. | 64 | 39424. | 89 |
| 0. | 15 | -1. | 40 | 220. | 65 | -28672. | 90 |
| 0. | 16 | 18. | 41 | -1232. | 66 | 8192. | 91 |
| 0. | 17 | -48. | 42 | 2816. | 67 | -15. | 92 |
| 0. | 18 | 32. | 43 | -2816. | 68 | 560. | 93 |
| 0. | 19 | -7. | 44 | 1024. | 69 | -6048. | 94 |
| 0. | 20 | 56. | 45 | 1. | 70 | 28800. | 95 |
| 0. | 21 | -112. | 46 | -72. | 71 | -70400. | 96 |
| 0. | 22 | 64. | 47 | 840. | 72 | 92160. | 97 |
| 0. | 23 | 1. | 48 | -3584. | 73 | -61440. | 98 |
| 0. | 24 | -32. | 49 | 6912. | 74 | 16384. | 99 |

## 4.5 Methode der kleinsten Quadrate

Bei der diskreten Approximation der Funktion f durch ein Polynom vom Grad n im Intervall $[-1, 1]$ wird die Genauigkeit möglicherweise erhöht, wenn man die Anzahl der stützenden Punkte $(x_i, f_i)$ auf $m + 1$ mit $m > n$ erhöht. Wählt man die Tschebyscheff-Polynome $T_0(x), \ldots, T_n(x)$ als Approximationsfunktionen und sind die Stützstellen $x_0, \ldots, x_m$ die Nullstellen des Tschebyscheff-Polynoms $T_{m+1}(x)$, so ergibt sich wegen der Orthogonalität der Tschebyscheff-Polynome das folgende besonders einfache Gleichungssystem für die Koeffizienten $a_i$ der Approximation $pol(x) = a_0 T_0(x) + \ldots + a_n T_n(x)$:

$$
\begin{bmatrix}
m+1 & & 0 \\
& \dfrac{m+1}{2} & \\
& & \ddots \\
0 & & \dfrac{m+1}{2}
\end{bmatrix}
\begin{bmatrix}
a_0 \\ \cdot \\ \cdot \\ \cdot \\ a_n
\end{bmatrix}
=
\begin{bmatrix}
T_0(x_0) \ldots T_0(x_m) \\
\cdot \qquad \cdot \\
\cdot \qquad \cdot \\
\cdot \qquad \cdot \\
T_n(x_0) \ldots T_n(x_m)
\end{bmatrix}
\begin{bmatrix}
f(x_0) \\ \cdot \\ \cdot \\ \cdot \\ f(x_m)
\end{bmatrix}
$$

In der Tabelle unten sind diejenigen Paare $(n, m)$ mit $+$ gekennzeichnet, für die der Speicherplatz ausreicht. Wird der Rechner mittels der Tastenfolge 7 2nd Op 17 auf 70 Datenspeicher umgeschaltet, wird die Approximation auch für die mit o gekennzeichneten $(n, m)$ berechnet.

| n \ m | 2 | 3 | 4 | 5 | 6 | 7 | 8 | 9 | 10 |
|-------|---|---|---|---|---|---|---|---|----|
| 1 | + | + | + | + | + | + | + | o | o |
| 2 |   | + | + | + | + | + | + | o | o |
| 3 |   |   | + | + | + | o | o |   |    |
| 4 |   |   |   | + | o |   |   |   |    |

## Programminstruktionen

| | Verfahren | Eingabe | Taste | Anzeige |
|---|---|---|---|---|
| 1 | Magnetkarte einlesen (Block 1, 2) | | | 2 |
| 2 | Programmbeginn | | A | 2 |
| 3 | Eingabe von n und m | n | R/S | n |
| | | m | R/S | m |
| 4 | Eingabe der Nummer des ersten zu belegenden Speicherplatzes $k \geq 12$ | k | R/S | 0 |

| | Verfahren | Eingabe | Taste | Anzeige |
|---|---|---|---|---|
| 5 | Eingabe von $x_0, \ldots, x_m,\ f_0, \ldots, f_m$ | $x_0$ | R/S | 1 |
| | | $\vdots$ | $\vdots$ | $\vdots$ |
| | | $x_m$ | R/S | m+1 |
| | | $f_0$ | R/S | m+2 |
| | | $\vdots$ | $\vdots$ | $\vdots$ |
| | | $f_m$ | R/S | 2m+2 |
| 6 | Ende der Koeffizienteneingabe | | B | |
| 7 | Ergebnisanzeige | | | $a_0$ |
| | | | R/S | $a_1$ |
| | | | $\vdots$ | $\vdots$ |
| | | | R/S | $a_n$ |

## Registerinhalte

$R_{00}, \ldots, R_{11}$: Programmzeiger
$R_k, \ldots, R_{k+n}$: $a_0, \ldots, a_n$
$R_{k+n+1}, \ldots, R_{k+n+m+1}$: $x_0, \ldots, x_m$
$R_{k+n+m+2}, \ldots, R_{k+n+2m+2}$: $f_0, \ldots, f_m$
$R_{k+n+2m+3}, \ldots, R_{k+2n+3m+nm+3}$: $T_0(x_0), \ldots, T_n(x_m)$

## Bemerkungen

1. Ist $f(x)$ nicht auf $[-1, 1]$, sondern auf $[a, b]$ definiert, so ist $f(x)$ nach $f(t)$ mit

$$t = \frac{2x - a - b}{b - a}$$

   zu transformieren.

2. Die Nullstellen von $T_{m+1}(x)$ sind

$$x_j = \cos \frac{2j + 1}{m + 1}\ \frac{\pi}{2}; \quad j = 0, \ldots, m$$

## Beispiel

Die Funktion $\sin \frac{\pi}{2} x$ in $[-1, 1]$ soll durch ein Polynom vom Grad $n = 3$ approximiert werden. Zur Verfügung stehen die Funktionswerte an den Nullstellen von $T_5(x)$:

| $x_j$ | −.951 | −.588 | 0 | .588 | .951 |
|---|---|---|---|---|---|
| $f_j$ | −.997 | −.798 | 0 | .798 | .997 - - |

| Anmerkungen | Eingabe | Taste | Anzeige |
|---|---|---|---|
| Magnetkarte einlesen (Block 1, 2) | | | 2 |
| Programmbeginn | | A | 2 |
| Eingabe von:  n | 3 | R/S | 3 |
| m | 4 | R/S | 4 |
| k | 12 | R/S | 0 |
| $x_0$ | −.951 | R/S | 1 |
| $x_1$ | −.588 | R/S | 2 |
| $x_2$ | 0 | R/S | 3 |
| $x_3$ | .588 | R/S | 4 |
| $x_4$ | .951 | R/S | 5 |
| $f_0$ | −.997 | R/S | 6 |
| $f_1$ | −.798 | R/S | 7 |
| $f_2$ | 0 | R/S | 8 |
| $f_3$ | .798 | R/S | 9 |
| $f_4$ | .997 | R/S | 10 |
| Ende der Koeffizienteneingabe | | B | |
| Anzeige von:  $a_0$ | | | 0 |
| $a_1$ | | R/S | 1.1338968 |
| $a_2$ | | R/S | 0 |
| $a_3$ | | R/S | −.1385336717 |

| **Programm 4.5** | **Methode der kleinsten Quadrate** |
|---|---|

```
000  76 LBL      023  04   04     046  04   04      069  02   02
001  11  A       024  76 LBL      047  76 LBL       070  85   +
002  47 CMS      025  22 INV      048  23 LNX       071  43 RCL
003  29 CP       026  43 RCL      049  43 RCL       072  00   00
004  91 R/S      027  04   04     050  02   02      073  85   +
005  42 STO      028  91 R/S      051  85   +       074  01   1
006  00   00     029  72 ST*      052  43 RCL       075  95   =
007  91 R/S      030  03   03     053  00   00      076  42 STO
008  42 STO      031  01   1      054  75   -       077  05   05
009  01   01     032  44 SUM      055  43 RCL       078  85   +
010  91 R/S      033  03   03     056  04   04      079  02   2
011  42 STO      034  44 SUM      057  95   =       080  65   ×
012  02   02     035  04   04     058  42 STO       081  43 RCL
013  85   +      036  61 GTO      059  05   05      082  01   01
014  43 RCL      037  22 INV      060  00   0       083  85   +
015  00   00     038  76 LBL      061  72 ST*       084  03   3
016  85   +      039  12  B       062  05   05      085  85   +
017  01   1      040  43 RCL      063  01   1       086  43 RCL
018  95   =      041  00   00     064  44 SUM       087  00   00
019  42 STO      042  85   +      065  05   05      088  75   -
020  03   03     043  01   1      066  72 ST*       089  43 RCL
021  00   0      044  95   =      067  05   05      090  04   04
022  42 STO      045  42 STO      068  43 RCL       091  95   =
```

| | | |
|---|---|---|
| 092 | 42 | STO |
| 093 | 06 | 06 |
| 094 | 43 | RCL |
| 095 | 01 | 01 |
| 096 | 85 | + |
| 097 | 01 | 1 |
| 098 | 95 | = |
| 099 | 42 | STO |
| 100 | 07 | 07 |
| 101 | 76 | LBL |
| 102 | 24 | CE |
| 103 | 43 | RCL |
| 104 | 00 | 00 |
| 105 | 42 | STO |
| 106 | 08 | 08 |
| 107 | 00 | 0 |
| 108 | 42 | STO |
| 109 | 09 | 09 |
| 110 | 43 | RCL |
| 111 | 02 | 02 |
| 112 | 85 | + |
| 113 | 43 | RCL |
| 114 | 00 | 00 |
| 115 | 95 | = |
| 116 | 42 | STO |
| 117 | 10 | 10 |
| 118 | 73 | RC* |
| 119 | 10 | 10 |
| 120 | 42 | STO |
| 121 | 11 | 11 |
| 122 | 01 | 1 |
| 123 | 22 | INV |
| 124 | 44 | SUM |
| 125 | 10 | 10 |
| 126 | 76 | LBL |
| 127 | 25 | CLR |
| 128 | 43 | RCL |
| 129 | 09 | 09 |
| 130 | 94 | +/- |
| 131 | 85 | + |
| 132 | 02 | 2 |
| 133 | 65 | × |
| 134 | 73 | RC* |
| 135 | 05 | 05 |
| 136 | 65 | × |
| 137 | 43 | RCL |
| 138 | 11 | 11 |
| 139 | 85 | + |
| 140 | 73 | RC* |
| 141 | 10 | 10 |
| 142 | 95 | = |
| 143 | 42 | STO |
| 144 | 03 | 03 |
| 145 | 43 | RCL |
| 146 | 08 | 08 |
| 147 | 75 | - |
| 148 | 01 | 1 |
| 149 | 95 | = |
| 150 | 67 | EQ |
| 151 | 32 | X⫶T |
| 152 | 43 | RCL |
| 153 | 11 | 11 |
| 154 | 42 | STO |
| 155 | 09 | 09 |
| 156 | 43 | RCL |

| | | |
|---|---|---|
| 157 | 03 | 03 |
| 158 | 42 | STO |
| 159 | 11 | 11 |
| 160 | 01 | 1 |
| 161 | 22 | INV |
| 162 | 44 | SUM |
| 163 | 10 | 10 |
| 164 | 97 | DSZ |
| 165 | 08 | 08 |
| 166 | 25 | CLR |
| 167 | 76 | LBL |
| 168 | 32 | X⫶T |
| 169 | 53 | ( |
| 170 | 43 | RCL |
| 171 | 03 | 03 |
| 172 | 75 | - |
| 173 | 43 | RCL |
| 174 | 09 | 09 |
| 175 | 85 | + |
| 176 | 73 | RC* |
| 177 | 02 | 02 |
| 178 | 54 | ) |
| 179 | 55 | ÷ |
| 180 | 02 | 2 |
| 181 | 95 | = |
| 182 | 72 | ST* |
| 183 | 06 | 06 |
| 184 | 01 | 1 |
| 185 | 44 | SUM |
| 186 | 05 | 05 |
| 187 | 85 | + |
| 188 | 43 | RCL |
| 189 | 00 | 00 |
| 190 | 95 | = |
| 191 | 44 | SUM |
| 192 | 06 | 06 |
| 193 | 97 | DSZ |
| 194 | 07 | 07 |
| 195 | 24 | CE |
| 196 | 97 | DSZ |
| 197 | 04 | 04 |
| 198 | 23 | LNX |
| 199 | 43 | RCL |
| 200 | 02 | 02 |
| 201 | 85 | + |
| 202 | 43 | RCL |
| 203 | 00 | 00 |
| 204 | 95 | = |
| 205 | 42 | STO |
| 206 | 03 | 03 |
| 207 | 00 | 0 |
| 208 | 72 | ST* |
| 209 | 03 | 03 |
| 210 | 43 | RCL |
| 211 | 00 | 00 |
| 212 | 85 | + |
| 213 | 01 | 1 |
| 214 | 95 | = |
| 215 | 42 | STO |
| 216 | 03 | 03 |
| 217 | 76 | LBL |
| 218 | 33 | X² |
| 219 | 43 | RCL |
| 220 | 02 | 02 |
| 221 | 85 | + |

| | | |
|---|---|---|
| 222 | 43 | RCL |
| 223 | 00 | 00 |
| 224 | 85 | + |
| 225 | 43 | RCL |
| 226 | 01 | 01 |
| 227 | 85 | + |
| 228 | 02 | 2 |
| 229 | 95 | = |
| 230 | 42 | STO |
| 231 | 04 | 04 |
| 232 | 85 | + |
| 233 | 43 | RCL |
| 234 | 01 | 01 |
| 235 | 85 | + |
| 236 | 02 | 2 |
| 237 | 85 | + |
| 238 | 43 | RCL |
| 239 | 00 | 00 |
| 240 | 75 | - |
| 241 | 43 | RCL |
| 242 | 03 | 03 |
| 243 | 95 | = |
| 244 | 42 | STO |
| 245 | 05 | 05 |
| 246 | 43 | RCL |
| 247 | 02 | 02 |
| 248 | 85 | + |
| 249 | 43 | RCL |
| 250 | 00 | 00 |
| 251 | 85 | + |
| 252 | 01 | 1 |
| 253 | 75 | - |
| 254 | 43 | RCL |
| 255 | 03 | 03 |
| 256 | 95 | = |
| 257 | 42 | STO |
| 258 | 06 | 06 |
| 259 | 43 | RCL |
| 260 | 01 | 01 |
| 261 | 85 | + |
| 262 | 01 | 1 |
| 263 | 95 | = |
| 264 | 42 | STO |
| 265 | 07 | 07 |
| 266 | 76 | LBL |
| 267 | 34 | ⌈X |
| 268 | 73 | RC* |
| 269 | 04 | 04 |
| 270 | 65 | × |
| 271 | 73 | RC* |
| 272 | 05 | 05 |
| 273 | 95 | = |
| 274 | 74 | SM* |
| 275 | 06 | 06 |
| 276 | 01 | 1 |
| 277 | 44 | SUM |
| 278 | 04 | 04 |
| 279 | 85 | + |
| 280 | 43 | RCL |
| 281 | 00 | 00 |
| 282 | 95 | = |
| 283 | 44 | SUM |
| 284 | 05 | 05 |
| 285 | 97 | DSZ |
| 286 | 07 | 07 |

| | | |
|---|---|---|
| 287 | 34 | ⌈X |
| 288 | 97 | DSZ |
| 289 | 03 | 03 |
| 290 | 33 | X² |
| 291 | 02 | 2 |
| 292 | 22 | INV |
| 293 | 64 | PD* |
| 294 | 02 | 02 |
| 295 | 02 | 2 |
| 296 | 55 | ÷ |
| 297 | 53 | ( |
| 298 | 43 | RCL |
| 299 | 01 | 01 |
| 300 | 85 | + |
| 301 | 01 | 1 |
| 302 | 54 | ) |
| 303 | 95 | = |
| 304 | 42 | STO |
| 305 | 03 | 03 |
| 306 | 43 | RCL |
| 307 | 00 | 00 |
| 308 | 85 | + |
| 309 | 01 | 1 |
| 310 | 95 | = |
| 311 | 42 | STO |
| 312 | 04 | 04 |
| 313 | 43 | RCL |
| 314 | 02 | 02 |
| 315 | 42 | STO |
| 316 | 05 | 05 |
| 317 | 76 | LBL |
| 318 | 35 | 1/X |
| 319 | 43 | RCL |
| 320 | 03 | 03 |
| 321 | 64 | PD* |
| 322 | 05 | 05 |
| 323 | 01 | 1 |
| 324 | 44 | SUM |
| 325 | 05 | 05 |
| 326 | 97 | DSZ |
| 327 | 04 | 04 |
| 328 | 35 | 1/X |
| 329 | 43 | RCL |
| 330 | 02 | 02 |
| 331 | 42 | STO |
| 332 | 03 | 03 |
| 333 | 43 | RCL |
| 334 | 00 | 00 |
| 335 | 85 | + |
| 336 | 01 | 1 |
| 337 | 95 | = |
| 338 | 42 | STO |
| 339 | 04 | 04 |
| 340 | 76 | LBL |
| 341 | 42 | STO |
| 342 | 73 | RC* |
| 343 | 03 | 03 |
| 344 | 91 | R/S |
| 345 | 01 | 1 |
| 346 | 44 | SUM |
| 347 | 03 | 03 |
| 348 | 97 | DSZ |
| 349 | 04 | 04 |
| 350 | 42 | STO |
| 351 | 91 | R/S |

## 4.6 Der Algorithmus von Clenshaw

Ist das Polynom

$$pol(x) = a_0 T_0(x) + \ldots + a_n T_n(x)$$

als Linearkombination von Tschebyscheff-Polynomen gegeben, so liefert das Programm den Wert des Polynoms an einer Stelle $x = x_0$.

### Programminstruktionen

|   | Verfahren | Eingabe | Taste | Anzeige |
|---|-----------|---------|-------|---------|
| 1 | Magnetkarte einlesen (Block 1) |  |  | 1 |
| 2 | Programmbeginn |  | A | 0 |
| 3 | Eingabe von $a_0, \ldots, a_n$ | $a_0$ | R/S | 1 |
|   |  | . | . | . |
|   |  | . | . | . |
|   |  | $a_n$ | R/S | n+1 |
| 4 | Ende der Koeffizienteneingabe |  | B | n |
| 5 | Eingabe von $x_0$ | $x_0$ | R/S |  |
| 6 | Ergebnisanzeige |  |  | pol $(x_0)$ |
| 7 | anderes Argument |  | C | pol $(x_0)$ |
| 8 | Eingabe von $x_1$ | $x_1$ | R/S |  |
| 9 | Ergebnisanzeige |  |  | pol $(x_1)$ |

### Registerinhalte

$R_{00}, \ldots, R_{06}$: Programmzeiger
$R_{07}, \ldots, R_{n+7}$: $a_0, \ldots, a_n$

### Bemerkung

Die Schritte 7 bis 9 der Programminstruktionen lassen sich beliebig oft wiederholen.

### Beispiel

Das Polynom

$$pol(x) = 7 T_0(x) + 3 T_1(x) + 6 T_2(x) + 4 T_3(x) + T_4(x)$$

soll an den Stellen $x_0 = 1.5$ und $x_1 = -1.5$ ausgewertet werden.

| Anmerkungen | Eingabe | Taste | Anzeige |
|---|---|---|---|
| Magnetkarte einlesen (Block 1) | | | 1 |
| Programmbeginn | | A | 0 |
| Eingabe von: $a_0$ | 7 | R/S | 1 |
| $a_1$ | 3 | R/S | 2 |
| $a_2$ | 6 | R/S | 3 |
| $a_3$ | 4 | R/S | 4 |
| $a_4$ | 1 | R/S | 5 |
| Ende der Koeffizienteneingabe | | B | 4 |
| Eingabe von: $x_0$ | 1.5 | R/S | |
| Anzeige von: pol $(x_0)$ | | | 92 |
| anderes Argument | | C | 92 |
| Eingabe von: $x_1$ | −1.5 | R/S | |
| Anzeige von: pol $(x_1)$ | | | 11 |

| Programm 4.6 | Der Algorithmus von Clenshaw |
|---|---|

| | | | | | | | | | | | |
|---|---|---|---|---|---|---|---|---|---|---|---|
| 000 | 76 | LBL | 028 | 00 | 00 | 056 | 76 | LBL | 084 | 42 | STO |
| 001 | 11 | A | 029 | 76 | LBL | 057 | 34 | ΓX | 085 | 06 | 06 |
| 002 | 07 | 7 | 030 | 13 | C | 058 | 43 | RCL | 086 | 43 | RCL |
| 003 | 42 | STO | 031 | 91 | R/S | 059 | 06 | 06 | 087 | 04 | 04 |
| 004 | 00 | 00 | 032 | 42 | STO | 060 | 94 | +/− | 088 | 42 | STO |
| 005 | 00 | 0 | 033 | 03 | 03 | 061 | 85 | + | 089 | 05 | 05 |
| 006 | 42 | STO | 034 | 43 | RCL | 062 | 02 | 2 | 090 | 01 | 1 |
| 007 | 01 | 01 | 035 | 00 | 00 | 063 | 65 | × | 091 | 22 | INV |
| 008 | 76 | LBL | 036 | 42 | STO | 064 | 43 | RCL | 092 | 44 | SUM |
| 009 | 33 | X² | 037 | 02 | 02 | 065 | 03 | 03 | 093 | 01 | 01 |
| 010 | 43 | RCL | 038 | 00 | 0 | 066 | 65 | × | 094 | 97 | DSZ |
| 011 | 01 | 01 | 039 | 42 | STO | 067 | 43 | RCL | 095 | 02 | 02 |
| 012 | 91 | R/S | 040 | 06 | 06 | 068 | 05 | 05 | 096 | 34 | ΓX |
| 013 | 72 | ST* | 041 | 43 | RCL | 069 | 85 | + | 097 | 76 | LBL |
| 014 | 00 | 00 | 042 | 00 | 00 | 070 | 73 | RC* | 098 | 22 | INV |
| 015 | 01 | 1 | 043 | 85 | + | 071 | 01 | 01 | 099 | 53 | ( |
| 016 | 44 | SUM | 044 | 07 | 7 | 072 | 95 | = | 100 | 43 | RCL |
| 017 | 00 | 00 | 045 | 95 | = | 073 | 42 | STO | 101 | 04 | 04 |
| 018 | 44 | SUM | 046 | 42 | STO | 074 | 04 | 04 | 102 | 75 | − |
| 019 | 01 | 01 | 047 | 01 | 01 | 075 | 43 | RCL | 103 | 43 | RCL |
| 020 | 61 | GTO | 048 | 73 | RC* | 076 | 02 | 02 | 104 | 06 | 06 |
| 021 | 33 | X² | 049 | 01 | 01 | 077 | 75 | − | 105 | 85 | + |
| 022 | 76 | LBL | 050 | 42 | STO | 078 | 01 | 1 | 106 | 43 | RCL |
| 023 | 12 | B | 051 | 05 | 05 | 079 | 95 | = | 107 | 07 | 07 |
| 024 | 75 | − | 052 | 01 | 1 | 080 | 67 | EQ | 108 | 54 | ) |
| 025 | 01 | 1 | 053 | 22 | INV | 081 | 22 | INV | 109 | 55 | ÷ |
| 026 | 95 | = | 054 | 44 | SUM | 082 | 43 | RCL | 110 | 02 | 2 |
| 027 | 42 | STO | 055 | 01 | 01 | 083 | 05 | 05 | 111 | 95 | = |
| | | | | | | | | | 112 | 91 | R/S |

# 4.7 De Castlejau

Die Bernstein-Polynome vom Grad n

$$B_r^n(\lambda) = \binom{n}{r}(1-\lambda)^{n-r}\lambda^r; \quad r = 0, \ldots, n$$

bilden eine Basis für die Polynome bis zum Grad n im Intervall [0, 1]. Ein in Bernstein-Polynomen entwickeltes Polynom

$$\text{pol}(\lambda) = b_0 B_0^n(\lambda) + \ldots + b_n B_n^n(\lambda)$$

heißt Bezier-Polynom, die Koeffizienten $b_i$ heißen Bezier-Punkte. Nach de Castlejau berechnet sich der Wert

$$b_{r,\ldots,s}(\lambda) = \sum_{i=r}^{s} b_i B_{i-r}^{s-r}(\lambda)$$

des Bezier-Polynoms vom Grad $s-r$ zu den Bezier-Punkten $b_r, \ldots, b_s$ an der Stelle $\lambda$ nach der Rekursion

$$b_{r,\ldots,s} = (1-\lambda) b_{r,\ldots,s-1} + \lambda b_{r+1,\ldots,s}.$$

## Programminstruktionen

|   | Verfahren | Eingabe | Taste | Anzeige |
|---|-----------|---------|-------|---------|
| 1 | Magnetkarte einlesen (Block 1) | | | 1 |
| 2 | Programmbeginn | | A | 1 |
| 3 | Eingabe von r und s | r | R/S | r |
|   |  | s | R/S | r |
| 4 | Eingabe von $b_r, \ldots, b_s$ | $b_r$ | R/S | r+1 |
|   |  | $b_{r+1}$ | R/S | r+2 |
|   |  | $\vdots$ | $\vdots$ | $\vdots$ |
|   |  | $b_s$ | R/S | s+1 |
| 5 | Ende der Koeffizienteneingabe | | B | s+1 |
| 6 | Eingabe von $\lambda$ | $\lambda$ | R/S | |
| 7 | Ergebnisanzeige | | | $b_{r,\ldots,s}$ |

## Registerinhalte

$R_{00}, \ldots, R_{07}$: Programmzeiger
$R_{08}, \ldots, R_{s-r+8}$: $b_r, \ldots, b_s$

## Bemerkung

Die $b_r, ..., b_s$ werden „überschrieben"; daher ist die Auswertung an nur einer Stelle $\lambda$ möglich.

## Beispiel

Das Bezier-Polynom

$$pol\,(\lambda) = 2\,B_0^3\,(\lambda) + 3\,B_1^3\,(\lambda) + 4\,B_2^3\,(\lambda) + 2\,B_3^3\,(\lambda)$$

ist an der Stelle $\lambda = 1/3$ auszuwerten.

| Anmerkungen | Eingabe | Taste | Anzeige |
|---|---|---|---|
| Magnetkarte einlesen (Block 1) | | | 1 |
| Programmbeginn | | A | 1 |
| Eingabe von:  r | 0 | R/S | 0 |
| s | 3 | R/S | 0 |
| $b_0$ | 2 | R/S | 1 |
| $b_1$ | 3 | R/S | 2 |
| $b_2$ | 4 | R/S | 3 |
| $b_3$ | 2 | R/S | 4 |
| Ende der Koeffizienteneingabe | | B | 4 |
| Eingabe von:  $\lambda$ | 1 | ÷ | |
| | 3 | = | .3333333333 |
| | | R/S | |
| Anzeige von:  $b_{0,1,2,3}$ | | | 2.888888889 |

| **Programm 4.7** | **De Castlejau** |
|---|---|

```
000   76 LBL      016   02  02      032   75  -       048   43 RCL
001   11  A       017   91 R/S      033   01   1      049   02  02
002   91 R/S      018   72 ST*      034   95  =       050   42 STD
003   42 STD      019   03  03      035   94 +/-      051   03  03
004   00  00      020   01   1      036   42 STD      052   43 RCL
005   42 STD      021   44 SUM      037   07  07      053   01  01
006   02  02      022   02  02      038   43 RCL      054   75  -
007   91 R/S      023   44 SUM      039   01  01      055   43 RCL
008   42 STD      024   03  03      040   75  -       056   00  00
009   01  01      025   61 GTD      041   43 RCL      057   85  +
010   08   8      026   33 X²       042   00  00      058   07   7
011   42 STD      027   76 LBL      043   95  =       059   95  =
012   03  03      028   12  B       044   42 STD      060   42 STD
013   76 LBL      029   91 R/S      045   02  02      061   05  05
014   33 X²       030   42 STD      046   76 LBL      062   85  +
015   43 RCL      031   06  06      047   35 1/X      063   01   1
```

```
064  95   =        075  73  RC*      086  04   04       097  75   -
065  42  STO        076  05   05      087  44  SUM       098  43  RCL
066  04   04        077  65   ×       088  05   05       099  00   00
067  76  LBL        078  43  RCL      089  97  DSZ       100  85   +
068  34  ΓX         079  07   07      090  03   03       101  08   8
069  73  RC*        080  95   =       091  34  ΓX        102  95   =
070  04   04        081  72  ST*      092  97  DSZ       103  42  STO
071  65   ×         082  04   04      093  02   02       104  05   05
072  43  RCL        083  01   1       094  35  1/X       105  73  RC*
073  06   06        084  94  +/-      095  43  RCL       106  05   05
074  85   +         085  44  SUM      096  01   01       107  91  R/S
```

## 4.8 Bezier-Kurve

Zur Approximation einer Funktion $f(x)$ im Intervall $[0, m]$ ist es günstig, das Intervall durch die Trennstellen $k = 1, 2, \ldots, m-1$ in Segmente aufzuteilen und $f(x)$ in jedem Segment durch ein Bezier-Polynom vom Grad n anzunähern. Dazu wird im Segment $[k, k+1]$ der Parameter $\lambda = x - k$ eingeführt; die Bezier-Punkte dieses Segments bezeichnet man mit $b_{nk}, b_{nk+1}, \ldots, b_{nk+n}$.

Das Programm bestimmt den Wert der aus den Bezier-Polynomen zusammengesetzten Bezier-Kurve bez $(x)$ an der Stelle $x \in [0, m]$ als Wert des Bezier-Polynoms im Segment $[k, k+1]$ an der Stelle $\lambda = x - k$ nach dem Algorithmus von de Castlejau (siehe 4.7 „De Castlejau").

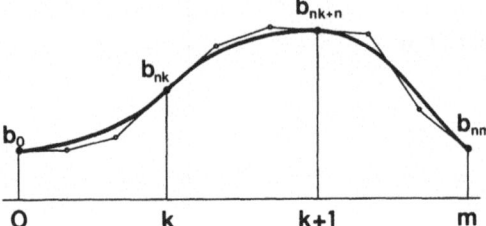

### Programminstruktionen

|   | Verfahren | Eingabe | Taste | Anzeige |
|---|-----------|---------|-------|---------|
| 1 | Magnetkarte einlesen (Block 1) | | | 1 |
| 2 | Programmbeginn | | A | 1 |
| 3 | Eingabe von n und m sowie $b_0, \ldots, b_{nm}$ | n | R/S | n |
|   | | m | R/S | 0 |
|   | | $b_0$ | R/S | 1 |
|   | | · | · | · |
|   | | · | · | · |
|   | | · | · | · |
|   | | $b_{nm}$ | R/S | nm+1 |
| 5 | Ende der Koeffizienteneingabe | | B | nm+1 |
| 6 | Eingabe von x | x | R/S | |
| 7 | Ergebnisanzeige | | | bez (x) |

## Registerinhalte

$R_{00}, \ldots, R_{09}$: Programmzeiger
$R_{10}, \ldots, R_{nm+10}$: $b_0, \ldots, b_{nm}$

## Bemerkung

Die $b_i$ werden „überschrieben"; daher ist die Auswertung von bez (x) an nur einer Stelle x möglich.

## Beispiel

Die im Intervall [0, 2] durch die Tabelle

| i | 0 | 1 | 2 | 3 | 4 | 5 | 6 |
|---|---|---|---|---|---|---|---|
| $b_i$ | 4 | 1 | 2 | 3 | 4 | 1 | 3 |

gegebene Bezier-Kurve vom Grad $n = 3$ soll an der Stelle $x = 1.5$ ausgewertet werden.

| Anmerkungen | Eingabe | Taste | Anzeige |
|---|---|---|---|
| Magnetkarte einlesen (Block 1) | | | 1 |
| Programmbeginn | | A | 1 |
| Eingabe von:  n | 3 | R/S | 3 |
| m | 2 | R/S | 0 |
| Eingabe von:  $b_0$ | 4 | R/S | 1 |
| $b_1$ | 1 | R/S | 2 |
| $b_2$ | 2 | R/S | 3 |
| $b_3$ | 3 | R/S | 4 |
| $b_4$ | 4 | R/S | 5 |
| $b_5$ | 1 | R/S | 6 |
| $b_6$ | 3 | R/S | 7 |
| Ende der Koeffizienteneingabe | | B | 7 |
| Eingabe von:  x | 1.5 | R/S | |
| Anzeige von:  bez (x) | | | 2.625 |

| Programm 4.8 | Bezier-Kurve |
| --- | --- |

```
000  76 LBL      036  67 EQ       072  43 RCL      108  73 RC*
001  11  A       037  13  C       073  02  02      109  07  07
002  91 R/S      038  43 RCL      074  95  =       110  85  +
003  42 STO      039  00  00      075  42 STO      111  43 RCL
004  00  00      040  65  ×       076  01  01      112  01  01
005  91 R/S      041  43 RCL      077  43 RCL      113  65  ×
006  42 STO      042  01  01      078  00  00      114  73 RC*
007  01  01      043  85  +       079  75  -       115  06  06
008  01  1       044  01  1       080  43 RCL      116  95  =
009  00  0       045  00  0       081  03  03      117  72 ST*
010  42 STO      046  95  =       082  95  =       118  07  07
011  02  02      047  42 STO      083  42 STO      119  01  1
012  76 LBL      048  04  04      084  04  04      120  94 +/-
013  33 X²       049  73 RC*      085  76 LBL      121  44 SUM
014  43 RCL      050  04  04      086  35 1/X      122  07  07
015  03  03      051  91 R/S      087  43 RCL      123  44 SUM
016  91 R/S      052  76 LBL      088  04  04      124  06  06
017  72 ST*      053  13  C       089  42 STO      125  97 DSZ
018  02  02      054  43 RCL      090  05  05      126  05  05
019  01  1       055  02  02      091  43 RCL      127  34 √X
020  44 SUM      056  59 INT      092  00  00      128  97 DSZ
021  02  02      057  42 STO      093  85  +       129  04  04
022  44 SUM      058  03  03      094  09  9       130  35 1/X
023  03  03      059  22 INV      095  95  =       131  43 RCL
024  61 GTO      060  44 SUM      096  42 STO      132  00  00
025  33 X²       061  02  02      097  06  06      133  85  +
026  76 LBL      062  43 RCL      098  85  +       134  01  1
027  12  B       063  00  00      099  01  1       135  00  0
028  91 R/S      064  49 PRD      100  95  =       136  95  =
029  42 STO      065  03  03      101  42 STO      137  42 STO
030  02  02      066  43 RCL      102  07  07      138  01  01
031  75  -       067  03  03      103  76 LBL      139  73 RC*
032  43 RCL      068  44 SUM      104  34 √X       140  01  01
033  01  01      069  00  00      105  43 RCL      141  91 R/S
034  95  =       070  01  1       106  02  02
035  22 INV      071  75  -       107  65  ×
```

## 4.9 Interpolation durch kubische Splines

Gegeben seien $n + 1$ Knoten

$$(x_i, f(x_i)) , \qquad i = 0, \dots, n$$

mit äquidistanten Stützstellen $x_i = x_0 + i\,h$, $h$ fest. Stellt man zur Approximation der Funktion $f$ an eine Bezier-Kurve $s$ (siehe 4.8 „Bezier-Kurve") die Forderung der zweimaligen Differenzierbarkeit an den Trennstellen $x_i$ und gibt man zusätzlich die beiden Randbedingungen

$$s''(x_0) = s''(x_n) = 0 ,$$

so ist s dadurch eindeutig festgelegt. Eine solche Kurve heißt kubischer Interpolationsspline und mit diesen Randbedingungen natürlicher Spline. Das Programm berechnet die Koeffizienten der Polynome

$$P_i(x) = a_i + b_i(x - x_i) + c_i(x - x_i)^2 + d_i(x - x_i)^3$$
$$x \in [x_{i-1}, x_i] \qquad i = 1, \ldots, n,$$

aus denen sich s zusammensetzt.

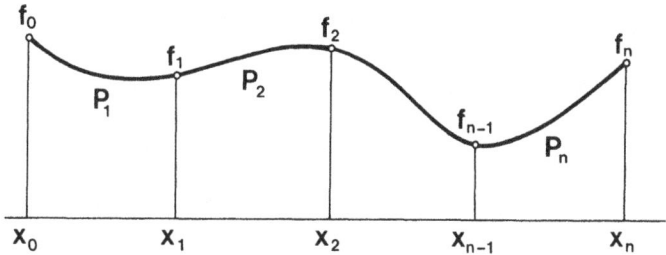

## Programminstruktionen

| | Verfahren | Eingabe | Taste | Anzeige |
|---|---|---|---|---|
| 1 | Magnetkarte einlesen (Block 1, 2) | | | 2 |
| 2 | Programmbeginn | | A | 2 |
| 3 | Eingabe der Nummer des ersten zu belegenden Speicherplatzes $k \geq 9$ | k | R/S | 0 |
| 4 | Eingabe von $f(x_0), \ldots, f(x_n)$ | $f(x_0)$ | R/S | 1 |
| | | $\vdots$ | $\vdots$ | $\vdots$ |
| | | $f(x_n)$ | R/S | n+1 |
| 5 | Ende der Koeffizienteneingabe | | B | n+1 |
| 6 | Eingabe von h, n und k | h | R/S | h |
| | | n | R/S | n |
| | | k | R/S | |
| 7 | Ergebnisanzeige | | | $a_1$ |
| | | | R/S | $b_1$ |
| | | | R/S | $c_1$ |
| | | | R/S | $d_1$ |
| | | | $\vdots$ | $\vdots$ |
| | | | R/S | $a_n$ |
| | | | R/S | $b_n$ |
| | | | R/S | $c_n$ |
| | | | R/S | $d_n$ |

## Registerinhalte

$R_{00}, \ldots, R_{08}$: Programmzeiger    $R_{k+2n+1}, \ldots, R_{k+3n}$: $b_1, \ldots, b_n$
$R_k, \ldots, R_{k+n}$: $f(x_0), \ldots, f(x_n)$    $R_{k+3n+1}, \ldots, R_{k+4n}$: $d_1, \ldots, d_n$
$R_{k+n+1}, \ldots, R_{k+2n}$: $c_1, \ldots, c_n$    $R_{k+4n+1}, \ldots, R_{k+5n-1}$: Zwischenergebnisse

## Bemerkung

Das Programm berechnet kubische Interpolationssplines für bis zu $n = 10$ Segmente.

## Beispiel

Die Funktion $f(x) = \sin \pi x$ soll im Intervall $[0, 2]$ interpoliert werden. Es steht folgende Tabelle zur Verfügung

| $x_i$ | 0 | 0.5 | 1 | 1.5 | 2 |
|-------|---|-----|---|-----|---|
| $f(x_i)$ | 0 | 1 | 0 | −1 | 0 |

Damit ist also $n = 4$ und $h = 0.5$

| Anmerkungen | Eingabe | Taste | Anzeige |
|-------------|---------|-------|---------|
| Magnetkarten einlesen (Block 1, 2) | | | 2 |
| Programmbeginn | | A | 2 |
| Eingabe von: k | 9 | R/S | 0 |
| $f(x_0)$ | 0 | R/S | 1 |
| $f(x_1)$ | 1 | R/S | 2 |
| $f(x_2)$ | 0 | R/S | 3 |
| $f(x_3)$ | −1 | R/S | 4 |
| $f(x_4)$ | 0 | R/S | 5 |
| Ende der Koeffizienteneingabe | | B | 5 |
| Eingabe von: h | 0.5 | R/S | 0.5 |
| n | 4 | R/S | 4 |
| k | 9 | R/S | |
| Anzeige von: $a_1$ | | | 0 |
| $b_1$ | | R/S | 3 |
| $c_1$ | | R/S | 0 |
| $d_1$ | | R/S | −4 |
| $a_2$ | | R/S | 1 |
| $b_2$ | | R/S | 0 |
| $c_2$ | | R/S | −6 |
| $d_2$ | | R/S | 4 |
| $a_3$ | | R/S | 0 |
| $b_3$ | | R/S | −3 |
| $c_3$ | | R/S | 2 −12 |
| $d_3$ | | R/S | 4 |
| $a_4$ | | R/S | −1 |
| $b_4$ | | R/S | 2 −12 |
| $c_4$ | | R/S | 6 |
| $d_4$ | | R/S | −4 |

| Programm 4.9 | Interpolation durch kubische Splines |
|---|---|

| | | | | | | | | | | | |
|---|---|---|---|---|---|---|---|---|---|---|---|
| 000 | 76 | LBL | 058 | 95 | = | 116 | 95 | = | 174 | 05 | 05 |
| 001 | 11 | A | 059 | 42 | STO | 117 | 42 | STO | 175 | 73 | RC* |
| 002 | 91 | R/S | 060 | 04 | 04 | 118 | 03 | 03 | 176 | 03 | 03 |
| 003 | 42 | STO | 061 | 85 | + | 119 | 43 | RCL | 177 | 65 | × |
| 004 | 00 | 00 | 062 | 01 | 1 | 120 | 00 | 00 | 178 | 73 | RC* |
| 005 | 00 | 0 | 063 | 95 | = | 121 | 75 | - | 179 | 04 | 04 |
| 006 | 42 | STO | 064 | 42 | STO | 122 | 01 | 1 | 180 | 95 | = |
| 007 | 01 | 01 | 065 | 05 | 05 | 123 | 95 | = | 181 | 72 | ST* |
| 008 | 76 | LBL | 066 | 01 | 1 | 124 | 42 | STO | 182 | 06 | 06 |
| 009 | 22 | INV | 067 | 44 | SUM | 125 | 04 | 04 | 183 | 01 | 1 |
| 010 | 43 | RCL | 068 | 06 | 06 | 126 | 76 | LBL | 184 | 44 | SUM |
| 011 | 01 | 01 | 069 | 03 | 3 | 127 | 24 | CE | 185 | 03 | 03 |
| 012 | 91 | R/S | 070 | 55 | ÷ | 128 | 04 | 4 | 186 | 44 | SUM |
| 013 | 72 | ST* | 071 | 43 | RCL | 129 | 75 | - | 187 | 04 | 04 |
| 014 | 00 | 00 | 072 | 02 | 02 | 130 | 73 | RC* | 188 | 43 | RCL |
| 015 | 01 | 1 | 073 | 33 | X² | 131 | 06 | 06 | 189 | 00 | 00 |
| 016 | 44 | SUM | 074 | 95 | = | 132 | 95 | = | 190 | 75 | - |
| 017 | 00 | 00 | 075 | 42 | STO | 133 | 35 | 1/X | 191 | 02 | 2 |
| 018 | 44 | SUM | 076 | 07 | 07 | 134 | 72 | ST* | 192 | 95 | = |
| 019 | 01 | 01 | 077 | 43 | RCL | 135 | 03 | 03 | 193 | 42 | STO |
| 020 | 61 | GTO | 078 | 00 | 00 | 136 | 01 | 1 | 194 | 07 | 07 |
| 021 | 22 | INV | 079 | 75 | - | 137 | 44 | SUM | 195 | 76 | LBL |
| 022 | 76 | LBL | 080 | 01 | 1 | 138 | 03 | 03 | 196 | 25 | CLR |
| 023 | 12 | B | 081 | 95 | = | 139 | 44 | SUM | 197 | 73 | RC* |
| 024 | 91 | R/S | 082 | 42 | STO | 140 | 06 | 06 | 198 | 03 | 03 |
| 025 | 42 | STO | 083 | 08 | 08 | 141 | 97 | DSZ | 199 | 75 | - |
| 026 | 02 | 02 | 084 | 76 | LBL | 142 | 04 | 04 | 200 | 73 | RC* |
| 027 | 91 | R/S | 085 | 23 | LNX | 143 | 24 | CE | 201 | 06 | 06 |
| 028 | 42 | STO | 086 | 73 | RC* | 144 | 43 | RCL | 202 | 95 | = |
| 029 | 00 | 00 | 087 | 03 | 03 | 145 | 01 | 01 | 203 | 65 | × |
| 030 | 91 | R/S | 088 | 75 | - | 146 | 85 | + | 204 | 73 | RC* |
| 031 | 42 | STO | 089 | 02 | 2 | 147 | 02 | 2 | 205 | 04 | 04 |
| 032 | 01 | 01 | 090 | 65 | × | 148 | 65 | × | 206 | 95 | = |
| 033 | 85 | + | 091 | 73 | RC* | 149 | 43 | RCL | 207 | 72 | ST* |
| 034 | 43 | RCL | 092 | 04 | 04 | 150 | 00 | 00 | 208 | 05 | 05 |
| 035 | 00 | 00 | 093 | 85 | + | 151 | 85 | + | 209 | 71 | SBR |
| 036 | 85 | + | 094 | 73 | RC* | 152 | 02 | 2 | 210 | 16 | A' |
| 037 | 01 | 1 | 095 | 05 | 05 | 153 | 95 | = | 211 | 97 | DSZ |
| 038 | 95 | = | 096 | 95 | = | 154 | 42 | STO | 212 | 07 | 07 |
| 039 | 42 | STO | 097 | 65 | × | 155 | 03 | 03 | 213 | 25 | CLR |
| 040 | 03 | 03 | 098 | 43 | RCL | 156 | 85 | + | 214 | 43 | RCL |
| 041 | 85 | + | 099 | 07 | 07 | 157 | 43 | RCL | 215 | 01 | 01 |
| 042 | 43 | RCL | 100 | 95 | = | 158 | 00 | 00 | 216 | 85 | + |
| 043 | 00 | 00 | 101 | 72 | ST* | 159 | 75 | - | 217 | 02 | 2 |
| 044 | 95 | = | 102 | 06 | 06 | 160 | 01 | 1 | 218 | 65 | × |
| 045 | 42 | STO | 103 | 71 | SBR | 161 | 95 | = | 219 | 43 | RCL |
| 046 | 06 | 06 | 104 | 16 | A' | 162 | 42 | STO | 220 | 00 | 00 |
| 047 | 00 | 0 | 105 | 97 | DSZ | 163 | 04 | 04 | 221 | 95 | = |
| 048 | 72 | ST* | 106 | 08 | 08 | 164 | 85 | + | 222 | 42 | STO |
| 049 | 03 | 03 | 107 | 23 | LNX | 165 | 43 | RCL | 223 | 03 | 03 |
| 050 | 72 | ST* | 108 | 04 | 4 | 166 | 00 | 00 | 224 | 42 | STO |
| 051 | 06 | 06 | 109 | 35 | 1/X | 167 | 95 | = | 225 | 06 | 06 |
| 052 | 43 | RCL | 110 | 72 | ST* | 168 | 42 | STO | 226 | 85 | + |
| 053 | 01 | 01 | 111 | 06 | 06 | 169 | 06 | 06 | 227 | 02 | 2 |
| 054 | 42 | STO | 112 | 43 | RCL | 170 | 85 | + | 228 | 65 | × |
| 055 | 03 | 03 | 113 | 06 | 06 | 171 | 01 | 1 | 229 | 43 | RCL |
| 056 | 85 | + | 114 | 85 | + | 172 | 95 | = | 230 | 00 | 00 |
| 057 | 01 | 1 | 115 | 01 | 1 | 173 | 42 | STO | 231 | 75 | - |

| | | | | | | | | | | | | | | |
|---|---|---|---|---|---|---|---|---|---|---|---|---|---|---|
| 232 | 01 | 1 | | 293 | 95 | = | | 354 | 34 | ΓX | | 415 | 95 | = |
| 233 | 95 | = | | 294 | 42 | STO | | 355 | 43 | RCL | | 416 | 42 | STO |
| 234 | 42 | STO | | 295 | 04 | 04 | | 356 | 07 | 07 | | 417 | 04 | 04 |
| 235 | 04 | 04 | | 296 | 85 | + | | 357 | 42 | STO | | 418 | 75 | - |
| 236 | 85 | + | | 297 | 43 | RCL | | 358 | 03 | 03 | | 419 | 43 | RCL |
| 237 | 43 | RCL | | 298 | 00 | 00 | | 359 | 43 | RCL | | 420 | 00 | 00 |
| 238 | 00 | 00 | | 299 | 95 | = | | 360 | 01 | 01 | | 421 | 75 | - |
| 239 | 95 | = | | 300 | 42 | STO | | 361 | 85 | + | | 422 | 01 | 1 |
| 240 | 42 | STO | | 301 | 05 | 05 | | 362 | 43 | RCL | | 423 | 95 | = |
| 241 | 05 | 05 | | 302 | 85 | + | | 363 | 00 | 00 | | 424 | 42 | STO |
| 242 | 73 | RC* | | 303 | 01 | 1 | | 364 | 85 | + | | 425 | 05 | 05 |
| 243 | 05 | 05 | | 304 | 95 | = | | 365 | 01 | 1 | | 426 | 85 | + |
| 244 | 72 | ST* | | 305 | 42 | STO | | 366 | 95 | = | | 427 | 02 | 2 |
| 245 | 03 | 03 | | 306 | 06 | 06 | | 367 | 42 | STO | | 428 | 65 | × |
| 246 | 01 | 1 | | 307 | 85 | + | | 368 | 04 | 04 | | 429 | 43 | RCL |
| 247 | 94 | +/- | | 308 | 43 | RCL | | 369 | 85 | + | | 430 | 00 | 00 |
| 248 | 44 | SUM | | 309 | 00 | 00 | | 370 | 01 | 1 | | 431 | 85 | + |
| 249 | 03 | 03 | | 310 | 95 | = | | 371 | 95 | = | | 432 | 01 | 1 |
| 250 | 44 | SUM | | 311 | 42 | STO | | 372 | 42 | STO | | 433 | 95 | = |
| 251 | 05 | 05 | | 312 | 07 | 07 | | 373 | 05 | 05 | | 434 | 42 | STO |
| 252 | 44 | SUM | | 313 | 43 | RCL | | 374 | 43 | RCL | | 435 | 06 | 06 |
| 253 | 04 | 04 | | 314 | 00 | 00 | | 375 | 00 | 00 | | 436 | 43 | RCL |
| 254 | 43 | RCL | | 315 | 42 | STO | | 376 | 42 | STO | | 437 | 00 | 00 |
| 255 | 00 | 00 | | 316 | 08 | 08 | | 377 | 06 | 06 | | 438 | 42 | STO |
| 256 | 75 | - | | 317 | 76 | LBL | | 378 | 76 | LBL | | 439 | 07 | 07 |
| 257 | 02 | 2 | | 318 | 34 | ΓX | | 379 | 35 | 1/X | | 440 | 76 | LBL |
| 258 | 95 | = | | 319 | 53 | ( | | 380 | 73 | RC* | | 441 | 42 | STO |
| 259 | 42 | STO | | 320 | 73 | RC* | | 381 | 05 | 05 | | 442 | 73 | RC* |
| 260 | 07 | 07 | | 321 | 04 | 04 | | 382 | 75 | - | | 443 | 03 | 03 |
| 261 | 76 | LBL | | 322 | 75 | - | | 383 | 73 | RC* | | 444 | 91 | R/S |
| 262 | 32 | X:T | | 323 | 73 | RC* | | 384 | 04 | 04 | | 445 | 73 | RC* |
| 263 | 73 | RC* | | 324 | 03 | 03 | | 385 | 95 | = | | 446 | 04 | 04 |
| 264 | 05 | 05 | | 325 | 54 | ) | | 386 | 55 | ÷ | | 447 | 91 | R/S |
| 265 | 75 | - | | 326 | 55 | ÷ | | 387 | 03 | 3 | | 448 | 73 | RC* |
| 266 | 73 | RC* | | 327 | 43 | RCL | | 388 | 55 | ÷ | | 449 | 05 | 05 |
| 267 | 04 | 04 | | 328 | 02 | 02 | | 389 | 43 | RCL | | 450 | 91 | R/S |
| 268 | 65 | × | | 329 | 75 | - | | 390 | 02 | 02 | | 451 | 73 | RC* |
| 269 | 73 | RC* | | 330 | 43 | RCL | | 391 | 95 | = | | 452 | 06 | 06 |
| 270 | 06 | 06 | | 331 | 02 | 02 | | 392 | 72 | ST* | | 453 | 91 | R/S |
| 271 | 95 | = | | 332 | 65 | × | | 393 | 03 | 03 | | 454 | 71 | SBR |
| 272 | 72 | ST* | | 333 | 53 | ( | | 394 | 01 | 1 | | 455 | 16 | A' |
| 273 | 03 | 03 | | 334 | 73 | RC* | | 395 | 44 | SUM | | 456 | 97 | DSZ |
| 274 | 01 | 1 | | 335 | 06 | 06 | | 396 | 03 | 03 | | 457 | 07 | 07 |
| 275 | 94 | +/- | | 336 | 85 | + | | 397 | 44 | SUM | | 458 | 42 | STO |
| 276 | 44 | SUM | | 337 | 02 | 2 | | 398 | 04 | 04 | | 459 | 91 | R/S |
| 277 | 03 | 03 | | 338 | 65 | × | | 399 | 44 | SUM | | 460 | 76 | LBL |
| 278 | 44 | SUM | | 339 | 73 | RC* | | 400 | 05 | 05 | | 461 | 16 | A' |
| 279 | 04 | 04 | | 340 | 05 | 05 | | 401 | 97 | DSZ | | 462 | 53 | ( |
| 280 | 44 | SUM | | 341 | 54 | ) | | 402 | 06 | 06 | | 463 | 01 | 1 |
| 281 | 05 | 05 | | 342 | 55 | ÷ | | 403 | 35 | 1/X | | 464 | 44 | SUM |
| 282 | 44 | SUM | | 343 | 03 | 3 | | 404 | 43 | RCL | | 465 | 03 | 03 |
| 283 | 06 | 06 | | 344 | 95 | = | | 405 | 01 | 01 | | 466 | 44 | SUM |
| 284 | 97 | DSZ | | 345 | 72 | ST* | | 406 | 42 | STO | | 467 | 04 | 04 |
| 285 | 07 | 07 | | 346 | 07 | 07 | | 407 | 03 | 03 | | 468 | 44 | SUM |
| 286 | 32 | X:T | | 347 | 71 | SBR | | 408 | 85 | + | | 469 | 05 | 05 |
| 287 | 43 | RCL | | 348 | 16 | A' | | 409 | 02 | 2 | | 470 | 44 | SUM |
| 288 | 01 | 01 | | 349 | 01 | 1 | | 410 | 65 | × | | 471 | 06 | 06 |
| 289 | 42 | STO | | 350 | 44 | SUM | | 411 | 43 | RCL | | 472 | 54 | ) |
| 290 | 03 | 03 | | 351 | 07 | 07 | | 412 | 00 | 00 | | 473 | 92 | RTN |
| 291 | 85 | + | | 352 | 97 | DSZ | | 413 | 85 | + | | | | |
| 292 | 01 | 1 | | 353 | 08 | 08 | | 414 | 02 | 2 | | | | |

# 5 Numerische Differentiation und Integration

## 5.1 Numerische Differentiation

Um näherungsweise die Ableitungen $f^{(k)}$ einer Funktion f an einer Stelle x zu bestimmen, liegt es nahe, f in der Umgebung von x durch ein Stützpolynom vom Grad n mit $n+1$ äquidistanten Stützstellen $x_i = x_0 + i\,h$, $i = 0, \ldots, n$, anzunähern und dieses zu differenzieren. Das Programm liefert Näherungen für die in der Tabelle aufgeführten Ableitungen

$$f_r^{(k)} := f^{(k)}(x_0 + r\,h) \ .$$

| Anzahl der Stützstellen | Das Programm berechnet Näherungswerte für: | | |
|---|---|---|---|
| $m = 2$ | $f_0'$ | $f_{1/2}'$ | $f_1'$ |
| $m = 3$ | $f_0'$ | $f_1'$ | $f_2'$ |
| | $f_0''$ | $f_1''$ | $f_2''$ |
| $m = 4$ | $f_0'$ | $f_{3/2}'$ | $f_3'$ |
| | $f_0''$ | $f_{3/2}''$ | $f_3''$ |
| | $f_0'''$ | $f_{3/2}'''$ | $f_3'''$ |

Einzugeben sind außer den Stützwerten $f_0, \ldots, f_n$ die Zahlen $m := n + 1$, $r := \dfrac{x - x_0}{h}$ und $k :=$ Ordnung der Ableitung sowie h.

### Programminstruktionen

| | Verfahren | Eingabe | Taste | Anzeige |
|---|---|---|---|---|
| 1 | Magnetkarte einlesen (Block 1, 2) | | | 2 |
| 2 | Programmbeginn | | A | 0 |
| 3 | Eingabe von $m, r, k, h, f_0, \ldots, f_n$ | m | R/S | 1 |
| | | r | R/S | 2 |
| | | k | R/S | 3 |
| | | h | R/S | 4 |
| | | $f_0$ | R/S | 5 |
| | | $\vdots$ | $\vdots$ | $\vdots$ |
| | | $f_n$ | R/S | n+5 |
| 4 | Ende der Koeffizienteneingabe | | B | |
| 5 | Ergebnisanzeige | | | $f_r^{(k)}$ |

## Registerinhalte

$R_{00}, \ldots, R_{08}$: Programmzeiger

## Bemerkung

Werden die Zahlen m, r und k in einer Kombination eingegeben, die in der Tabelle nicht auftritt, so hält das Programm und der Rechner zeigt dies durch eine blinkende Anzeige an.

## Beispiel

Gesucht ist eine Näherung für die 1. Ableitung der Funktion $f(x) = \sin x$ an der Stelle $\pi/4$. Gegeben ist die Tabelle

| $x_i$ | 0 | $\pi/6$ | $\pi/3$ | $\pi/2$ |
|---|---|---|---|---|
| $\sin x_i$ | 0 | 1/2 | $\sqrt{3}/2$ | 1 |

Es ist also

$$m = 4, \quad r = \frac{x - x_0}{h} = \frac{\pi/4 - 0}{\pi/6} = 1.5, \quad k = 1 \quad \text{und} \quad h = \pi/6 \, .$$

| Anmerkungen | Eingabe | Taste | Anzeige |
|---|---|---|---|
| Magnetkarte einlesen (Block 1, 2) | | | 2 |
| Programmbeginn | | A | 0 |
| Eingabe von:  m | 4 | R/S | 1 |
| r | 1.5 | R/S | 2 |
| k | 1 | R/S | 3 |
| h | | 2nd | |
| | | $\pi$ | 3.141592654 |
| | | $\div$ | |
| | 6 | = | .5235987756 |
| | | R/S | 4 |
| $f_0$ | 0 | R/S | 5 |
| $f_1$ | 0.5 | R/S | 6 |
| $f_2$ | 3 | $\sqrt{x}$ | 1.732050808 |
| | | $\div$ | |
| | 2 | = | .8660254038 |
| | | R/S | 7 |
| $f_3$ | 1 | R/S | 8 |
| Ende der Koeffizienteneingabe | | B | |
| Anzeige von:  $f'_{3/2}$ | | | .7068616846 |

Der exakte Wert ist .7071067812

| Programm 5.1 | Numerische Differentiation |
|---|---|

| | | | | | | | | | | |
|---|---|---|---|---|---|---|---|---|---|---|
| 000 | 76 | LBL | 058 | 95 | = | 116 | 55 | ÷ | 174 | 55 | ÷ |
| 001 | 11 | A | 059 | 91 | R/S | 117 | 02 | 2 | 175 | 43 | RCL |
| 002 | 00 | 0 | 060 | 76 | LBL | 118 | 55 | ÷ | 176 | 03 | 03 |
| 003 | 42 | STO | 061 | 13 | C | 119 | 43 | RCL | 177 | 33 | X² |
| 004 | 08 | 08 | 062 | 43 | RCL | 120 | 03 | 03 | 178 | 95 | = |
| 005 | 42 | STO | 063 | 02 | 02 | 121 | 95 | = | 179 | 91 | R/S |
| 006 | 09 | 09 | 064 | 75 | - | 122 | 91 | R/S | 180 | 76 | LBL |
| 007 | 43 | RCL | 065 | 01 | 1 | 123 | 76 | LBL | 181 | 14 | D |
| 008 | 09 | 09 | 066 | 95 | = | 124 | 23 | LNX | 182 | 43 | RCL |
| 009 | 91 | R/S | 067 | 67 | EQ | 125 | 43 | RCL | 183 | 02 | 02 |
| 010 | 72 | ST* | 068 | 16 | A' | 126 | 04 | 04 | 184 | 75 | - |
| 011 | 08 | 08 | 069 | 43 | RCL | 127 | 94 | +/- | 185 | 01 | 1 |
| 012 | 01 | 1 | 070 | 02 | 02 | 128 | 85 | + | 186 | 95 | = |
| 013 | 44 | SUM | 071 | 75 | - | 129 | 43 | RCL | 187 | 67 | EQ |
| 014 | 08 | 08 | 072 | 02 | 2 | 130 | 06 | 06 | 188 | 18 | C' |
| 015 | 44 | SUM | 073 | 95 | = | 131 | 95 | = | 189 | 43 | RCL |
| 016 | 09 | 09 | 074 | 67 | EQ | 132 | 55 | ÷ | 190 | 02 | 02 |
| 017 | 61 | GTO | 075 | 17 | B' | 133 | 02 | 2 | 191 | 75 | - |
| 018 | 00 | 00 | 076 | 61 | GTO | 134 | 55 | ÷ | 192 | 02 | 2 |
| 019 | 07 | 07 | 077 | 99 | PRT | 135 | 43 | RCL | 193 | 95 | = |
| 020 | 76 | LBL | 078 | 76 | LBL | 136 | 03 | 03 | 194 | 67 | EQ |
| 021 | 12 | B | 079 | 16 | A' | 137 | 95 | = | 195 | 19 | D' |
| 022 | 29 | CP | 080 | 43 | RCL | 138 | 91 | R/S | 196 | 43 | RCL |
| 023 | 43 | RCL | 081 | 01 | 01 | 139 | 76 | LBL | 197 | 02 | 02 |
| 024 | 00 | 00 | 082 | 67 | EQ | 140 | 24 | CE | 198 | 75 | - |
| 025 | 75 | - | 083 | 43 | RCL | 141 | 43 | RCL | 199 | 03 | 3 |
| 026 | 02 | 2 | 084 | 01 | 01 | 142 | 04 | 04 | 200 | 95 | = |
| 027 | 95 | = | 085 | 75 | - | 143 | 75 | - | 201 | 67 | EQ |
| 028 | 67 | EQ | 086 | 01 | 1 | 144 | 04 | 4 | 202 | 10 | E' |
| 029 | 15 | E | 087 | 95 | = | 145 | 65 | × | 203 | 61 | GTO |
| 030 | 43 | RCL | 088 | 67 | EQ | 146 | 43 | RCL | 204 | 99 | PRT |
| 031 | 00 | 00 | 089 | 23 | LNX | 147 | 05 | 05 | 205 | 76 | LBL |
| 032 | 75 | - | 090 | 43 | RCL | 148 | 85 | + | 206 | 18 | C' |
| 033 | 03 | 3 | 091 | 01 | 01 | 149 | 03 | 3 | 207 | 43 | RCL |
| 034 | 95 | = | 092 | 75 | - | 150 | 65 | × | 208 | 01 | 01 |
| 035 | 67 | EQ | 093 | 02 | 2 | 151 | 43 | RCL | 209 | 67 | EQ |
| 036 | 13 | C | 094 | 95 | = | 152 | 06 | 06 | 210 | 25 | CLR |
| 037 | 43 | RCL | 095 | 67 | EQ | 153 | 95 | = | 211 | 43 | RCL |
| 038 | 00 | 00 | 096 | 24 | CE | 154 | 55 | ÷ | 212 | 01 | 01 |
| 039 | 75 | - | 097 | 61 | GTO | 155 | 02 | 2 | 213 | 75 | - |
| 040 | 04 | 4 | 098 | 99 | PRT | 156 | 55 | ÷ | 214 | 01 | 1 |
| 041 | 95 | = | 099 | 76 | LBL | 157 | 43 | RCL | 215 | 93 | . |
| 042 | 67 | EQ | 100 | 22 | INV | 158 | 03 | 03 | 216 | 05 | 5 |
| 043 | 14 | D | 101 | 43 | RCL | 159 | 95 | = | 217 | 95 | = |
| 044 | 61 | GTO | 102 | 04 | 04 | 160 | 91 | R/S | 218 | 67 | EQ |
| 045 | 99 | PRT | 103 | 65 | × | 161 | 76 | LBL | 219 | 32 | X!T |
| 046 | 76 | LBL | 104 | 03 | 3 | 162 | 17 | B' | 220 | 43 | RCL |
| 047 | 15 | E | 105 | 94 | +/- | 163 | 43 | RCL | 221 | 01 | 01 |
| 048 | 43 | RCL | 106 | 85 | + | 164 | 04 | 04 | 222 | 75 | - |
| 049 | 04 | 04 | 107 | 04 | 4 | 165 | 75 | - | 223 | 03 | 3 |
| 050 | 94 | +/- | 108 | 65 | × | 166 | 02 | 2 | 224 | 95 | = |
| 051 | 85 | + | 109 | 43 | RCL | 167 | 65 | × | 225 | 67 | EQ |
| 052 | 43 | RCL | 110 | 05 | 05 | 168 | 43 | RCL | 226 | 33 | X² |
| 053 | 05 | 05 | 111 | 75 | - | 169 | 05 | 05 | 227 | 61 | GTO |
| 054 | 95 | = | 112 | 43 | RCL | 170 | 85 | + | 228 | 99 | PRT |
| 055 | 55 | ÷ | 113 | 06 | 06 | 171 | 43 | RCL | 229 | 76 | LBL |
| 056 | 43 | RCL | 114 | 06 | 06 | 172 | 06 | 06 | 230 | 25 | CLR |
| 057 | 03 | 03 | 115 | 95 | = | 173 | 95 | = | 231 | 43 | RCL |

| | | | | | | | | | | |
|---|---|---|---|---|---|---|---|---|---|---|---|
| 232 | 04 | 04 | 286 | 03 | 03 | 340 | 95 | = | 394 | 42 | STO |
| 233 | 65 | × | 287 | 95 | = | 341 | 67 | EQ | 395 | 43 | RCL |
| 234 | 01 | 1 | 288 | 91 | R/S | 342 | 42 | STO | 396 | 04 | 04 |
| 235 | 01 | 1 | 289 | 76 | LBL | 343 | 61 | GTO | 397 | 94 | +/- |
| 236 | 94 | +/- | 290 | 33 | X² | 344 | 99 | PRT | 398 | 85 | + |
| 237 | 85 | + | 291 | 43 | RCL | 345 | 76 | LBL | 399 | 04 | 4 |
| 238 | 43 | RCL | 292 | 04 | 04 | 346 | 34 | ⌈X | 400 | 65 | × |
| 239 | 05 | 05 | 293 | 65 | × | 347 | 43 | RCL | 401 | 43 | RCL |
| 240 | 65 | × | 294 | 02 | 2 | 348 | 04 | 04 | 402 | 05 | 05 |
| 241 | 01 | 1 | 295 | 94 | +/- | 349 | 65 | × | 403 | 75 | - |
| 242 | 08 | 8 | 296 | 85 | + | 350 | 02 | 2 | 404 | 05 | 5 |
| 243 | 75 | - | 297 | 43 | RCL | 351 | 75 | - | 405 | 65 | × |
| 244 | 43 | RCL | 298 | 05 | 05 | 352 | 43 | RCL | 406 | 43 | RCL |
| 245 | 06 | 06 | 299 | 65 | × | 353 | 05 | 05 | 407 | 06 | 06 |
| 246 | 65 | × | 300 | 09 | 9 | 354 | 65 | × | 408 | 85 | + |
| 247 | 09 | 9 | 301 | 75 | - | 355 | 05 | 5 | 409 | 02 | 2 |
| 248 | 85 | + | 302 | 43 | RCL | 356 | 85 | + | 410 | 65 | × |
| 249 | 43 | RCL | 303 | 06 | 06 | 357 | 43 | RCL | 411 | 43 | RCL |
| 250 | 07 | 07 | 304 | 65 | × | 358 | 06 | 06 | 412 | 07 | 07 |
| 251 | 65 | × | 305 | 01 | 1 | 359 | 65 | × | 413 | 95 | = |
| 252 | 02 | 2 | 306 | 08 | 8 | 360 | 04 | 4 | 414 | 55 | ÷ |
| 253 | 95 | = | 307 | 85 | + | 361 | 75 | - | 415 | 43 | RCL |
| 254 | 55 | ÷ | 308 | 43 | RCL | 362 | 43 | RCL | 416 | 03 | 03 |
| 255 | 06 | 6 | 309 | 07 | 07 | 363 | 07 | 07 | 417 | 33 | X² |
| 256 | 55 | ÷ | 310 | 65 | × | 364 | 95 | = | 418 | 95 | = |
| 257 | 43 | RCL | 311 | 01 | 1 | 365 | 55 | ÷ | 419 | 91 | R/S |
| 258 | 03 | 03 | 312 | 01 | 1 | 366 | 43 | RCL | 420 | 76 | LBL |
| 259 | 95 | = | 313 | 95 | = | 367 | 03 | 03 | 421 | 15 | E |
| 260 | 91 | R/S | 314 | 55 | ÷ | 368 | 33 | X² | 422 | 43 | RCL |
| 261 | 76 | LBL | 315 | 06 | 6 | 369 | 95 | = | 423 | 04 | 04 |
| 262 | 32 | X:T | 316 | 55 | ÷ | 370 | 91 | R/S | 424 | 94 | +/- |
| 263 | 43 | RCL | 317 | 43 | RCL | 371 | 76 | LBL | 425 | 85 | + |
| 264 | 04 | 04 | 318 | 03 | 03 | 372 | 35 | 1/X | 426 | 03 | 3 |
| 265 | 75 | - | 319 | 95 | = | 373 | 43 | RCL | 427 | 65 | × |
| 266 | 43 | RCL | 320 | 91 | R/S | 374 | 04 | 04 | 428 | 43 | RCL |
| 267 | 05 | 05 | 321 | 76 | LBL | 375 | 75 | - | 429 | 05 | 05 |
| 268 | 65 | × | 322 | 19 | D' | 376 | 43 | RCL | 430 | 75 | - |
| 269 | 02 | 2 | 323 | 43 | RCL | 377 | 05 | 05 | 431 | 03 | 3 |
| 270 | 07 | 7 | 324 | 01 | 01 | 378 | 75 | - | 432 | 65 | × |
| 271 | 85 | + | 325 | 67 | EQ | 379 | 43 | RCL | 433 | 43 | RCL |
| 272 | 43 | RCL | 326 | 34 | ⌈X | 380 | 06 | 06 | 434 | 06 | 06 |
| 273 | 06 | 06 | 327 | 43 | RCL | 381 | 85 | + | 435 | 85 | + |
| 274 | 65 | × | 328 | 01 | 01 | 382 | 43 | RCL | 436 | 43 | RCL |
| 275 | 02 | 2 | 329 | 75 | - | 383 | 07 | 07 | 437 | 07 | 07 |
| 276 | 07 | 7 | 330 | 01 | 1 | 384 | 95 | = | 438 | 95 | = |
| 277 | 75 | - | 331 | 93 | . | 385 | 55 | ÷ | 439 | 55 | ÷ |
| 278 | 43 | RCL | 332 | 05 | 5 | 386 | 02 | 2 | 440 | 43 | RCL |
| 279 | 07 | 07 | 333 | 95 | = | 387 | 55 | ÷ | 441 | 03 | 03 |
| 280 | 95 | = | 334 | 67 | EQ | 388 | 43 | RCL | 442 | 55 | ÷ |
| 281 | 55 | ÷ | 335 | 35 | 1/X | 389 | 03 | 03 | 443 | 43 | RCL |
| 282 | 02 | 2 | 336 | 43 | RCL | 390 | 33 | X² | 444 | 03 | 03 |
| 283 | 04 | 4 | 337 | 01 | 01 | 391 | 95 | = | 445 | 33 | X² |
| 284 | 55 | ÷ | 338 | 75 | - | 392 | 91 | R/S | 446 | 95 | = |
| 285 | 43 | RCL | 339 | 03 | 3 | 393 | 76 | LBL | 447 | 91 | R/S |

# 5.2 Sehnentrapezsumme

Als Näherung für den Wert $\int_a^b f(x)\,dx$ benutzt man die Sehnentrapezsumme $S_N$, die man

durch Aufteilen des Intervalls $[a, b]$ in $2^N$ Teilintervalle erhält. Es ist

$$S_N = \frac{b-a}{2^{N+1}}\left(f(a) + f(b) + 2\sum_{i=1}^{2^N-1} f\left(a + i\,\frac{b-a}{2^N}\right)\right).$$

Die Funktion f wird als Unterprogramm eingegeben. Dabei ist folgendes zu beachten:

1. Die Funktionsvorschrift ist in Klammern einzuschließen.
2. Für x ist RCL 00 zu setzen.
3. Die Taste = darf nicht verwendet werden.
4. Die Eingabe der Funktionsvorschrift ist mit INV SBR abzuschließen.

## Programminstruktionen

| | Verfahren | Eingabe | Taste | Anzeige |
|---|---|---|---|---|
| 1 | Magnetkarte einlesen (Block 1) | | | 1 |
| 2 | Eingabe der Funktionsvorschrift f(x) | | GTO | |
| | | | $x^2$ | |
| | | | LRN | 101 00 |
| | | | ( | 102 00 |
| | | | $\vdots$ | $\vdots$ $\vdots$ |
| | | | ) | XXX 00 |
| | | | INV | XXX 00 |
| | | | SBR | XXX 00 |
| | | | LRN | 1 |
| 3 | Programmbeginn | | A | 1 |
| 4 | Eingabe von a, b und N | a | R/S | a |
| | | b | R/S | b |
| | | N | R/S | |
| 5 | Ergebnisanzeige | | | $S_N$ |

## Registerinhalte

$R_{00}, \dots, R_{06}$: Programmzeiger

## Beispiel

Gesucht ist eine Näherung für $I = \int_0^1 \frac{dx}{1+x^2}$ mit $N = 3$.

| Anmerkungen | Eingabe | Taste | Anzeige |
|---|---|---|---|
| Magnetkarte einlesen (Block 1) | | | 1 |
| Eingabe der Funktionsvorschrift | | GTO | |
| | | $x^2$ | |
| | | LRN | 101 00 |
| | | ( | 102 00 |
| | | ( | 103 00 |
| | | RCL | 104 00 |
| | | 00 | 105 00 |
| | | $x^2$ | 106 00 |
| | | + | 107 00 |
| | | 1 | 108 00 |
| | | ) | 109 00 |
| | | 1/x | 110 00 |
| | | ) | 111 00 |
| | | INV | 112 00 |
| | | SBR | 112 00 |
| | | LRN | 1 |
| Programmbeginn | | A | 1 |
| Eingabe von: a | 0 | R/S | 0 |
| b | 1 | R/S | 1 |
| N | 3 | R/S | |
| Anzeige von: $S_N$ | | | .7847471236 |

Es ist $I$ = arctan 1 = .7853981634

| Programm 5.2 | Sehnentrapezsumme |
|---|---|

| | | | | | | | | | | | |
|---|---|---|---|---|---|---|---|---|---|---|---|
| 000 | 76 | LBL | 017 | 71 | SBR | 034 | 02 | 2 | 051 | 95 | = |
| 001 | 11 | A | 018 | 33 | X² | 035 | 45 | Yˣ | 052 | 42 | STO |
| 002 | 29 | CP | 019 | 44 | SUM | 036 | 43 | RCL | 053 | 06 | 06 |
| 003 | 91 | R/S | 020 | 05 | 05 | 037 | 03 | 03 | 054 | 85 | + |
| 004 | 42 | STO | 021 | 43 | RCL | 038 | 54 | ) | 055 | 43 | RCL |
| 005 | 00 | 00 | 022 | 02 | 02 | 039 | 52 | EE | 056 | 01 | 01 |
| 006 | 42 | STO | 023 | 42 | STO | 040 | 22 | INV | 057 | 95 | = |
| 007 | 01 | 01 | 024 | 00 | 00 | 041 | 52 | EE | 058 | 42 | STO |
| 008 | 91 | R/S | 025 | 71 | SBR | 042 | 35 | 1/X | 059 | 00 | 00 |
| 009 | 42 | STO | 026 | 33 | X² | 043 | 65 | × | 060 | 02 | 2 |
| 010 | 02 | 02 | 027 | 44 | SUM | 044 | 53 | ( | 061 | 45 | Yˣ |
| 011 | 91 | R/S | 028 | 05 | 05 | 045 | 43 | RCL | 062 | 43 | RCL |
| 012 | 42 | STO | 029 | 02 | 2 | 046 | 02 | 02 | 063 | 03 | 03 |
| 013 | 03 | 03 | 030 | 22 | INV | 047 | 75 | − | 064 | 75 | − |
| 014 | 00 | 0 | 031 | 49 | PRD | 048 | 43 | RCL | 065 | 01 | 1 |
| 015 | 42 | STO | 032 | 05 | 05 | 049 | 01 | 01 | 066 | 95 | = |
| 016 | 05 | 05 | 033 | 53 | ( | 050 | 54 | ) | 067 | 52 | EE |

| | | | | | | | | | | |
|---|---|---|---|---|---|---|---|---|---|---|
| 068 | 22 | INV | 076 | 13 | C | 084 | 06 | 06 | 092 | 43 | RCL |
| 069 | 52 | EE | 077 | 76 | LBL | 085 | 44 | SUM | 093 | 05 | 05 |
| 070 | 42 | STO | 078 | 12 | B | 086 | 00 | 00 | 094 | 65 | × |
| 071 | 04 | 04 | 079 | 71 | SBR | 087 | 97 | DSZ | 095 | 43 | RCL |
| 072 | 22 | INV | 080 | 33 | X² | 088 | 04 | 04 | 096 | 06 | 06 |
| 073 | 77 | GE | 081 | 44 | SUM | 089 | 12 | B | 097 | 95 | = |
| 074 | 13 | C | 082 | 05 | 05 | 090 | 76 | LBL | 098 | 91 | R/S |
| 075 | 67 | EQ | 083 | 43 | RCL | 091 | 13 | C | 099 | 76 | LBL |
| | | | | | | | | | 100 | 33 | X² |

# 5.3 Romberg-Integration

Betrachtet man zur Approximation des Wertes $\int_a^b f(x)\,dx$ die Folge der Sehnentrapez-

summen $S_0, \ldots, S_N$, so läßt sich die Konvergenz dieser Näherungsfolge durch wiederholte Extrapolation nach der Formel

$$S_{i, \ldots, k} = \frac{S_{i+1, \ldots, k} - 4^{k-i} S_{i, \ldots, k-1}}{1 - 4^{k-i}} \qquad k = 1, \ldots, N \quad i = k-1, \ldots, 0$$

beschleunigen. Das Programm liefert als Näherung für das Integral den Wert $S_{0, \ldots, N}$.
Die Funktion f wird als Unterprogramm eingegeben. Dabei ist folgendes zu beachten:

1. Die Funktionsvorschrift $f(x)$ ist in Klammern einzuschließen.
2. Für x ist RCL 00 zu setzen.
3. Die Taste = darf nicht verwendet werden.
4. Die Eingabe der Funktionsvorschrift ist mit INV SBR abzuschließen.

## Programminstruktionen

| | Verfahren | Eingabe | Taste | Anzeige |
|---|---|---|---|---|
| 1 | Magnetkarte einlesen (Block 1) | | | 1 |
| 2 | Eingabe der Funktionsvorschrift f(x) | | GTO | |
| | | | x² | |
| | | | LRN | 204 00 |
| | | | ( | 205 00 |
| | | | ⋮ | ⋮ ⋮ |
| | | | ) | XXX 00 |
| | | | INV | XXX 00 |
| | | | SBR | XXX 00 |
| | | | LRN | 1 |
| 3 | Programmbeginn | | A | 1 |
| 4 | Eingabe von a, b und N | a | R/S | a |
| | | b | R/S | b |
| | | N | R/S | |
| 5 | Ergebnisanzeige | | | $S_{0, \ldots, N}$ |

## Registerinhalte

$R_{00}, ..., R_{09}$ : Programmzeiger
$R_{10}, ..., R_{N+10}$ : $S_0, ..., S_N$

## Bemerkung

Die $S_0, ..., S_N$ werden durch die $S_{i, ..., k}$ „überschrieben''.

## Beispiel

Gesucht ist eine Näherung für $I = \int\limits_0^1 \dfrac{dx}{1+x^2}$ mit $N = 3$.

| Anmerkungen | Eingabe | Taste | Anzeige |
|---|---|---|---|
| Magnetkarte einlesen (Block 1) | | | 1 |
| Eingabe der Funktionsvorschrift f(x) | | GTO | |
| | | $x^2$ | |
| | | LRN | 204 00 |
| | | ( | 205 00 |
| | | ( | 206 00 |
| | | RCL | 207 00 |
| | | 00 | 208 00 |
| | | $x^2$ | 209 00 |
| | | + | 210 00 |
| | | 1 | 211 00 |
| | | ) | 212 00 |
| | | 1/x | 213 00 |
| | | ) | 214 00 |
| | | INV | 215 00 |
| | | SBR | 215 00 |
| | | LRN | 1 |
| Programmbeginn | | A | 1 |
| Eingabe von:  a | 0 | R/S | 0 |
| b | 1 | R/S | 1 |
| N | 3 | R/S | |
| Anzeige von:  $S_{0, 1, 2, 3}$ | | | .7853964459 |

Es ist $I = \arctan 1 = .7853981634$

| Programm 5.3 | Romberg-Integration |
|---|---|

| | | | | | | | | | | |
|---|---|---|---|---|---|---|---|---|---|---|
| 000 | 76 | LBL | 051 | 49 | PRD | 102 | 05 | 05 | 153 | 04 | 4 |
| 001 | 11 | A | 052 | 01 | 01 | 103 | 43 | RCL | 154 | 49 | PRD |
| 002 | 91 | R/S | 053 | 00 | 0 | 104 | 05 | 05 | 155 | 01 | 01 |
| 003 | 42 | STO | 054 | 42 | STO | 105 | 44 | SUM | 156 | 53 | ( |
| 004 | 03 | 03 | 055 | 05 | 05 | 106 | 04 | 04 | 157 | 43 | RCL |
| 005 | 91 | R/S | 056 | 02 | 2 | 107 | 02 | 2 | 158 | 01 | 01 |
| 006 | 42 | STO | 057 | 45 | Y× | 108 | 22 | INV | 159 | 65 | × |
| 007 | 01 | 01 | 058 | 53 | ( | 109 | 49 | PRD | 160 | 73 | RC* |
| 008 | 91 | R/S | 059 | 43 | RCL | 110 | 04 | 04 | 161 | 04 | 04 |
| 009 | 42 | STO | 060 | 07 | 07 | 111 | 43 | RCL | 162 | 75 | - |
| 010 | 02 | 02 | 061 | 75 | - | 112 | 04 | 04 | 163 | 73 | RC* |
| 011 | 42 | STO | 062 | 43 | RCL | 113 | 72 | ST* | 164 | 03 | 03 |
| 012 | 07 | 07 | 063 | 09 | 09 | 114 | 08 | 08 | 165 | 54 | ) |
| 013 | 42 | STO | 064 | 54 | ) | 115 | 01 | 1 | 166 | 55 | ÷ |
| 014 | 09 | 09 | 065 | 95 | = | 116 | 44 | SUM | 167 | 53 | ( |
| 015 | 01 | 1 | 066 | 52 | EE | 117 | 08 | 08 | 168 | 43 | RCL |
| 016 | 01 | 1 | 067 | 22 | INV | 118 | 97 | DSZ | 169 | 01 | 01 |
| 017 | 42 | STO | 068 | 52 | EE | 119 | 09 | 09 | 170 | 75 | - |
| 018 | 08 | 08 | 069 | 42 | STO | 120 | 12 | B | 171 | 01 | 1 |
| 019 | 43 | RCL | 070 | 06 | 06 | 121 | 43 | RCL | 172 | 54 | ) |
| 020 | 03 | 03 | 071 | 76 | LBL | 122 | 02 | 02 | 173 | 95 | = |
| 021 | 71 | SBR | 072 | 35 | 1/X | 123 | 42 | STO | 174 | 72 | ST* |
| 022 | 34 | ГX | 073 | 53 | ( | 124 | 05 | 05 | 175 | 03 | 03 |
| 023 | 85 | + | 074 | 02 | 2 | 125 | 01 | 1 | 176 | 01 | 1 |
| 024 | 43 | RCL | 075 | 65 | × | 126 | 42 | STO | 177 | 94 | +/- |
| 025 | 01 | 01 | 076 | 43 | RCL | 127 | 00 | 00 | 178 | 44 | SUM |
| 026 | 71 | SBR | 077 | 06 | 06 | 128 | 42 | STO | 179 | 03 | 03 |
| 027 | 34 | ГX | 078 | 75 | - | 129 | 06 | 06 | 180 | 44 | SUM |
| 028 | 95 | = | 079 | 01 | 1 | 130 | 76 | LBL | 181 | 04 | 04 |
| 029 | 42 | STO | 080 | 54 | ) | 131 | 42 | STO | 182 | 97 | DSZ |
| 030 | 04 | 04 | 081 | 65 | × | 132 | 01 | 1 | 183 | 06 | 06 |
| 031 | 42 | STO | 082 | 43 | RCL | 133 | 42 | STO | 184 | 43 | RCL |
| 032 | 10 | 10 | 083 | 01 | 01 | 134 | 01 | 01 | 185 | 01 | 1 |
| 033 | 43 | RCL | 084 | 85 | + | 135 | 01 | 1 | 186 | 44 | SUM |
| 034 | 03 | 03 | 085 | 43 | RCL | 136 | 00 | 0 | 187 | 00 | 00 |
| 035 | 22 | INV | 086 | 03 | 03 | 137 | 85 | + | 188 | 43 | RCL |
| 036 | 44 | SUM | 087 | 95 | = | 138 | 43 | RCL | 189 | 00 | 00 |
| 037 | 01 | 01 | 088 | 71 | SBR | 139 | 02 | 02 | 190 | 42 | STO |
| 038 | 43 | RCL | 089 | 34 | ГX | 140 | 75 | - | 191 | 06 | 06 |
| 039 | 01 | 01 | 090 | 95 | = | 141 | 43 | RCL | 192 | 97 | DSZ |
| 040 | 55 | ÷ | 091 | 44 | SUM | 142 | 05 | 05 | 193 | 05 | 05 |
| 041 | 02 | 2 | 092 | 05 | 05 | 143 | 95 | = | 194 | 42 | STO |
| 042 | 95 | = | 093 | 97 | DSZ | 144 | 42 | STO | 195 | 43 | RCL |
| 043 | 49 | PRD | 094 | 06 | 06 | 145 | 03 | 03 | 196 | 10 | 10 |
| 044 | 04 | 04 | 095 | 35 | 1/X | 146 | 85 | + | 197 | 91 | R/S |
| 045 | 49 | PRD | 096 | 02 | 2 | 147 | 01 | 1 | 198 | 76 | LBL |
| 046 | 10 | 10 | 097 | 65 | × | 148 | 95 | = | 199 | 34 | ГX |
| 047 | 76 | LBL | 098 | 43 | RCL | 149 | 42 | STO | 200 | 42 | STO |
| 048 | 12 | B | 099 | 01 | 01 | 150 | 04 | 04 | 201 | 00 | 00 |
| 049 | 02 | 2 | 100 | 95 | = | 151 | 76 | LBL | 202 | 76 | LBL |
| 050 | 22 | INV | 101 | 49 | PRD | 152 | 43 | RCL | 203 | 33 | X² |

## 5.4 Das Eulersche Polygonzugverfahren

Gegeben sei eine gewöhnliche Differentialgleichung erster Ordnung mit Anfangsbedingung

$$y' = f(x, y); \quad y(a) = y_a .$$

Gesucht ist $y(b) = y_b$. Die Grundidee des Polygonzugverfahrens besteht darin, das Intervall $[a, b]$ in $n$ gleiche Teile zu teilen und die Lösungskurve $y(x)$ durch den Streckenzug mit den Ecken $(x_i, \eta_i)$ zu ersetzen. Beim Eulerschen Polygonzugverfahren ist

$$x_{k+1} = x_k + \frac{b-a}{n}, \quad x_0 = a$$

$$\eta_{k+1} = \eta_k + \frac{b-a}{n} f(x_k, \eta_k), \quad k = 0, \ldots, n-1.$$

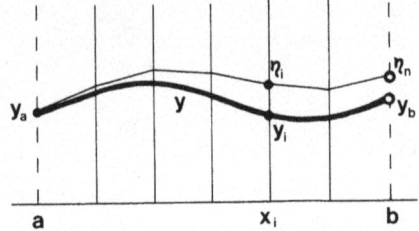

Die Funktion $f$ wird als Unterprogramm eingegeben.
Dabei ist folgendes zu beachten:

1. Die Funktionsvorschrift $f(x, y)$ ist in Klammern einzuschließen.
2. Für x ist RCL 00, für y RCL 01 zu setzen.
3. Die Taste = darf nicht verwendet werden.
4. Die Eingabe der Funktionsvorschrift ist mit INV SBR abzuschließen.

### Programminstruktionen

| | Verfahren | Eingabe | Taste | Anzeige |
|---|---|---|---|---|
| 1 | Magnetkarte einlesen (Block 1) | | | 1 |
| 2 | Eingabe der Funktionsvorschrift $f(x, y)$ | | GTO $x^2$ | |
| | | | LRN | 048 00 |
| | | | ( | 049 00 |
| | | | $\vdots$ | $\vdots$ $\vdots$ |
| | | | ) | XXX 00 |
| | | | INV | XXX 00 |
| | | | SBR | XXX 00 |
| | | | LRN | 1 |
| 3 | Programmbeginn | | A | 1 |
| 4 | Eingabe von a, b, $y_a$ und n | a | R/S | a |
| | | b | R/S | b |
| | | $y_a$ | R/S | $y_a$ |
| | | n | R/S | |
| 5 | Ergebnisanzeige | | | $\eta_n$ |

## Registerinhalte

$R_{00}, \ldots, R_{04}$: Programmzeiger

## Beispiel

Gegeben ist die Anfangswertaufgabe $y' = \frac{x}{y}$, $y(1) = 2$. In $n = 10$ Schritten soll eine Näherung für $y(1.5)$ gefunden werden.

| Anmerkungen | Eingabe | Taste | Anzeige |
|---|---|---|---|
| Magnetkarte einlesen (Block 1) | | | 1 |
| Eingabe der Funktionsvorschrift $f(x, y)$ | | GTO | |
| | | $x^2$ | |
| | | LRN | 048 00 |
| | | ( | 049 00 |
| | | RCL | 050 00 |
| | | 00 | 051 00 |
| | | ÷ | 052 00 |
| | | RCL | 053 00 |
| | | 01 | 054 00 |
| | | ) | 055 00 |
| | | INV | 056 00 |
| | | SBR | 056 00 |
| | | LRN | 1 |
| Programmbeginn | | A | 1 |
| Eingabe von: a | 1 | R/S | 1 |
| b | 1.5 | R/S | 1.5 |
| $y_a$ | 2 | R/S | 2 |
| n | 10 | R/S | |
| Anzeige von: $\eta_n$ | | | 2.287646401 |

Es ist $y = \sqrt{x^2 + 3}$ und $y(1.5) = 2.291287847$.

| Programm 5.4 | Das Eulersche Polygonzugverfahren |
|---|---|

```
000   76 LBL      012   42 STO      024   42 STO      036   43 RCL
001   11  A       013   03   03     025   02   02     037   02   02
002   91 R/S      014   43 RCL      026   76 LBL      038   44 SUM
003   42 STO      015   04   04     027   12  B       039   00   00
004   00   00     016   75  -       028   71 SBR      040   97 DSZ
005   91 R/S      017   43 RCL      029   33 X²       041   03   03
006   42 STO      018   00   00     030   65  ×       042   12  B
007   04   04     019   95  =       031   43 RCL      043   43 RCL
008   91 R/S      020   55  ÷       032   02   02     044   01   01
009   42 STO      021   43 RCL      033   95  =       045   91 R/S
010   01   01     022   03   03     034   44 SUM      046   76 LBL
011   91 R/S      023   95  =       035   01   01     047   33 X²
```

## 5.5 Das Verfahren von Heun

Gegeben sei eine gewöhnliche Differentialgleichung erster Ordnung mit Anfangsbedingung

$$y' = f(x, y), \quad y(a) = y_a.$$

Gesucht ist $y(b) = y_b$. Das Programm bestimmt eine Näherung für $y_b$ in n Schritten (für $i = 0, \ldots, n-1$) nach den Formeln

$$\eta_{i+1} = \eta_i + F(x_i, \eta_i)$$

mit $\quad F = \dfrac{1}{2}(f_0 + f_1)$

und $\quad f_0 = h \cdot f(x_i, \eta_i), \quad f_1 = h \cdot f(x_i + h, \eta_i + h \cdot f_0)$

mit $h = \dfrac{b-a}{n}$ und $x_i = a + ih$. Die Funktion f wird als Unterprogramm eingegeben. Dabei ist folgendes zu beachten:

1. Die Funktionsvorschrift $f(x, y)$ ist in Klammern einzuschließen.
2. Für x ist RCL 00, für y RCL 01 zu setzen.
3. Die Taste $=$ darf nicht verwendet werden.
4. Die Eingabe der Funktionsvorschrift ist mit INV SBR abzuschließen.

### Programminstruktionen

| | Verfahren | Eingabe | Taste | Anzeige |
|---|---|---|---|---|
| 1 | Magnetkarte einlesen (Block 1) | | | 1 |
| 2 | Eingabe der Funktionsvorschrift $f(x, y)$ | | GTO | |
| | | | $x^2$ | |
| | | | LRN | 088  00 |
| | | | ( | 089  00 |
| | | | . | .    . |
| | | | . | .    . |
| | | | ) | XXX  00 |
| | | | INV | XXX  00 |
| | | | SBR | XXX  00 |
| | | | LRN | 1 |
| 3 | Programmbeginn | | A | 1 |
| 4 | Eingabe von a, b, $y_a$ und n | a | R/S | a |
| | | b | R/S | b |
| | | $y_a$ | R/S | $y_a$ |
| | | n | R/S | |
| 5 | Ergebnisanzeige | | | $\eta_n$ |

## Registerinhalte

$R_{00}, ..., R_{08}$: Programmzeiger

## Beispiel

Gegeben ist das Anfangswertproblem $y' = \frac{x}{y}$, $y(1) = 2$. In $n = 10$ Schritten soll eine
Näherung für $y(1.5)$ bestimmt werden.

| Anmerkungen | Eingabe | Taste | Anzeige |
|---|---|---|---|
| Magnetkarte einlesen (Block 1) | | | 1 |
| Eingabe der Funktionsvorschrift $f(x, y)$ | | GTO | |
| | | $x^2$ | |
| | | LRN | 088  00 |
| | | ( | 089  00 |
| | | RCL | 090  00 |
| | | 00 | 091  00 |
| | | ÷ | 092  00 |
| | | RCL | 093  00 |
| | | 01 | 094  00 |
| | | ) | 095  00 |
| | | INV | 096  00 |
| | | SBR | 096  00 |
| | | LRN | 1 |
| Programmbeginn | | A | 1 |
| Eingabe von:  a | 1 | R/S | 1 |
| b | 1.5 | R/S | 1.5 |
| $y_a$ | 2 | R/S | 2 |
| n | 10 | R/S | |
| Anzeige von:  $\eta_{10}$ | | | 2.291263323 |

Es ist $y = \sqrt{x^2 + 3}$ und $y(1.5) = 2.291287847$.

| Programm 5.5 | Das Verfahren von Heun |
|---|---|

| | | | | | | | | | | | |
|---|---|---|---|---|---|---|---|---|---|---|---|
| 000 | 76 | LBL | 022 | 00 | 00 | 044 | 06 | 06 | 066 | 02 | 2 |
| 001 | 11 | A | 023 | 95 | = | 045 | 42 | STO | 067 | 85 | + |
| 002 | 91 | R/S | 024 | 55 | ÷ | 046 | 01 | 01 | 068 | 43 | RCL |
| 003 | 42 | STO | 025 | 43 | RCL | 047 | 43 | RCL | 069 | 05 | 05 |
| 004 | 00 | 00 | 026 | 03 | 03 | 048 | 04 | 04 | 070 | 95 | = |
| 005 | 91 | R/S | 027 | 95 | = | 049 | 44 | SUM | 071 | 42 | STO |
| 006 | 42 | STO | 028 | 42 | STO | 050 | 00 | 00 | 072 | 01 | 01 |
| 007 | 02 | 02 | 029 | 04 | 04 | 051 | 02 | 2 | 073 | 97 | DSZ |
| 008 | 91 | R/S | 030 | 76 | LBL | 052 | 42 | STO | 074 | 08 | 08 |
| 009 | 42 | STO | 031 | 12 | B | 053 | 08 | 08 | 075 | 13 | C |
| 010 | 01 | 01 | 032 | 71 | SBR | 054 | 76 | LBL | 076 | 43 | RCL |
| 011 | 42 | STO | 033 | 33 | X² | 055 | 13 | C | 077 | 01 | 01 |
| 012 | 05 | 05 | 034 | 42 | STO | 056 | 71 | SBR | 078 | 42 | STO |
| 013 | 42 | STO | 035 | 07 | 07 | 057 | 33 | X² | 079 | 05 | 05 |
| 014 | 06 | 06 | 036 | 65 | × | 058 | 85 | + | 080 | 97 | DSZ |
| 015 | 91 | R/S | 037 | 43 | RCL | 059 | 43 | RCL | 081 | 03 | 03 |
| 016 | 42 | STO | 038 | 04 | 04 | 060 | 07 | 07 | 082 | 12 | B |
| 017 | 03 | 03 | 039 | 85 | + | 061 | 95 | = | 083 | 43 | RCL |
| 018 | 43 | RCL | 040 | 43 | RCL | 062 | 65 | × | 084 | 01 | 01 |
| 019 | 02 | 02 | 041 | 05 | 05 | 063 | 43 | RCL | 085 | 91 | R/S |
| 020 | 75 | - | 042 | 95 | = | 064 | 04 | 04 | 086 | 76 | LBL |
| 021 | 43 | RCL | 043 | 42 | STO | 065 | 55 | ÷ | 087 | 33 | X² |

## 5.6 Das klassische Runge-Kutta-Verfahren

Gegeben sei eine gewöhnliche Differentialgleichung erster Ordnung mit Anfangsbedingung

$$y' = f(x, y), \quad y(a) = y_a .$$

Gesucht ist $y(b) = y_b$. Das Programm liefert eine Näherung $\eta_n$ für $y_b$ nach den Formeln

$$\eta_{i+1} = \eta_i + F(x_i, \eta_i), \quad i = 0, \ldots, n-1$$

mit $\quad F = \dfrac{1}{6}(f_0 + 2f_1 + 2f_2 + f_3)$

und $\quad f_0 = h \cdot f(x_i, \eta_i), \quad f_1 = h \cdot f\left(x_i + \dfrac{h}{2}, \eta_i + \dfrac{f_0}{2}\right),$

$$f_2 = h \cdot f\left(x_i + \frac{h}{2}, \eta_i + \frac{f_1}{2}\right), \quad f_3 = h \cdot f(x_i + h, \eta_i + f_2) .$$

Dabei ist $x_i = a + i \cdot h$, $h = \dfrac{b-a}{n}$ und n die Anzahl der Schritte. Die Funktion f wird als Unterprogramm eingegeben. Dabei ist folgendes zu beachten:

1. Die Funktionsvorschrift $f(x, y)$ ist in Klammern einzuschließen.
2. Für x ist RCL 00, für y RCL 01 zu setzen.
3. Die Taste = darf nicht verwendet werden.
4. Die Eingabe der Funktionsvorschrift ist mit INV SBR abzuschließen.

## Programminstruktionen

| | Verfahren | Eingabe | Taste | Anzeige |
|---|---|---|---|---|
| 1 | Magnetkarte einlesen (Block 1) | | | 1 |
| 2 | Eingabe der Funktionsvorschrift $f(x, y)$ | | GTO | |
| | | | $x^2$ | |
| | | | LRN | 135  00 |
| | | | ( | 136  00 |
| | | | $\vdots$ | $\vdots$  $\vdots$ |
| | | | ) | XXX  00 |
| | | | INV | XXX  00 |
| | | | SBR | XXX  00 |
| | | | LRN | 1 |
| 3 | Programmbeginn | | A | 1 |
| 4 | Eingabe von $a$, $b$, $y_a$ und $n$ | $a$ | R/S | $a$ |
| | | $b$ | R/S | $b$ |
| | | $y_a$ | R/S | $y_a$ |
| | | $n$ | R/S | |
| 5 | Ergebnisanzeige | | | $\eta_n$ |

## Registerinhalte

$R_{00}, \ldots, R_{07}$: Programmzeiger

## Beispiel

Gegeben ist das Anfangswertproblem $y' = \frac{x}{y}$, $y(1) = 2$. Gesucht ist in $n = 10$ Schritten eine Näherung für $y(1.5)$.

| Anmerkungen | Eingabe | Taste | Anzeige |
|---|---|---|---|
| Magnetkarte einlesen (Block 1) | | | 1 |
| Eingabe der Funktionsvorschrift $f(x, y)$ | | GTO | |
| | | $x^2$ | |
| | | LRN | 135  00 |
| | | ( | 136  00 |
| | | RCL | 137  00 |
| | | 00 | 138  00 |
| | | $\div$ | 139  00 |
| | | RCL | 140  00 |
| | | 01 | 141  00 |
| | | ) | 142  00 |
| | | INV | 143  00 |
| | | SBR | 143  00 |
| | | LRN | 1 |

| Anmerkungen | | Eingabe | Taste | Anzeige |
|---|---|---|---|---|
| Programmbeginn | | | A | 1 |
| Eingabe von: | a | 1 | R/S | 1 |
| | b | 1.5 | R/S | 1.5 |
| | $y_a$ | 2 | R/S | 2 |
| | n | 10 | R/S | |
| Anzeige von: | $\eta_n$ | | | 2.291287849 |

Es ist $y = \sqrt{x^2 + 3}$ und $y(1.5) = 2.291287847$ .

| Programm 5.6 | Das klassische Runge-Kutta-Verfahren |
|---|---|

| | | | | | | | | | | | |
|---|---|---|---|---|---|---|---|---|---|---|---|
| 000 | 76 | LBL | 034 | 65 | × | 068 | 42 | STO | 102 | 95 | = |
| 001 | 11 | A | 035 | 43 | RCL | 069 | 07 | 07 | 103 | 44 | SUM |
| 002 | 91 | R/S | 036 | 04 | 04 | 070 | 55 | ÷ | 104 | 00 | 00 |
| 003 | 42 | STO | 037 | 95 | = | 071 | 03 | 3 | 105 | 43 | RCL |
| 004 | 00 | 00 | 038 | 42 | STO | 072 | 95 | = | 106 | 07 | 07 |
| 005 | 91 | R/S | 039 | 07 | 07 | 073 | 44 | SUM | 107 | 85 | + |
| 006 | 42 | STO | 040 | 55 | ÷ | 074 | 06 | 06 | 108 | 43 | RCL |
| 007 | 02 | 02 | 041 | 06 | 6 | 075 | 43 | RCL | 109 | 05 | 05 |
| 008 | 91 | R/S | 042 | 95 | = | 076 | 07 | 07 | 110 | 95 | = |
| 009 | 42 | STO | 043 | 44 | SUM | 077 | 55 | ÷ | 111 | 42 | STO |
| 010 | 01 | 01 | 044 | 06 | 06 | 078 | 02 | 2 | 112 | 01 | 01 |
| 011 | 42 | STO | 045 | 43 | RCL | 079 | 85 | + | 113 | 71 | SBR |
| 012 | 05 | 05 | 046 | 04 | 04 | 080 | 43 | RCL | 114 | 33 | X² |
| 013 | 42 | STO | 047 | 55 | ÷ | 081 | 05 | 05 | 115 | 65 | × |
| 014 | 06 | 06 | 048 | 02 | 2 | 082 | 95 | = | 116 | 43 | RCL |
| 015 | 91 | R/S | 049 | 95 | = | 083 | 42 | STO | 117 | 04 | 04 |
| 016 | 42 | STO | 050 | 44 | SUM | 084 | 01 | 01 | 118 | 55 | ÷ |
| 017 | 03 | 03 | 051 | 00 | 00 | 085 | 71 | SBR | 119 | 06 | 6 |
| 018 | 43 | RCL | 052 | 43 | RCL | 086 | 33 | X² | 120 | 95 | = |
| 019 | 02 | 02 | 053 | 07 | 07 | 087 | 65 | × | 121 | 44 | SUM |
| 020 | 75 | - | 054 | 55 | ÷ | 088 | 43 | RCL | 122 | 06 | 06 |
| 021 | 43 | RCL | 055 | 02 | 2 | 089 | 04 | 04 | 123 | 43 | RCL |
| 022 | 00 | 00 | 056 | 85 | + | 090 | 95 | = | 124 | 06 | 06 |
| 023 | 95 | = | 057 | 43 | RCL | 091 | 42 | STO | 125 | 42 | STO |
| 024 | 55 | ÷ | 058 | 05 | 05 | 092 | 07 | 07 | 126 | 05 | 05 |
| 025 | 43 | RCL | 059 | 95 | = | 093 | 55 | ÷ | 127 | 97 | DSZ |
| 026 | 03 | 03 | 060 | 42 | STO | 094 | 03 | 3 | 128 | 03 | 03 |
| 027 | 95 | = | 061 | 01 | 01 | 095 | 95 | = | 129 | 12 | B |
| 028 | 42 | STO | 062 | 71 | SBR | 096 | 44 | SUM | 130 | 43 | RCL |
| 029 | 04 | 04 | 063 | 33 | X² | 097 | 06 | 06 | 131 | 06 | 06 |
| 030 | 76 | LBL | 064 | 65 | × | 098 | 43 | RCL | 132 | 91 | R/S |
| 031 | 12 | B | 065 | 43 | RCL | 099 | 04 | 04 | 133 | 76 | LBL |
| 032 | 71 | SBR | 066 | 04 | 04 | 100 | 55 | ÷ | 134 | 33 | X² |
| 033 | 33 | X² | 067 | 95 | = | 101 | 02 | 2 | | | |

## 5.7 Einschrittverfahren mit Schrittweitensteuerung

Um Schwankungen des lokalen Diskretisierungsfehlers beim Rechnen mit konstanter Schrittweite zu vermeiden, steuert das Programm bei der Lösung des Anfangswertproblems
$y' = f(x, y)$, $y(a) = y_a$ die Schrittweite selbständig so, daß der lokale Diskretisierungsfehler
annähernd konstant bleibt. Es benutzt dabei ein Paar von Runge-Kutta-Verfahren $F_p$, $F_{p+1}$
der Ordnung p bzw. p+1 und bestimmt die jeweilige Schrittweite nach der Formel

$$h_{i+1} = 0.8 \cdot h_i \cdot \sqrt{\frac{\epsilon}{h_0 \, |F_{p+1} - F_p| + \epsilon \cdot 0.08^{p+1}}} \, ,$$

wobei $\epsilon > 0$ eine vorzugebende Toleranzschranke ist. Das Programm verwendet die beiden
folgenden Verfahren $F_2$, $F_3$:

p = 2:    $\eta_{i+1} = \eta_i + F_2(x_i, \eta_i)$

mit    $F_2 = \frac{1}{2}(f_0 + f_1)$

und    $f_0 = h \cdot f(x_i, \eta_i)$, $f_1 = h \cdot f(x_i + h, \eta_i + h \cdot f_0)$

p = 3:    $\eta_{i+1} = \eta_i + F_3(x_i, \eta_i)$

mit    $F_3 = \frac{1}{6}(f_0 + f_1 + 4f_2)$

und    $f_0 = h \cdot f(x_i, \eta_i)$, $f_1 = h \cdot f(x_i + h, \eta_i + h \cdot f_0)$ ,

$f_2 = h \cdot f\left(x_i + \frac{h}{2}, \eta_i + \frac{h}{4}(f_0 + f_1)\right)$ .

Dabei ist $x_i = x_{i-1} + h_i$. Die Funktion f wird als Unterprogramm eingegeben. Dabei ist
folgendes zu beachten:

1. Die Funktionsvorschrift $f(x, y)$ ist in Klammern einzuschließen.
2. Für x ist RCL 00, für y RCL 01 zu setzen.
3. Die Taste = darf nicht verwendet werden.
4. Die Eingabe der Funktionsvorschrift ist mit INV SBR abzuschließen.

## Programminstruktionen

| | Verfahren | Eingabe | Taste | Anzeige |
|---|---|---|---|---|
| 1 | Magnetkarte einlesen (Block 1, 2) | | | 2 |
| 2 | Eingabe der Funktionsvorschrift $f(x, y)$ | | GTO | |
| | | | $x^2$ | |
| | | | LRN | 241 00 |
| | | | ( | 242 00 |
| | | | $\vdots$ | $\vdots$  $\vdots$ |
| | | | ) | XXX 00 |
| | | | INV | XXX 00 |
| | | | SBR | XXX 00 |
| | | | LRN | 2 |
| 3 | Programmbeginn | | A | 2 |
| 4 | Eingabe von $a$, $b$, $y_a$, $h_0$, $\epsilon$, $p$ | $a$ | R/S | $a$ |
| | | $b$ | R/S | $b$ |
| | | $y_a$ | R/S | $y_a$ |
| | | $h_0$ | R/S | $h_0$ |
| | | $\epsilon$ | R/S | $\epsilon$ |
| | | $p$ | R/S | |
| 5 | Ergebnisanzeige | | | $\eta_n$ |

## Registerinhalte

$R_{00}, \ldots, R_{09}$: Programmzeiger
$R_{10}, R_{11}, R_{12}$: $f_0, f_1, f_2$

## Bemerkung

Soll ein anderes Paar von Runge-Kutta-Verfahren $F_p$, $F_{p+1}$ verwendet werden, so sind diese als Unterprogramme $\underline{D}'$ und $\underline{D}$ zu programmieren (die im Programmausdruck angegebenen Unterprogramme sind dann selbstverständlich wegzulassen). Dabei ist zur Auswertung der Funktion f der jeweilige x-Wert in $R_{00}$, der jeweilige y-Wert in $R_{01}$ zu speichern; h ist in $R_{05}$, $x_i$ in $R_{02}$ und $\eta_i$ in $R_{04}$ gespeichert. Die Funktionsvorschrift $f(x, y)$ ist als Unterprogramm $\underline{x^2}$ zu programmieren.

## Beispiel

Gegeben ist das Anfangswertproblem $y' = \frac{x}{y}$, $y(1) = 2$. Gesucht ist eine Näherung für $y(1.5)$ mit $h_0 = 0.1$ und $\epsilon = 10^{-5}$.

| Anmerkungen | Eingabe | Taste | Anzeige |
|---|---|---|---|
| Magnetkarte einlesen (Block 1, 2) | | | 2 |
| Eingabe der Funktionsvorschrift f(x, y) | | GTO | |
| | | $x^2$ | |
| | | LRN | 241 00 |
| | | ( | 242 00 |
| | | RCL | 243 00 |
| | | 00 | 244 00 |
| | | ÷ | 245 00 |
| | | RCL | 246 00 |
| | | 01 | 247 00 |
| | | ) | 248 00 |
| | | INV | 249 00 |
| | | SBR | 249 00 |
| | | LRN | 2 |
| Programmbeginn | | A | 2 |
| Eingabe von:  a | 1 | R/S | 1 |
| b | 1.5 | R/S | 1.5 |
| $y_a$ | 2 | R/S | 2 |
| $h_0$ | 0.1 | R/S | 0.1 |
| $\epsilon$ | 0.00001 | R/S | 0.00001 |
| p | 2 | R/S | |
| Anzeige von:  $\eta$ | | | 2.291291758 |

---

## Programm 5.7        Einschrittverfahren mit Schrittweitensteuerung

| | | | | | | | | | | |
|---|---|---|---|---|---|---|---|---|---|---|
| 000 | 76 | LBL | 021 | 91 | R/S | 042 | 43 | RCL | 063 | 42 | STO |
| 001 | 11 | A | 022 | 85 | + | 043 | 03 | 03 | 064 | 08 | 08 |
| 002 | 91 | R/S | 023 | 01 | 1 | 044 | 75 | - | 065 | 75 | - |
| 003 | 42 | STO | 024 | 95 | = | 045 | 43 | RCL | 066 | 71 | SBR |
| 004 | 00 | 00 | 025 | 42 | STO | 046 | 02 | 02 | 067 | 19 | D' |
| 005 | 42 | STO | 026 | 07 | 07 | 047 | 95 | = | 068 | 95 | = |
| 006 | 02 | 02 | 027 | 29 | CP | 048 | 42 | STO | 069 | 50 | I×I |
| 007 | 91 | R/S | 028 | 76 | LBL | 049 | 05 | 05 | 070 | 65 | × |
| 008 | 42 | STO | 029 | 22 | INV | 050 | 76 | LBL | 071 | 43 | RCL |
| 009 | 03 | 03 | 030 | 43 | RCL | 051 | 23 | LNX | 072 | 05 | 05 |
| 010 | 91 | R/S | 031 | 02 | 02 | 052 | 43 | RCL | 073 | 95 | = |
| 011 | 42 | STO | 032 | 85 | + | 053 | 05 | 05 | 074 | 85 | + |
| 012 | 01 | 01 | 033 | 43 | RCL | 054 | 67 | EQ | 075 | 93 | . |
| 013 | 42 | STO | 034 | 05 | 05 | 055 | 44 | SUM | 076 | 00 | 0 |
| 014 | 04 | 04 | 035 | 75 | - | 056 | 22 | INV | 077 | 08 | 8 |
| 015 | 91 | R/S | 036 | 43 | RCL | 057 | 77 | GE | 078 | 45 | Y×X |
| 016 | 42 | STO | 037 | 03 | 03 | 058 | 44 | SUM | 079 | 43 | RCL |
| 017 | 05 | 05 | 038 | 95 | = | 059 | 76 | LBL | 080 | 07 | 07 |
| 018 | 91 | R/S | 039 | 22 | INV | 060 | 24 | CE | 081 | 65 | × |
| 019 | 42 | STO | 040 | 77 | GE | 061 | 71 | SBR | 082 | 43 | RCL |
| 020 | 06 | 06 | 041 | 23 | LNX | 062 | 14 | D | 083 | 06 | 06 |

| | | | | | | | | | | |
|---|---|---|---|---|---|---|---|---|---|---|---|
| 084 | 95 | = | 124 | 05 | 05 | 164 | 01 | 01 | 204 | 54 | ) |
| 085 | 35 | 1/X | 125 | 95 | = | 165 | 53 | ( | 205 | 22 | INV |
| 086 | 65 | × | 126 | 42 | STO | 166 | 71 | SBR | 206 | 44 | SUM |
| 087 | 43 | RCL | 127 | 00 | 00 | 167 | 33 | X² | 207 | 00 | 00 |
| 088 | 06 | 06 | 128 | 42 | STO | 168 | 42 | STO | 208 | 53 | ( |
| 089 | 95 | = | 129 | 02 | 02 | 169 | 10 | 10 | 209 | 71 | SBR |
| 090 | 45 | YX | 130 | 43 | RCL | 170 | 65 | × | 210 | 33 | X² |
| 091 | 53 | ( | 131 | 04 | 04 | 171 | 43 | RCL | 211 | 65 | × |
| 092 | 43 | RCL | 132 | 85 | + | 172 | 05 | 05 | 212 | 04 | 4 |
| 093 | 07 | 07 | 133 | 43 | RCL | 173 | 44 | SUM | 213 | 85 | + |
| 094 | 35 | 1/X | 134 | 05 | 05 | 174 | 00 | 00 | 214 | 43 | RCL |
| 095 | 54 | ) | 135 | 65 | × | 175 | 54 | ) | 215 | 11 | 11 |
| 096 | 95 | = | 136 | 43 | RCL | 176 | 44 | SUM | 216 | 85 | + |
| 097 | 65 | × | 137 | 08 | 08 | 177 | 01 | 01 | 217 | 43 | RCL |
| 098 | 93 | . | 138 | 95 | = | 178 | 53 | ( | 218 | 10 | 10 |
| 099 | 08 | 8 | 139 | 42 | STO | 179 | 53 | ( | 219 | 54 | ) |
| 100 | 65 | × | 140 | 01 | 01 | 180 | 71 | SBR | 220 | 55 | ÷ |
| 101 | 43 | RCL | 141 | 42 | STO | 181 | 33 | X² | 221 | 06 | 6 |
| 102 | 05 | 05 | 142 | 04 | 04 | 182 | 42 | STO | 222 | 54 | ) |
| 103 | 95 | = | 143 | 43 | RCL | 183 | 11 | 11 | 223 | 54 | ) |
| 104 | 42 | STO | 144 | 09 | 09 | 184 | 85 | + | 224 | 92 | RTN |
| 105 | 09 | 09 | 145 | 42 | STO | 185 | 43 | RCL | 225 | 76 | LBL |
| 106 | 75 | - | 146 | 05 | 05 | 186 | 10 | 10 | 226 | 19 | D' |
| 107 | 43 | RCL | 147 | 61 | GTO | 187 | 54 | ) | 227 | 53 | ( |
| 108 | 05 | 05 | 148 | 22 | INV | 188 | 55 | ÷ | 228 | 53 | ( |
| 109 | 95 | = | 149 | 76 | LBL | 189 | 04 | 4 | 229 | 43 | RCL |
| 110 | 77 | GE | 150 | 44 | SUM | 190 | 65 | × | 230 | 10 | 10 |
| 111 | 25 | CLR | 151 | 43 | RCL | 191 | 43 | RCL | 231 | 85 | + |
| 112 | 43 | RCL | 152 | 04 | 04 | 192 | 05 | 05 | 232 | 43 | RCL |
| 113 | 09 | 09 | 153 | 91 | R/S | 193 | 85 | + | 233 | 11 | 11 |
| 114 | 42 | STO | 154 | 76 | LBL | 194 | 43 | RCL | 234 | 54 | ) |
| 115 | 05 | 05 | 155 | 14 | D | 195 | 04 | 04 | 235 | 55 | ÷ |
| 116 | 61 | GTO | 156 | 53 | ( | 196 | 54 | ) | 236 | 02 | 2 |
| 117 | 24 | CE | 157 | 43 | RCL | 197 | 42 | STO | 237 | 54 | ) |
| 118 | 76 | LBL | 158 | 02 | 02 | 198 | 01 | 01 | 238 | 92 | RTN |
| 119 | 25 | CLR | 159 | 42 | STO | 199 | 53 | ( | 239 | 76 | LBL |
| 120 | 43 | RCL | 160 | 00 | 00 | 200 | 43 | RCL | 240 | 33 | X² |
| 121 | 02 | 02 | 161 | 43 | RCL | 201 | 05 | 05 | | | |
| 122 | 85 | + | 162 | 04 | 04 | 202 | 55 | ÷ | | | |
| 123 | 43 | RCL | 163 | 42 | STO | 203 | 02 | 2 | | | |

## 5.8  Die Mittelpunktsregel

Die Mittelpunktsregel ist ein Mehrschrittverfahren zur Lösung der gewöhnlichen Differentialgleichung erster Ordnung

$$y' = f(x, y) \, ,$$

bei dem vor Beginn der Rechnung zwei Startwerte $y(x_0) = y_0$ und $y(x_1) = y_1$ bekannt sein müssen. Eine Näherung $\eta$ für das gesuchte $y(b) = y_b$ bestimmt sich dann nach den Formeln

$$\eta_{i+1} = 2 \, h \cdot f(x_{i+1}, \eta_{i+1}) + \eta_i \, .$$

Dabei ist $x_i = a + i\,h$. Die Länge des Intervalls $[a, b]$ muß ein ganzzahliges Vielfaches der Schrittweite $h = x_1 - x_0$ sein, also

$$b - a \stackrel{!}{=} n \cdot h \quad \text{mit} \quad n \in \mathbb{N}\,.$$

Die Funktion f wird als Unterprogramm eingegeben. Dabei ist folgendes zu beachten:

1. Die Funktionsvorschrift $f(x, y)$ ist in Klammern einzuschließen.
2. Für x ist <u>RCL</u> <u>00</u>, für y <u>RCL</u> <u>01</u> zu setzen.
3. Die Taste $=$ darf nicht verwendet werden.
4. Die Eingabe der Funktionsvorschrift ist mit <u>INV</u> <u>SBR</u> abzuschließen.

## Programminstruktionen

| | Verfahren | Eingabe | Taste | Anzeige |
|---|---|---|---|---|
| 1 | Magnetkarte einlesen (Block 1) | | | 1 |
| 2 | Eingabe der Funktionsvorschrift $f(x, y)$ | | GTO | |
| | | | $x^2$ | |
| | | | LRN | 063 00 |
| | | | ( | 064 00 |
| | | | $\vdots$ | $\vdots$ $\vdots$ |
| | | | ) | XXX 00 |
| | | | INV | XXX 00 |
| | | | SBR | XXX 00 |
| | | | LRN | 1 |
| 3 | Programmbeginn | | A | 1 |
| 4 | Eingabe von a, b, $y_0$, $y_1$, h | a | R/S | a |
| | | b | R/S | b |
| | | $y_0$ | R/S | $y_0$ |
| | | $y_1$ | R/S | — $y_1$ |
| | | h | R/S | |
| 5 | Ergebnisanzeige | | | $\eta$ |

## Registerinhalte

$R_{00}, \ldots, R_{05}$: Programmzeiger

## Beispiel

Gegeben ist die Differentialgleichung $y' = \dfrac{x}{y}$ mit den Startwerten $y(1) = 2$ und $y(1.05) = 2.025$. Gesucht ist eine Näherung für $y(1.5)$; es ist $h = 1.05 - 1 = 0.05$.

| Anmerkungen | Eingabe | Taste | Anzeige |
|---|---|---|---|
| Magnetkarte einlesen (Block 1) | | | 1 |
| Eingabe der Funktionsvorschrift $f(x, y)$ | | GTO | |
| | | $x^2$ | |
| | | LRN | 063 00 |
| | | ( | 064 00 |
| | | RCL | 065 00 |
| | | 00 | 066 00 |
| | | ÷ | 067 00 |
| | | RCL | 068 00 |
| | | 01 | 069 00 |
| | | ) | 070 00 |
| | | INV | 071 00 |
| | | SBR | 071 00 |
| | | LRN | 1 |
| Programmbeginn | | A | 1 |
| Eingabe von:  a | 1 | R/S | 1 |
| b | 1.5 | R/S | 1.5 |
| $y_0$ | 2 | R/S | 2 |
| $y_1$ | 2.025 | R/S | 2.025 |
| h | 0.05 | R/S | |
| Anzeige von: $\eta$ | | | 2.291400512 |

Es ist $y = \sqrt{x^2 + 3}$ und $y(1.5) = 2.291287847$.

## Programm 5.8          Die Mittelpunktsregel

```
000  76 LBL     016  04  04     032  44 SUM     048  43 RCL
001  11  A      017  53  (      033  05  05     049  03  03
002  91 R/S     018  43 RCL     034  76 LBL     050  95  =
003  42 STD     019  02  02     035  12  B      051  48 EXC
004  00  00     020  75  -      036  43 RCL     052  01  01
005  91 R/S     021  43 RCL     037  04  04     053  42 STD
006  42 STD     022  00  00     038  44 SUM     054  03  03
007  02  02     023  54  )      039  00  00     055  97 DSZ
008  91 R/S     024  55  ÷      040  71 SBR     056  05  05
009  42 STD     025  43 RCL     041  33 X²      057  12  B
010  03  03     026  04  04     042  65  ×      058  43 RCL
011  91 R/S     027  95  =      043  02  2      059  01  01
012  42 STD     028  42 STD     044  65  ×      060  91 R/S
013  01  01     029  05  05     045  43 RCL     061  76 LBL
014  91 R/S     030  01  1      046  04  04     062  33 X²
015  42 STD     031  22 INV     047  85  +
```

# Literatur

*Böhm, W. / Gose, G.:* Einführung in die Methoden der numerischen Mathematik, Vieweg (1977)

*Gloistehn, H.-H.:* Programmieren von Taschenrechnern 3, Lehr- und Übungsbuch für den TI-58 und TI-59, Vieweg (1978)

*Jordan-Engeln, G. / Reutter, F.:* Numerische Mathematik für Ingenieure, BI-Taschenbuch (1973)

*Jordan-Engeln, G. / Reutter, F.:* Formelsammlung zur numerischen Mathematik mit FORTRAN IV-Programmen, BI-Taschenbuch (1976)

*Späth, H.:* Spline Algorithmen zur Konstruktion glatter Kurven und Flächen, Oldenbourg (1973)

*Texas Instruments:* Individuelles programmieren, Programmierbare TI-58/59, Bedienungshandbuch

# Verzeichnis der behandelten Probleme

# Taschenrechner-Literatur

Aus der Reihe: **Anwendung programmierbarer Taschenrechner**

Die Reihe „Anwendung programmierbarer Taschenrechner" bietet den Benutzern dieser Rechner eine breite Palette von Aufgabenstellungen aus den Anwendungsbereichen der Natur- und Wirtschaftswissenschaften an, für die Rechnerprogramme zur numerischen Lösung dargestellt werden.

Helmut Alt
**Angewandte Mathematik – Finanzmathematik – Statistik – Informatik für UPN-Rechner.** 1979. VIII, 162 S. DIN C 5 (Anwendung programmierbarer Taschenrechner, Bd. 1). Kart.

Peter Kahlig
**Mathematische Routinen der Physik, Chemie und Technik für AOS-Rechner – Teil 1.** Mit 71. Abb., 129 Beispielen und 34 Tabellen. 1979. VI, 178 S. DIN C 5 (Anwendung programmierbarer Taschenrechner, Bd. 3/1). Kart.

Harald Nahrstedt
**Statik – Kinematik – Kinetik für AOS-Rechner.** Mit 30 vollständigen Programmen und 140 Abb. 1980. ca. 120 S. DIN C 5 (Anwendung programmierbarer Taschenrechner, Bd. 4). Kart.

Aus der Reihe: **Programmieren von Taschenrechnern**

Mit diesen Büchern werden dem im Programmieren unerfahrenen Leser Kenntnisse über den Umgang mit programmierbaren Taschenrechnern vermittelt. Jeder Band ist auf bestimmte Rechnertypen zugeschnitten.

Paul Thießen
**Lehr- und Übungsbuch für die Rechner HP-29C/HP-19C und HP-67/HP-97.** Hrsg. von Hans H. Gloistehn. 1980. VIII, 153 S. 12 X 19,5 cm (Programmieren von Taschenrechnern, Bd. 4). Kart.

Hans-Joachim Ludwig
**Programmoptimierung für Taschenrechner (AOS).** 1979. X, 102 S. 12 X 19,5 cm (Programmieren von Taschenrechnern, Bd. 5). Kart.

The manufacturer's authorised representative in the EU is Springer
Nature Customer Service Centre GmbH, Europaplatz 3, 69115 Heidelberg,
Germany. If you have any concerns regarding our products, please
contact ProductSafety@springernature.com

Printed and bound by CPI Group (UK) Ltd, Croydon, CR0 4YY

28/04/2026

02098536-0005